U0659918

稠油油藏开发理论与新技术丛书 | 卷二

国家出版基金项目
NATIONAL PUBLICATION FOUNDATION

多渗流屏障超稠油蒸汽辅助重力泄油开发理论与技术

THEORY AND TECHNIQUE OF SAGD PROCESS IN EXTRA HEAVY OIL RESERVOIRS WITH MULTIPLE FLOW BARRIERS

东晓虎　刘慧卿　著

中国石油大学出版社
CHINA UNIVERSITY OF PETROLEUM PRESS

山东·青岛

图书在版编目（CIP）数据

多渗流屏障超稠油蒸汽辅助重力泄油开发理论与技术/
东晓虎，刘慧卿著. --青岛：中国石油大学出版社，
2021.12

（稠油油藏开发理论与新技术丛书；卷二）
ISBN 978-7-5636-7348-3

Ⅰ. ①多… Ⅱ. ①东… ②刘… Ⅲ. ①稠油开采－注
蒸汽－重力泄油－研究 Ⅳ. ①TE345

中国版本图书馆 CIP 数据核字（2021）第 244984 号

书　　名：	多渗流屏障超稠油蒸汽辅助重力泄油开发理论与技术
	DUOSHENLIU PINGZHANG CHAOCHOUYOU ZHENGQI FUZHU ZHONGLI XIEYOU KAIFA LILUN YU JISHU
著　　者：	东晓虎　　刘慧卿
责任编辑：	张　廉（电话　0532-86981531）
封面设计：	悟本设计
出　版　者：	中国石油大学出版社
	（地址：山东省青岛市黄岛区长江西路 66 号　邮编：266580）
网　　址：	http://cbs.upc.edu.cn
电子邮箱：	shiyoujiaoyu@126.com
排　版　者：	青岛天舒常青文化传媒有限公司
印　刷　者：	山东临沂新华印刷物流集团有限责任公司
发　行　者：	中国石油大学出版社（电话　0532-86983437）
开　　本：	787 mm×1 092 mm　1/16
印　　张：	11.75
字　　数：	281 千字
版 印 次：	2021 年 12 月第 1 版　2021 年 12 月第 1 次印刷
书　　号：	ISBN 978-7-5636-7348-3
定　　价：	80.00 元

前　言

　　我国稠油资源占整个石油资源的 20% 以上,主要的稠油油田有辽河油田、新疆油田、胜利油田、渤海油田及河南油田等,其中辽河油田和新疆油田超稠油油藏资源丰富。对于超稠油油藏,常规的蒸汽吞吐、蒸汽驱等方式已不再适用,需要采用以重力为主要驱动力的蒸汽辅助重力泄油技术(SAGD)进行开发。然而,实际的超稠油油藏内部往往发育有隔夹层、水体及砾岩层等渗流屏障,这些渗流屏障的存在对 SAGD 开发过程中蒸汽腔的发育及泄油动态影响较大。重力是 SAGD 开发过程的主要驱动力,渗流屏障对重力泄油过程有较强的封堵和阻碍作用,通过对渗流屏障在 SAGD 开发过程中的泄油影响进行研究,可为合理开发多渗流屏障型超稠油油藏提供理论依据。

　　本书是作者参考众多相关著作和从事多年教学科研实践后的总结。本书以多渗流屏障超稠油油藏为研究对象,共分 7 章。第 1 章介绍超稠油 SAGD 及 VAPEX(溶剂萃取技术)原理及开发特征,分析适用界限和影响因素,简要总结目前超稠油重力泄油技术的应用现状及存在的问题。第 2 章至第 5 章分别从蒸汽辅助重力泄油开发启动技术、多渗流屏障超稠油油藏 SAGD 开发特征及适应性、立体井网蒸汽辅助重力泄油技术及渗流屏障影响的 SAGD 产能评价方法等方面分析多渗流屏障超稠油油藏 SAGD 的特殊之处。研究过程中,充分考虑多渗流屏障存在对于注入蒸汽的扰流与耗散作用,系统总结多渗流屏障对于超稠油油藏 SAGD 蒸汽腔扩展模式的影响,并建立多渗流屏障超稠油油藏 SAGD 开发的技术界限,为存在隔夹层、水体、砾岩层等多渗流屏障的超稠油油藏有效开发提供理论支撑。为了进一步改善超稠油油藏,特别是多渗流屏障超稠油油藏的 SAGD 开发动态,提高注入蒸汽的热效率,改善泄油效果,第 6 章系统总结目前油田矿场常用的多种蒸汽辅助重力泄油开发效果改善技术,包括水平井筒沿程流体流动调控技术、ES-SAGD(溶剂辅助蒸汽重力泄油技术）及微压裂扩容技术。第 7 章重点介绍蒸汽吞吐辅助蒸汽重力泄油技术、多元热流体辅助重力泄油技术及化学剂辅助蒸汽重力泄油技术等 3 种 SAGD 开发后期的提高采收率技术，可为实现超稠油油藏全生命周期的高效开发提供参考。

本书由东晓虎、刘慧卿撰写，在撰写过程中得到了中国石油大学（北京）石油工程学院、中海油研究总院有限责任公司、中国海油天津分公司、中国石油新疆油田分公司及中国石油辽河油田分公司的大力支持和热情帮助，在此一并表示感谢。全书部分成果在完成过程中得到了作者研究团队中博士研究生和硕士研究生的辛勤付出与帮助，在此也表示衷心感谢。

由于作者水平有限，成书过程中虽参考了许多文献和资料，并经过相关领域专家的多次审查和修改，但仍难免存在一些错误和不当之处，敬请读者批评指正。

目 录

第1章
超稠油重力泄油技术

世界上蕴藏有巨大的稠油资源量,据专家估计,稠油资源量是常规原油资源量的数倍以上,具有非常重要的石油能源战略地位。稠油资源分布广,几乎在各产油国均有发现,探明资源储量达 9 911.8×10⁸ t,其中可采资源量为 1 267.4×10⁸ t,主要分布在美洲和中东地区,占总可采资源量的 71%。稠油资源丰富的国家有加拿大、委内瑞拉、美国、俄罗斯等,加拿大稠油/油砂主要分布在阿尔伯塔盆地,包括阿萨巴斯卡、冷湖、和平湖等 8 个稠油大油田,地质储量为(2 680~4 000)×10⁸ m³;委内瑞拉有 4 个主要稠油区,分布在奥里诺科河北岸,地质储量为(490~930)×10⁸ m³,预测稠油资源量约 3 000×10⁸ m³;美国稠油地质储量为(90~160)×10⁸ m³;俄罗斯有 300 个左右稠油油田,地质储量为 1 200×10⁸ m³。我国的稠油资源也非常丰富,占总石油资源量的 25%~30%,已在松辽、渤海湾、准噶尔、南襄、二连等 15 个大中型含油气盆地发现了 70 多个稠油油藏。在众多已发现的稠油油藏中,按照原油黏度可以将不同类型的稠油油藏划分为普通稠油油藏(50~10 000 mPa·s)、特稠油油藏(10 000~50 000 mPa·s)和超稠油油藏(>50 000 mPa·s)。对于其中的超稠油油藏,地下原油黏度高,在当前的技术经济条件下,采用蒸汽吞吐、蒸汽驱等技术开发效果有限,以重力为主要驱动力的蒸汽辅助重力泄油技术成为开发超稠油油藏或油砂资源的主要技术之一,目前已在国内外各大超稠油油藏中广泛应用。

1.1 超稠油蒸汽辅助重力泄油技术

1.1.1 SAGD 原理

超稠油蒸汽辅助重力泄油技术(steam assisted gravity drainage,SAGD)是开发超稠油的一项主要技术,其理论首先由罗杰·巴特勒于 1978 年提出,最初的概念基于注水采盐原理,即注入的淡水将盐层中的固体盐溶解,浓度大的盐溶液由于其密度大而向下流动,而密度相对较小的水溶液浮在上层,这样通过持续对盐层的上层注水,可从盐层的下部连续地将高浓度盐溶液采出。高浓度盐溶液向下流动的动力是水与含盐溶液的密度差,将这一原理用于注蒸汽热采过程就产生了重力泄油的概念。

蒸汽辅助重力泄油是以蒸汽为热源,以热传导为主(部分学者认为热对流效应的影响也不可忽略),依靠稠油及凝析液的重力作用进行开采的开采方式。这种开采方式依靠两种布井模式实现:一种是在靠近油藏底界处钻一对水平井,如图 1-1-1 所示;另一种是在靠近油藏底界处钻一口水平井,在水平井上方钻一口或多口直井,如图 1-1-2 所示。

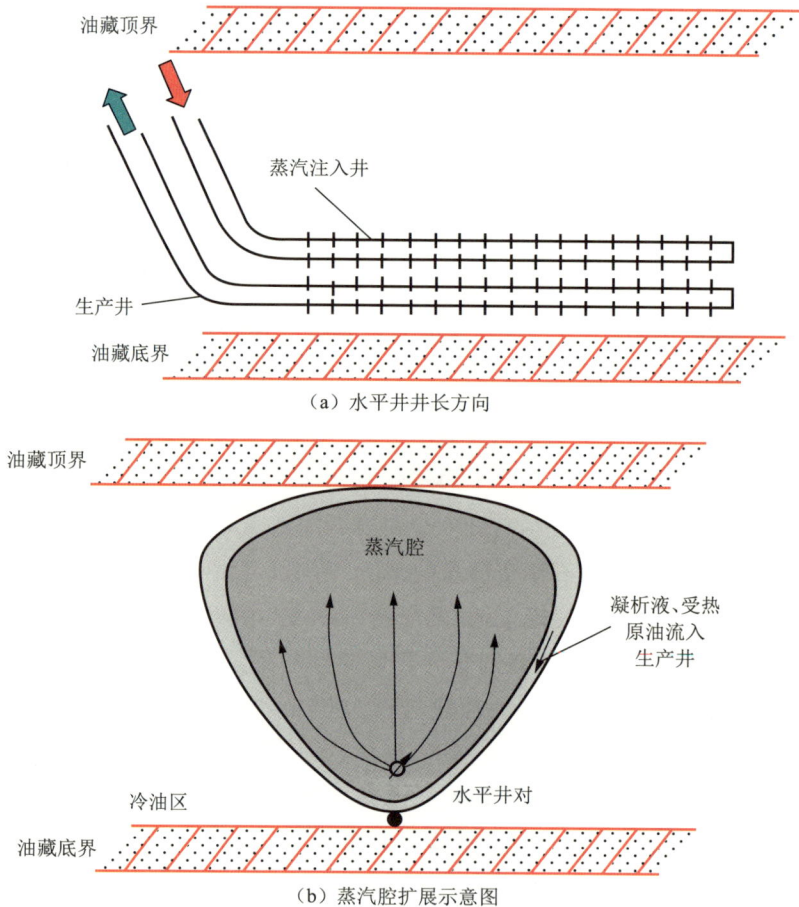

（a）水平井井长方向

（b）蒸汽腔扩展示意图

图 1-1-1 双水平井 SAGD 生产方式机理示意图

无论是哪一种布井模式,开发过程中,当蒸汽从上部的注入井注入油层后,在超覆效应的作用下,蒸汽向上方及侧面移动,形成一个饱和蒸汽腔,同时注入的蒸汽在汽液界面(前缘)冷凝,并通过热传导将周围油藏加热,被加热降黏的原油和冷凝水在重力驱动下流到底部生产井,随着原油及冷凝液体的采出,蒸汽腔逐渐扩大。

与常规蒸汽驱相比,蒸汽辅助重力泄油方式的优点在于原油一经加热,在重力作用下就能采出来,而当常规蒸汽驱中被驱动原油的黏度较高时,特别是在特稠油和超稠油油藏中,流动阻力会非常大,导致驱替效果差。蒸汽辅助重力驱方式的汽液都有各自独立的流

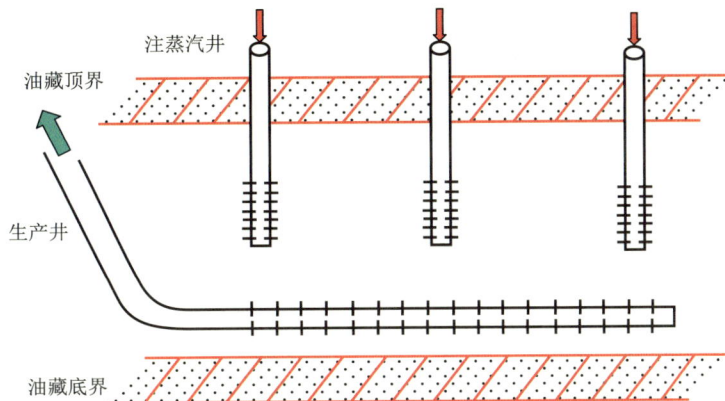

图 1-1-2　直-平井组合式 SAGD 生产方式示意图

动通道,几乎不存在多相共渗问题,流动阻力小;若出现气窜的情况,可以转换成间歇注采方式,启动快,能量利用率高。

对于直-平井组合方式来说,即在油藏底部钻一口水平井,在其正上方或侧上方钻几口垂直井,垂直井注汽,水平井采油,如图 1-1-3 所示,这种方式可用于吞吐开发后期的稠油油藏提高采收率。区别于双水平井 SAGD 蒸汽腔扩展模式,由于沿水平井长度方向布置有多个直井作为注汽井,因此直-平井组合式 SAGD 蒸汽腔一般沿水平井长度方向发育有多个腔体。同时,由于可通过调节直井注汽量来实现水平井长度方向上吸汽量的控制,因此直-平井组合式 SAGD 的蒸汽腔扩展较双水平井 SAGD 具有更高的均匀性。

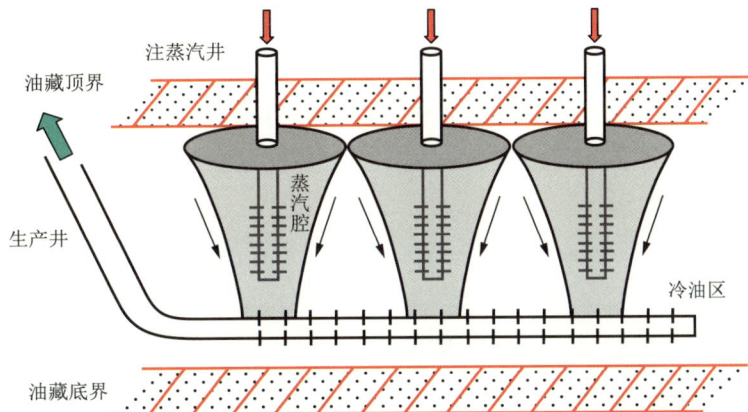

图 1-1-3　直-平井组合式布井 SAGD 生产机理示意图

由于许多老油田现有的热采井通常是直井或定向井,因此这种异形的 SAGD 开发井网形式优势明显。尽管水平井比其他任何类型的井生产的原油都多,但如果已经有了直井,那么可以将直井作为注入井,水平井作为生产井,辽河油田杜 84 块及埃索公司在冷湖油田正是使用该法制定的开发方案。采用直井注入成本低廉、完井简单,钻井的精确度要求也与水平井不一样。另外,由于直井注入方案已经成熟,因此垂直地改变蒸汽注入点是可能的。在最初阶段,为了促进或改善地下通道,要求注入井紧靠底部的水平生产井。随着方案的继续实施,直井注入方案还具有以下优点:可提高注入点,使通过蒸汽腔的蒸汽在移动时产生一个合适的压力梯度;沿水平井眼的压差最小,有助于蒸汽腔的形状变得规则;在直井注入的情况下,可以采用不同的注入量。而用水平井注入时,不能对注入量进行有效控制。

第三种是单水平井 SAGD 方式,即在同一水平井井口下入注汽管柱,通过注汽管柱向水平井最顶端注汽,使蒸汽腔沿水平井逆向扩展。这种方式操作难度大,目前矿场应用较少。

1.1.2 SAGD 适用界限

具体地判断一个稠油油藏能否进行 SAGD 开采取决于多种因素,除了油藏类型和厚度以外,主要还与初期的投资费用有关。虽然目前大多数 SAGD 商业化项目的最低油层厚度都大于 15 m,但在加拿大的一些老油田(如冷湖油田),利用地面现有设备可以处理 SAGD 井产出的流体,也就是说不需要新的地面投资,从而部分 SAGD 开发的油藏厚度已降到 10 m。判断一个油藏是否具有开展蒸汽辅助重力泄油开发的潜力主要通过以下几个方面,见表 1-1-1。

表 1-1-1 稠油油藏 SAGD 开发筛选标准

指 标	标 准	UTF 试验区	Tangleflags 试验区	辽河油田 SAGD 试验区	
				馆陶组油层	兴VI组油层
油藏埋深/m	<1 000	150	480~550	530~640	660~810
连续油层厚度/m	>20	20	15~25	112	50~70
孔隙度/%	>20	35	33	36.3	27
流动系数/($\mu m^2 \cdot m$)	>0.5	3~5	2~3	5.54	1.92
垂向渗透率与水平渗透率之比	>0.35	—	0.3~0.5	>0.7	0.56
净总厚度比	>0.7	—	—	>0.80	>0.80
含油饱和度/%	>50	80	80	>65	>60
地层条件下原油黏度/(10^4 mPa·s)	>1	500	1~2	23.2(50 ℃)	16.8(50 ℃)

需要补充的是,对于砾岩稠油油藏,孔隙度可适当放宽;对于先吞吐预热的油藏,原油黏度可适当放宽;对于封闭油藏,在有高效隔热油管条件下,油藏埋深可适当放宽。

任何一项技术工艺措施的发展都离不开当时科学技术的水平,稠油油藏热力采油技术应用同样受到技术条件和经济可行性的限制。自 20 世纪 30 年代开始,世界范围内热力采油技术已经过几十年的大量室内实验和矿场试验研究,积累了丰富的经验,提出了各种不同的热力采油技术筛选标准,包括蒸汽吞吐、蒸汽驱及 SAGD 等。应当指出,筛选标准只表明当时一定时期的油藏参数指标大小,参数的数值允许存在一定的变化。对于地质条件不同和动态不断变化的各种类型的稠油油藏,实际条件下很难做到每一个指标都满足筛选标准。科学技术的进步使得人们主观上对油藏开采的作用程度逐渐增加,技术发展的差异和经济实力也允许指标存在一定的变化,同时某一稠油油田并不因为个别筛选指标不满足要求而否认其具备热力采油的可行性。随着科学技术的进步,筛选标准的限制性条件将逐渐放宽,典型的如目前薄层稠油油藏(厚度<15 m)SAGD 开发及驱泄复合开发方式就极大拓宽了 SAGD 的适用界限。

1.1.3　SAGD 开发特征

1) 启动阶段

SAGD 过程与常规注蒸汽热采方式不同,它是通过蒸汽加热,依靠原油及冷凝水的重力作用来开采原油。SAGD 成功的关键在于蒸汽腔的形成与良好扩展,并保证液体最大程度地泄流到生产井筒。SAGD 开发过程一般由 3 个阶段组成:启动阶段、降压阶段与SAGD 开采阶段。启动阶段也称预热阶段,主要是通过某种预热方式使注采井间形成热连通,常用的预热方式有以下几种:① 蒸汽吞吐;② 蒸汽循环;③ 电加热;④ 其他启动方式。具体的各预热方式的原理及特征将在第 2 章重点介绍。

启动阶段结束后,转入 SAGD 开采阶段(若油藏压力高,则还需经历降压阶段)的时机主要取决于稠油的拐点温度,即多孔介质内稠油由非牛顿流体转变为牛顿流体的临界转变温度。当温度高于拐点温度时,多孔介质内的稠油不存在启动压力梯度。基于室内实验研究结果,不同稠油的拐点温度与流度 $\left(\dfrac{K}{\mu_\circ}\right)$ 呈对数关系,即

$$T = a\ln\frac{K}{\mu_\circ} + b \tag{1-1-1}$$

式中　T——拐点温度;

　　　K——多孔介质渗透率;

　　　$\mu_\circ$——50 ℃下原油黏度;

　　　a,b——拟合函数中的系数。

图 1-1-4 所示为某油田稠油油藏的拐点温度实测结果,可以看到在同一渗透率条件下,当原油黏度较大时,流度较小,其拐点温度较高;当渗透率较小时,流度较小,其拐点温度较高。根据某稠油油田实际的原油黏度与渗透率特征,通过该关系式,可以准确获得启动阶段结束转 SAGD 开采阶段的时机,即井间温度达到拐点温度时。

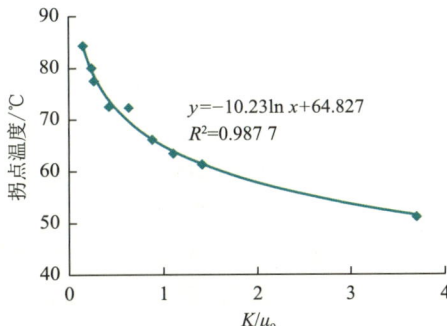

$y = -10.23\ln x + 64.827$
$R^2 = 0.987\,7$

图 1-1-4　拐点温度与稠油流度关系图

2）SAGD 生产阶段

刘文章采用杜 84 兴Ⅳ组超稠油油藏的物性参数研究了不同蒸汽干度、注汽速度及排液能力对 SAGD 生产效果的影响。研究发现,蒸汽干度是影响 SAGD 生产效果的重要因素,蒸汽腔能否形成并逐渐扩展主要取决于蒸汽干度,优选出的井底蒸汽干度为 70%。注汽速度对 SAGD 生产效果的影响主要表现在它对井底蒸汽干度的影响上,即注汽速度影响井筒热损失及井底蒸汽干度、蒸汽腔的形成时间等。如前所述,保持井底蒸汽干度(70%)相同,模拟不同注汽速度下的 SAGD 效果,可以发现,随着注汽速度增加,SAGD 开采阶段日产油量大幅度升高,生产时间缩短。

对于排液能力,SAGD 生产为恒压力开采,即蒸汽腔操作压力变化不大,一般可通过控制采注比实现,当采注比大于 1.2,且达到 1.5 时,SAGD 生产可以获得最好的开采效果。如果排液能力低,会导致冷凝液体在生产井上方聚集,使注采井间的蒸汽带变为液相带,从而降低洗油能力,使剩余油饱和度增加,开采效果变差;如果排液能力高,会使汽液界面进入生产井筒,当蒸汽进入井筒后,一方面蒸汽进泵会降低泵效,另一方面产出大量蒸汽会降低热量的有效利用,使开采效果变差。因此,合理的排量应与蒸汽腔的自然泄油速率相匹配,使汽液界面恰好在生产井筒上方一点处,也就是说,既要使冷凝液泄流下来的液体全部采出,又不使过多的蒸汽被采出,使洗油效率和热效率都达到最高。

水平井筒沿程存在一定的摩阻损失,当注入井注入高干度饱和蒸汽时,在气液两相流的影响下,摩阻变大,且随着水平段长度增加而增加,而生产井内全部是液体流动,摩阻很小。由于 SAGD 的注采井距离很近,一般只有 5～6 m,注采压差很小,因而对于给定的井眼直径和注入井单位长度,蒸汽的需求量对应着一个最大的有效井筒长度,当超过这一长度时,压差陡然增大,注采压差趋于零或负值,蒸汽腔难以扩展,生产动态变差。通过增大注汽井的井径,降低摩阻损失,可以增加水平井的有效水平段长度。

1.2　超稠油溶剂萃取技术

溶剂萃取技术(VAPEX,vapour extraction)是一种水平井和注溶剂相结合的稠油开采技术,是由 Butler 等于 1989 年提出的一种类似于 SAGD 的稠油油藏开发方式。VAPEX 采用与 SAGD 相同的布井方式,即上下两口水平井,实际操作过程中,上部水平井为注气(溶剂)井,下部水平井为生产井。但与 SAGD 不同的是,VAPEX 属于一种冷采方式,该方式通过向油藏中注入诸如乙烷、丙烷或丁烷等烃类气体,使其露点压力与油藏压力接近,注入后在油藏中形成气腔,利用烃类气体在原油中的溶解降黏作用和重力泄油机理开采稠油油藏。VAPEX 是开采特稠油、超稠油、天然沥青砂的一种有效方法,该技术投资成本低、能耗低、环保程度高,广泛适用于含水饱和度高、产层薄、岩石热传导率低、含边底水等的稠油油藏,具有热力采油和驱替开采所不具备的优点。

1.2.1　VAPEX 原理

VAPEX 注入的溶剂通常为纯气态溶剂或气态溶剂和非凝析气的混合物,溶剂常选择乙烷、丙烷、丁烷和甲苯等,非凝析气包括甲烷、氮气和二氧化碳等,非凝析气的选择通常从环境和经济两方面考虑。该技术与 SAGD 类似,只是将 SAGD 中的蒸汽用溶剂代替以降低原油黏度,通过注入溶剂,在油藏内可以形成溶剂腔,溶解降黏,在重力的作用下流向生产井井底。类似地,该技术可以在水平井井对、单一水平井以及直-平井组合式井网中实施,如图 1-2-1 所示。但相较常规的 SAGD,VAPEX 是恒温过程,不存在顶部盖层的传热损失,因此该技术可用于薄层超稠油油藏的高效开发。

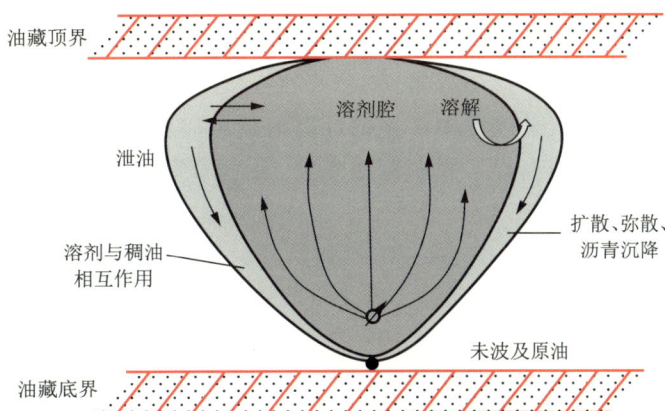

图 1-2-1　VAPEX 技术原理示意图

如图 1-2-1 所示,VAPEX 主要发挥了溶剂的溶解降黏效应,在实施过程中,通过溶剂与稠油的相互作用,实现泄油目的。对于稠油,由于其富含大量的沥青质组分,因此在溶剂与稠油相互作用过程中,易发生沥青质沉降。沥青质沉降在多孔介质内会使得产出的原油黏度更低,品质更高,这种高品质稠油无论对于输送还是对于炼化都具有更高的价值;但当沉降在多孔介质内的沥青质达到一定程度后,会堵塞孔隙,从而降低油藏渗透率,影响流体的流动能力,这是目前 VAPEX 应用的主要难题之一。考虑到不同类型溶剂的最佳实施条件和沥青质沉降效应的差别,对于一个特定的稠油油藏,在具体实施 VAPEX 时,溶剂类型的选择显得极为重要。VAPEX 中溶剂类型选择主要从以下两个方面考虑:

（1）溶剂在 VAPEX 操作条件下应保持气态,确保 VAPEX 溶剂腔的正常扩展;

（2）溶剂在稠油中具有高溶解能力,确保具有足够的萃取抽提能力。

综上所述,相比纯溶剂的 VAPEX 过程,添加非凝析气可以有效改善 VAPEX 的开发效果。相比液态,气态的扩散能力更强,而高扩散能力可以达到更高的抽提效率。添加非凝析气可以在一定程度上维持油藏压力,同时非凝析气组分也会降低溶剂分压,有助于保持溶剂为气态;但非凝析气会导致溶剂腔内的溶剂浓度低,影响传质过程,为此,可以通过控制非凝析气在下部生产井的产量来减小非凝析气在溶剂腔内的增长。

考虑到溶剂扩散速度对采油速度的限制，VAPEX 可以衍生出以下 3 类：

（1）正常 VAPEX(normal VAPEX)，即注入纯气态溶剂或气态溶剂和非凝析气的混合物；

（2）热 VAPEX(warm VAPEX)，即纯气态溶剂或气态溶剂和非凝析气混合物携热注入；

（3）热复合 VAPEX(hybrid VAPEX)，即蒸汽和气态溶剂混合注入或交替注入。

与稠油油藏其他热采技术相比，VAPEX 具有以下优势：

（1）溶剂萃取技术是对热力采油方式的补充，在某些情况下，甚至可以完全取代传统热采工艺。溶剂萃取属于冷采技术，可以节省蒸汽损失、水处理等消耗开采成本，同时具有环境友好的特点。

（2）溶剂萃取技术对薄油层、含边底水的稠油油藏，以及含水饱和度高、有垂直裂缝、孔隙度低和导热性差等采用热采方式容易产生热损失、气窜等现象的油藏有着独特的优势。

（3）溶剂萃取技术在开采过程中使用的烃类溶剂可以在采出端回收，从而节省成本。

（4）由于在油层内原油出现了脱沥青质现象，采出的原油品质有大幅度的提高。

1.2.2　VAPEX 开发效果的影响因素

1）原油黏度

原始油藏条件下的高黏度是超稠油油藏开采难度大的主要原因。对于稠油，所有工艺技术的目标都是降低原油黏度，改善油水流度比。对于 VAPEX，气态溶剂的注入可发挥溶解降黏机理，使稠油黏度下降。而稠油黏度与化学组成、温度、压力和溶解气含量等有较大关系，一般稠油被称为温度敏感的宾汉流体。结合大量的 PVT 实验结果，发现与温度相比，压力对稠油黏度影响不显著，但是当稠油和沥青溶解气态溶剂后，压力对黏度的影响变大，如 CO_2、乙烷、丁烷等可显著地降低稠油黏度，同时与 CO_2 相比，烃类气体（如乙烷、丁烷）对稠油黏度的影响更大。

2）溶剂在稠油中的扩散行为

VAPEX 开发过程中，溶剂气体在稠油中的扩散主要表现为分子运动现象，分子在稠油中的吸收和混合作用会使得稠油黏度降低。溶剂气体在稠油中的扩散是降黏的主要原因，而且影响产量，因此扩散现象在溶剂萃取中起着很重要的作用。目前气体在液体中的扩散系数可以用实验方法或经验关系式确定。实验方法包括直接法和间接法，直接法主要是对不同时间萃取的液体样品进行组分分析，间接法分为以下 2 类：

（1）根据物性变化测量扩散系数，如压力、体积、溶质挥发速度、气液界面位置等；

（2）通过核磁共振测量扩散系数。

3）溶剂在稠油中的分散度

扩散是一种特殊的分散状态，分散状态下的流体是稳定的。孔隙尺度下的混合称为微观分散,油藏尺度下的混合称为宏观分散。宏观尺度上,多孔介质中的对流传输可采用达西定律描述。油藏特性的变化形成宏观分散,当流体通过多孔介质时,分散系数会由于对流混合而增大,并且分散程度高于单独的扩散作用。多孔介质中的分散包含两种类型,即溶质-溶剂在横向和纵向上的流动,而这两种分散分别被称为横向分散和纵向分散。

4)沥青质沉降(脱沥青)

饱和烃、芳烃、胶质和沥青质是原油的组成组分,也称 SARA 组成,对于稠油,其具体的 SARA 组成极大地影响稠油和沥青的开采和运输方式。其中,沥青质组分是含有镍、铁、钒的高相对分子质量的复杂化合物,它能溶于 CS_2、嘧啶、CCl_4 和苯,但不溶于低相对分子质量的正构烷烃,会随着压力、温度或组成的变化而沉积。稠油一般含有大量的沥青质组分,因此具有较高的黏度,并带来一些严重且复杂的流动问题。VAPEX 过程中,由于溶剂的抽提效应,沥青质组分就地沉降在地层或井筒中,阻碍正常生产。

5)溶剂注入条件

溶剂类型是 VAPEX 成功的关键,通常溶剂的选择以平衡压力、相对分子质量、密度差、溶解度、扩散率和油藏温度及压力等因素为基础。当低相对分子质量的气态溶剂接近或处于露点压力操作条件下时,具有以下几个优点:

(1)具有最大的溶解性,处于接近油藏温度下的蒸气压时,气态溶剂进入更为有利。

(2)在油藏温度且接近蒸气压条件下注入气态溶剂可提高采油速度。

(3)气态溶剂与沥青质间产生较高的密度差,能够为 VAPEX 提供更高的驱动力。

(4)从经济角度考虑,使用气态溶剂有助于降低萃取油藏的残余溶剂量,从而提高溶剂回收率,显著降低 VAPEX 的操作成本。

1.3　超稠油重力泄油技术应用现状及存在的问题

1.3.1　SAGD 应用现状

目前 SAGD 已广泛应用于国内外超稠油及油砂资源的有效开发中,如国内辽河油田曙一区杜 84 块、新疆风城油田,加拿大阿尔伯塔省的 Long Lake(中国海油国际公司)、Firebag(Suncor 油砂公司)、Peace River(壳牌公司)等油砂,委内瑞拉的 Tia Juana 油田等。对比不同的应用实例,目前加拿大多数 SAGD 矿场的油层连续厚度大于 20 m,最小油层连续厚度为 14 m,多数 SAGD 矿场油藏埋深在 500 m 以内,几个 SAGD 矿场中,Devon's Jackfish、Cenovus' Foster Creek 和 Christina Lake 以及 Suncor's Firebag 的实施效果最好,并且个别井对的采收率已经达到 70%。

实施过程中,为有效评价 SAGD 开发效果,主要通过以下指标评价:

(1) 累积油汽比(COSR):0.25~0.50(汽油比 2.0~4.0);

(2) 单井对日产油(CDOR):400~1 000 bbl/d(55~137 t/d);

(3) 采收率(RF):超过 50%。

目前在矿场实际应用时,主要采用累积油汽比作为评价指标,一般取累积油汽比为 0.25(即累积汽油比 4.0)作为临界条件。

1) 加拿大阿尔伯塔省 SAGD 应用状况

世界上第一个蒸汽辅助重力泄油开采现场先导试验区是位于加拿大阿尔伯塔省北部 Fort McMurray 地区的地下试验区(Underground Test Facilities,通常称作 UTF 试验区)。试验区目标油层深度 140 m,平均油层厚度 20 m,地层温度 7 ℃下的原油黏度为 (200~300)×10⁴ mPa·s,孔隙度 33%,含油饱和度约 80%,渗透率 3~5 μm²。试验区内第一和第二阶段的试验井组都是从地下隧道中钻成的,即采用特殊钻机在位于 180 m 深的隧道中钻井,采油井口和注汽井口直接布置在 180 m 深的油层以下 20~30 m 的部位,蒸汽通过管线从地面输到地下隧道后从井口注入,生产井产出的液体流到安装在隧道中的集油罐,然后用泵输送到地面的处理站进行处理。试验区从 1988 年注汽,1990 年结束试验。第一阶段的试验达到了预期结果,单位水平段长度稳产期的采油量为 0.2~0.25 m³/(d·m),即 70 m 长度油井的日产油量为 15 m³/d 左右。第二阶段试验从 1993 年开始,直到 2005 年,累积采收率已超过 70%,稳产期的单井日产油量达到 100 t/d 以上,油汽比 0.3~0.5,累积油汽比 0.4。1996 年又开展第三阶段试验,1999 年开展第四阶段试验,但第三阶段和第四阶段试验的水平井都是从地面钻入的,其开采效果同前几个阶段的试验结果一致。

自 UTF(现名为 Dover)成功进行矿场试验以来,SAGD 先后在国内外不同类型的超稠油油藏及油砂储层中开展了十几个先导试验区的试验,发展到目前,已成为商业化技术,在现场得到广泛应用。表 1-3-1 是加拿大主要 SAGD 项目的实施效果。

大部分 SAGD 的商业化项目位于孔隙度、渗透率和含油饱和度都比较高且油层连续的油藏,含油饱和度基本上都超过 70%,高的达到 85%。同时,从这些 SAGD 开采实例中也可以看出,SAGD 不仅可以在超稠油油藏中应用,也可以在普通稠油油藏中应用,而且在普通稠油油藏中应用 SAGD 的开采效果更好,体现在单井日产油量和累积油汽比都比较高。

表 1-3-1 加拿大主要 SAGD 项目效果统计

油 田	厚度 /m	渗透率 /μm²	原油黏度 /(mPa·s)	水平井长度 /m	操作压力 /MPa	高峰日产油量 /(m³·d⁻¹)	累积 油汽比
Christina Lake	30~40	5~7	>1 000 000	750	3.0	100~140	0.42
Dover	17~20	3~5	>1 000 000	500	2.5	100~120	0.37
Firebag	50~70	3~5	>1 000 000	1 000	2.0	250~300	0.27

油　　田	厚度 /m	渗透率 /μm^2	原油黏度 /(mPa·s)	水平井长度 /m	操作压力 /MPa	高峰日产油量 /(m³·d⁻¹)	累积 油汽比
Foster Creek	20～35	3～5	>1 000 000	750	2.7	150～200	0.39
Hangingstone	30～50	1～5	>1 000 000	500	4.5	100～120	0.31
Mackay River	15～25	3～5	>1 000 000	700	1.7	100～120	0.4
Surmont	40～50	2～3	>1 000 000	400	1.2	60～80	0.3
Tangleflags	10～25	3～5	约 20 000	400	3.0	200～250	0.35
Senlac East	12～18	3～5	<10 000	700	2.5	>300	0.45
Bolney	15～20	2～4	<10 000	500	3.0	120～250	0.33
Burnt Lake	20～25	1～3	约 80 000	1000	3.0	100～120	0.27
Wolf Lake	10～12	2～4	约 300 000	800	3.0	80～100	0.28

2) 我国辽河油田曙一区杜 84 块 SAGD 应用状况

曙一区杜 84 块超稠油油藏埋深 550～1 150 m,目的层包括沙三上段、沙一＋二段和馆陶组 3 套地层,这 3 套地层属于不同沉积类型,且均以角度不整合接触。沙一＋二段和沙三上段 2 套地层合称为兴隆台组油层,沙一＋二段进一步划分为 5 个油层组,即兴Ⅰ～Ⅴ组,沙三上段为兴Ⅵ组。杜 84 块兴隆台组油层为埋藏浅、成岩性差、岩石结构疏松的低成熟度储层,兴Ⅰ组孔隙度为 30.3%,渗透率为 2.277 μm^2,兴Ⅵ组孔隙度为 26.6%,渗透率为 1.062 μm^2。馆陶组油层孔隙以粒间孔为主,储层物性比较好,平均孔隙度为 36.3%,平均渗透率为 5.539 μm^2,属于高孔、高渗、低泥质含量的储层。

兴隆台组油层发育较好,平面上大面积连片分布。兴Ⅰ组和兴Ⅵ组油层单层厚度大,以块状为主,兴Ⅰ组单层平均厚度为 6.8 m,其中单层厚度超过 10 m 的占 63.6%;兴Ⅵ组单层平均厚度为 10.4 m,其中单层厚度超过 10 m 的占 74.9%。馆陶组油层主要发育在该块南部地区,平均油层有效厚度为 78.6 m,纵向上油藏埋深为 530～640 m,其中曙 1-31-0149 井附近油层最厚,单井解释油层厚度最大达 151.5 m,有效厚度为 136.6 m。

兴隆台组油层为岩性构造油藏,兴Ⅰ～Ⅳ组为边水油藏,兴Ⅵ组为底水油藏,兴Ⅵ组油水界面深度为 790～860 m。兴隆台组油层 50 ℃时的原油黏度为 13.51×10⁴ mPa·s,胶质＋沥青质含量为 53.22%,属于超稠油。兴隆台组油层深 750 m 时,压力为 7.35 MPa,地温为 34.7 ℃。馆陶组油层的顶部和四周被水包围,属边顶水稠油油藏。馆陶组油层 50 ℃时的原油黏度为 23.19×10⁴ mPa·s,胶质＋沥青质含量为 52.9%,也属于超稠油。馆陶组油层深 600 m 时,压力为 5.88 MPa,地温为 29.6 ℃。

2003 年 1 月分别在馆陶组和兴隆台Ⅵ组油层直井间各部署水平井 4 口,于 2003 年 6 月开始实施,2004 年 6 月 8 口水平井全部完钻。2003 年 8 月先完钻的兴隆台Ⅵ组杜 84-平 45 和 46 水平井开始预热吞吐,拉开了蒸汽辅助重力泄油先导试验的序幕。馆陶组试验区于 2005 年 2 月正式转入 SAGD 生产,兴隆台Ⅵ组油层试验区于 2006 年 10 月转入 SAGD 生产。兴隆台组试验区含油面积为 0.14 km²,共部署观察井 11 口。馆陶组试验区含油面积为 0.15 km²,共部署观察井 15 口。

(1) 兴隆台组油层先导试验区。

兴隆台Ⅵ组油层先导试验区于 2006 年 10 月 12 日整体转入 SAGD 生产阶段,至 2008 年年底,井组生产 812 d,累计注汽 61×10⁴ t,累计产液 66×10⁴ t,累计产油 10×10⁴ t,累积油汽比 0.16,采注比 1.08;2008 年 12 月 31 日,日注汽 570 t/d,日产液 749 t/d,日产油 143 t/d,含水 81%,瞬时油汽比 0.25,瞬时采注比 1.32。

(2) 馆陶组油层先导试验区。

2005 年 2 月 23 日馆陶组油层杜 84-馆平 11 和 12 井组率先转入 SAGD 生产阶段,9 月 6 日、10 月 27 日杜 84-馆平 10 和 13 井组先后转入 SAGD 生产阶段。截至 2008 年年底,井组生产 1 407 d,累计注汽 154×10⁴ t,累计产液 136×10⁴ t,累计产油 40×10⁴ t,累积油汽比 0.26,采注比 0.88;2008 年 12 月 31 日,日注汽 1 521 t/d,日产液 1 388 t/d,日产油 372 t/d,含水 66%,瞬时油汽比 0.24,瞬时采注比 0.72。

1.3.2　SAGD 存在的问题

在超稠油油藏 SAGD 开发过程中,大多数真实的油藏往往发育多个渗流屏障,这些屏障对 SAGD 蒸汽腔扩展有较大影响,特别是当油藏内发育隔夹层、高含水饱和度层、砾岩层时,SAGD 蒸汽腔的扩展模式与均质油藏有较大区别。目前,对多渗流屏障影响下的 SAGD 蒸汽腔扩展模式的研究有待完善。

在 SAGD 的启动方式方面,目前个别井对存在启动时间长、启动后井间连通程度差等问题,鉴于此,目前考虑扩容效应的启动方式有待完善。

在 SAGD 开发的后期,由于油藏顶部盖层存在热损失,注入蒸汽的热效率降低,油汽比降低,影响开发效果。另外,部分超稠油油藏还发育顶水能量,当 SAGD 蒸汽腔前缘到达油藏顶部,与顶水接触后,也会对蒸汽腔扩展形态产生较大影响。

1.3.3　VAPEX 应用现状及存在的问题

目前,VAPEX 已在加拿大阿尔伯塔省进行了多个矿场先导试验,具体包括 Nexen Inc. (Plover Lake)、Imperial Oil Resourses(Cold Lake)、Encana(Foster Creek)、Petro-Canada (Fort McMurray)等,但考虑到溶剂成本及回收率等问题,尚未有大规模的矿场应用。

VAPEX 主要利用注入溶剂的抽提效应,近几年随着对 VAPEX 应用潜力和室内实验结果的逐渐认识,研究开始从室内实验向矿场实施转移,但由于实际油藏受地质、工程及人为因素等多方面影响,以及对这项技术的理论研究仍然不足,对稠油油藏注溶剂开采的应用研究有待进一步深入。目前 VAPEX 存在以下几点问题:

（1）机理方面：对溶剂抽提过程没有系统评价，对过渡带复杂的物理化学作用没有动态研究，且静态物理化学描述无法反映稀释油在过渡带内的流动特征。另外，由于实验手段的问题，难以准确模拟真实非均质储层条件下超稠油油藏 VAPEX 的开发动态。

（2）矿场应用方面：由于注入溶剂成本高且溶剂回收率低，VAPEX 的应用范围有限。

第 2 章
蒸汽辅助重力泄油开发启动技术

SAGD 开发主要包括启动阶段与生产阶段(油藏压力高的情况下还有降压阶段)。启动阶段也称预热阶段,主要目的为预热油藏,实现生产井与注汽井之间的热连通。常用的启动方式有多种,包括蒸汽吞吐启动、蒸汽循环启动、电加热启动及其他启动方式。本章通过对比,从不同方面分析几种 SAGD 启动方式的差异特征。

2.1 蒸汽吞吐启动方式

2.1.1 蒸汽吞吐启动方式简介

蒸汽吞吐是指在本井中完成注蒸汽、焖井和开井生产 3 个过程的稠油开采方法,从注蒸汽开始到油井不能正常生产为止,称为一个吞吐周期。蒸汽吞吐的基本特点是原油受热降黏和采出主要集中在井点附近,流动阻力小。蒸汽吞吐注蒸汽时间与注汽量、设备、井况及地层条件有关,一般为 10~15 d;焖井过程是将注入蒸汽的热量充分释放给油层,合理的焖井时间应该满足蒸汽释放完潜热,焖井时间过长或过短都将影响注入蒸汽的热效应,焖井时间一般为 3~5 d;开井生产阶段是将蒸汽凝结的流体和被加热的油藏流体一起开采到地面,与常规生产井的生产过程基本相同,生产时间可长达上百天。

相比其他启动方式,蒸汽吞吐启动方式操作简单,容易控制。实施过程中,通过依次或同步对 SAGD 井对中的生产井和注汽井开展蒸汽吞吐,使井对附近地层进行有效加热,实现 SAGD 注采井的有效连通。通过温度监测井实时观测注采井间的温度场发育情况,待井间温度高于稠油的拐点温度后,即停止吞吐预热,转入 SAGD 生产阶段。蒸汽吞吐启动方式主要适用于原始油藏压力较高(埋藏深)的稠油油藏(如辽河油田杜 84 块 SAGD 试验区的兴隆台组油层,原始地层压力 7.35 MPa),通过蒸汽吞吐可以有效降低油藏压力并建立注汽井与生产井之间的热连通,如图 2-1-1 所示。

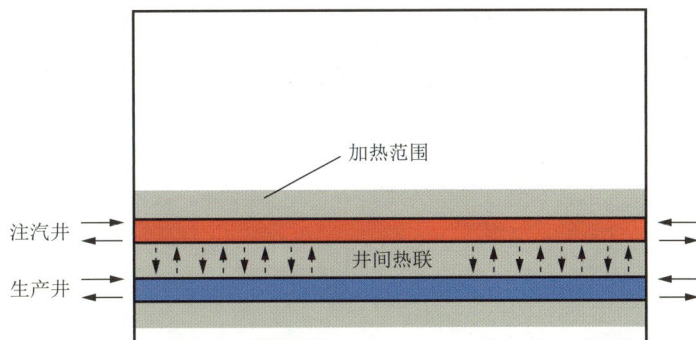

图 2-1-1　SAGD 蒸汽吞吐启动示意图

尽管蒸汽吞吐启动方式操作简单，易于控制，且具有实现油藏降压的优势（受采油阶段的影响），但对于超稠油油藏的 SAGD 开发，由于单个吞吐周期（注蒸汽、焖井、开井生产）的持续时间较长，为了保证注采井间可以充分预热，往往需要多个吞吐周期，因此相比其他启动方式，蒸汽吞吐方式的启动时间更长。对于部分前期采用蒸汽吞吐作为主要开发方式的超稠油油藏，在后期转入 SAGD 开发后，蒸汽吞吐阶段所提供的井间有效热连通往往可以提供良好基础，如辽河油田杜 84 块超稠油油藏的直-平井组合式 SAGD 开发方式。

2.1.2　蒸汽吞吐启动特征

利用相似比例物理模拟方法，进行相似比例物理模型设计，包括模型基础参数（孔隙度、渗透率、油层厚度等）设计和注采参数（蒸汽干度、注入量、时间等）设计，并开展了稠油油藏 SAGD 蒸汽吞吐预热的实验测试。实验过程中，SAGD 井对的上部注汽井与下部生产井交替开展蒸汽吞吐 3 个周期，实时监测各测点的温度数据变化，并绘制温度场变化图。图 2-1-2 所示为两口水平井各吞吐 3 周期后的井间温度场变化图。吞吐后，两井间温度已达 85 ℃，达到启动阶段的结束温度。可以看出，受储层非均质性的影响，尽管水平井沿程的温度分布并不均匀，但井段沿程的温度条件均已达到热连通的临界温度，可以转入正常的 SAGD 生产阶段。

图 2-1-3 所示分别为注汽井（A 井）和生产井（B 井）的产液情况。由于蒸汽吞吐启动阶段的周期注汽量不大，注汽的主要目的是预热井间地层，使井间温度达到 80 ℃以上，因此蒸汽吞吐启动阶段结束后的采出程度并不高，累积采出程度约 1.4%。

对于含有底水能量的稠油油藏，在采用 SAGD 方式开发时，一般矿场条件下不推荐采用蒸汽吞吐启动方式。这是由于带有底水的稠油油藏会在蒸汽吞吐启动阶段发生底水上窜，导致后注入的蒸汽进入水层，或注入的热量被水层吸收，预热效果不好。

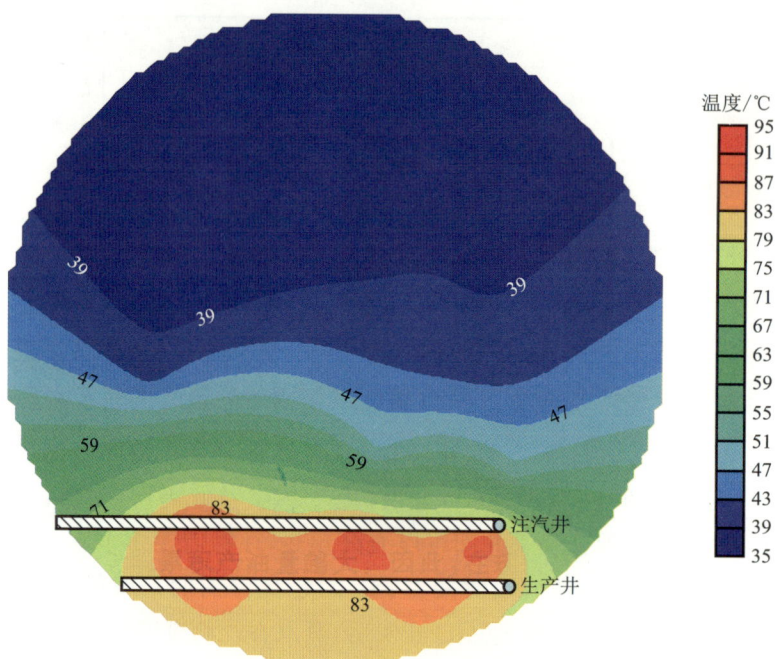

图 2-1-2　模型启动阶段结束后的油藏温度场变化图

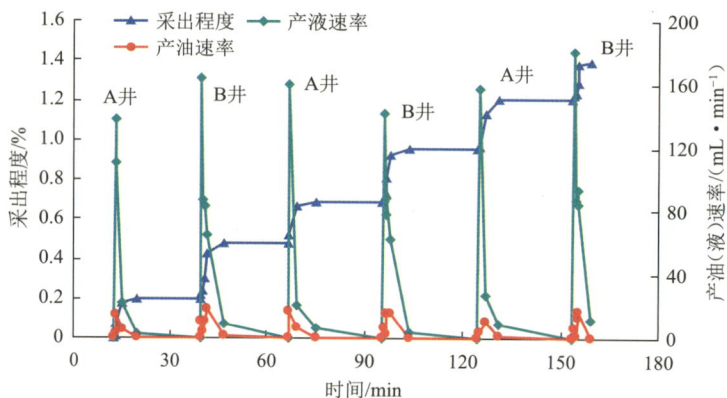

图 2-1-3　蒸汽吞吐启动阶段的生产曲线

2.2　蒸汽循环启动方式

2.2.1　蒸汽循环启动方式简介

　　蒸汽循环启动方式是通过生产井与注汽井的油管与油套环空,实现蒸汽的注入与采出,达到加热油藏和实现井间热连通的目的。该启动方式适合于原始油藏压力较低的稠油油藏,采用蒸汽循环启动方式的 SAGD 生产过程在泄油阶段的蒸汽温度和注汽压力低。相比其他启动方式,蒸汽循环启动方式目前在 SAGD 开发中应用较多。依据循环预热管柱结构,该启动方式可分为 3 种形式:同心管循环方式、长短管双管循环方式以及单管注汽油套环空循环方式。目前国内外 SAGD 矿场实施中以长短管双管循环启动方式为主,其他两种循环启动方式应用相对较少。

就单个水平井而言,蒸汽循环的基本物理过程如图 2-2-1 所示。在长短管的井筒结构中,蒸汽由井口注入后依次经历直井段和水平井的热传导过程:对于水平段,蒸汽沿长(注汽)管从水平井跟端至趾端(图 2-2-1 中红色箭头所示),随后蒸汽在水平井趾端从长管流出,进入油套环空,在环空中沿相反方向(与长管中蒸汽流动方向相反)流动,释放热量;对于蒸汽在环空中的流动,一部分蒸汽会通过射孔孔眼或割缝进入地层,与地层岩石流体发生热交换,起到预热目的,而剩余部分蒸汽则通过环空流至水平井跟端,最终通过短管回流至井口,完成整个循环过程(图 2-2-1 中紫色箭头所示)。

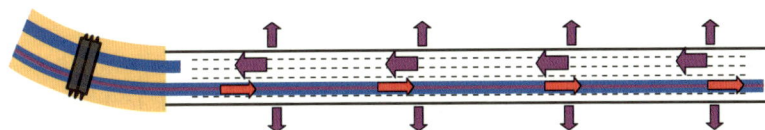

图 2-2-1　单井蒸汽循环示意图

2.2.2　蒸汽循环启动特征

相比蒸汽吞吐启动方式,蒸汽循环启动方式不具有降压问题,因此在底水稠油油藏 SAGD 过程中具有较大优势。为此,依据某实际稠油油藏的基础物性参数、流体参数及操作参数等,建立油藏数值模型,分析不同启动方式下的 SAGD 开发效果。表 2-2-1 为该 SAGD 数值模型的基础物性参数,其中底水水体倍数为 3;图 2-2-2 为该数值模型示意图。

表 2-2-1　SAGD 数值模型的基础物性参数

参　数	数　值	参　数	数　值
油层埋深/m	950	原油密度/$(g \cdot cm^{-3})$	0.960
孔隙度/%	0.35	初始含油饱和度/%	72.0
水平渗透率/$(10^{-3} \ \mu m^2)$	3 000	油藏温度/℃	47
K_v/K_h	0.5	岩石压缩系数/kPa^{-1}	7.7×10^{-6}
油层厚度/m	50	地层水压缩系数/kPa^{-1}	6.2×10^{-7}
净总厚度比	0.80	地层油压缩系数/kPa^{-1}	1.42×10^{-6}
原油黏度(50 ℃)/$(mPa \cdot s)$	10 000	岩石热容/$[J \cdot (m^3 \cdot ℃)^{-1}]$	2.347×10^6
水体倍数	3.0	岩石导热系数/$[J \cdot (m \cdot d \cdot ℃)^{-1}]$	1.634×10^5

注:K_v 为垂直渗透率,K_h 为水平渗透率。

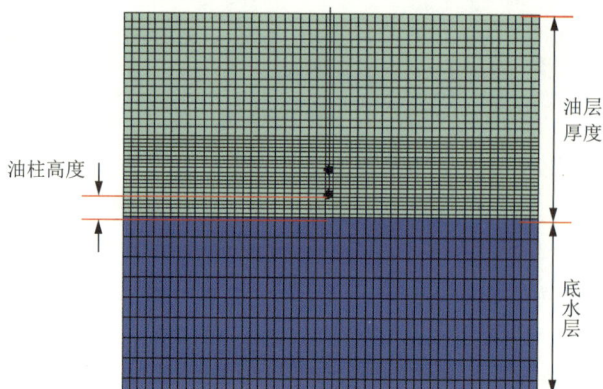

图 2-2-2　底水稠油油藏 SAGD 油藏数值模型

　　基于该底水稠油油藏的 SAGD 数值模型,分别模拟蒸汽吞吐启动方式和蒸汽循环启动方式在均质厚层稠油油藏及底水稠油油藏中的开发效果,结果如图 2-2-3 和图 2-2-4 所示。无论是不含水体的稠油油藏还是含水体的稠油油藏,蒸汽循环启动方式的效果均好于蒸汽吞吐启动方式。对于不含水体的稠油油藏,蒸汽吞吐启动方式的累积油汽比更高;对于含水体的稠油油藏,蒸汽吞吐启动方式和蒸汽循环启动方式的累积油汽比差别不大,但蒸汽循环启动方式的采油速度更高。对于海上稠油油藏,考虑到高采油速度的需求,推荐采用蒸汽循环启动方式。

　　底水稠油油藏 SAGD 开发的另一个重要参数是 SAGD 井对与油水边界的距离,即图 2-2-2 中所示的油柱高度,油柱高度以内的油层主要起阻隔底水窜进的作用。为此,采用 SAGD 数值模型,分别模拟不同油柱高度下采用蒸汽循环启动方式时的底水稠油油藏 SAGD 开发特征。当采用蒸汽吞吐启动方式时,最小油柱高度约 15 m,即当生产井与底水顶界之间的距离小于 15 m 时,注入的蒸汽将进入水层,难以正常生产;但当采用蒸汽循环启动方式时,厚度小于 15 m 的油藏也可进行正常的 SAGD 生产,蒸汽循环启动方式有效降低了底水稠油油藏实施 SAGD 生产的油层厚度界限,即原先采用蒸汽吞吐启动方式不能实施 SAGD 的底水稠油油藏,采用蒸汽循环启动方式会得到改善。图 2-2-5 和图 2-2-6 所示为蒸汽循环启动方式下不同油柱高度的底水稠油油藏 SAGD 模拟结果,可以看出,油柱高度对采收率和产油速率的影响不大。但随着油柱高度的减小,累积油汽比逐渐降低,底水侵入速度升高,当油柱高度超过 7 m 时,累积油汽比随油柱高度的变化逐渐变缓。

　　图 2-2-7 为不同油柱高度下的底水稠油油藏 SAGD 采收率,由图可知,最佳的油柱高度为 7～9 m,当油柱高度大于 9 m 时,随油柱高度增大,采收率降低。由此可知对于该稠油油藏,最佳的油柱高度为 8 m。由此可知,对于某一特定的底水稠油油藏,采用 SAGD 方式开发时存在最佳的油柱高度取值。

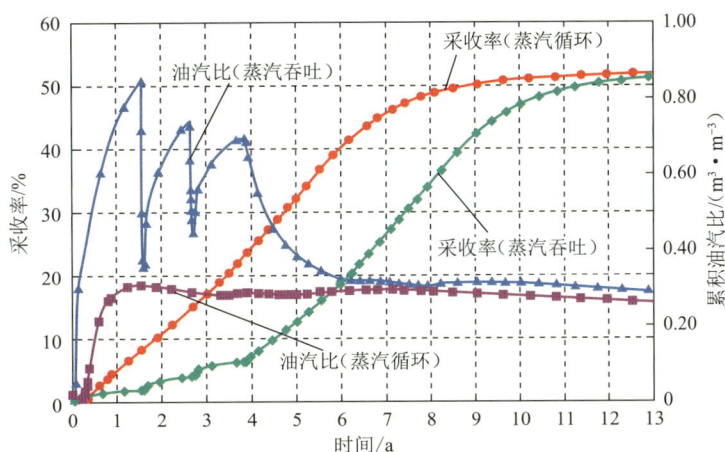

图 2-2-3　均质厚层稠油油藏 SAGD 不同启动方式下的效果对比

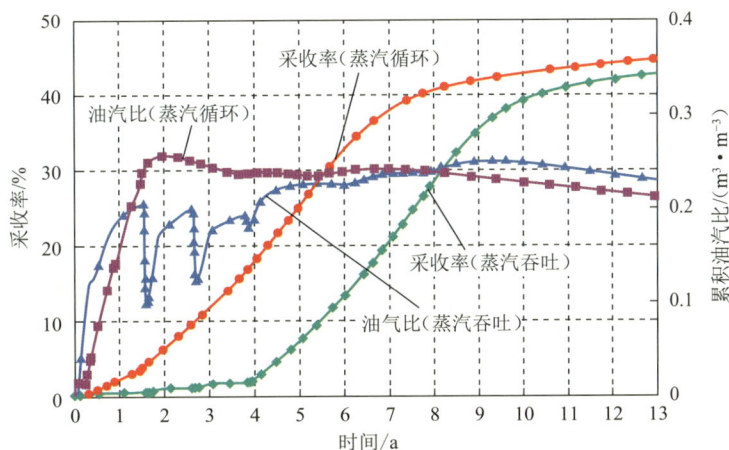

图 2-2-4　底水稠油油藏 SAGD 不同启动方式下的效果对比

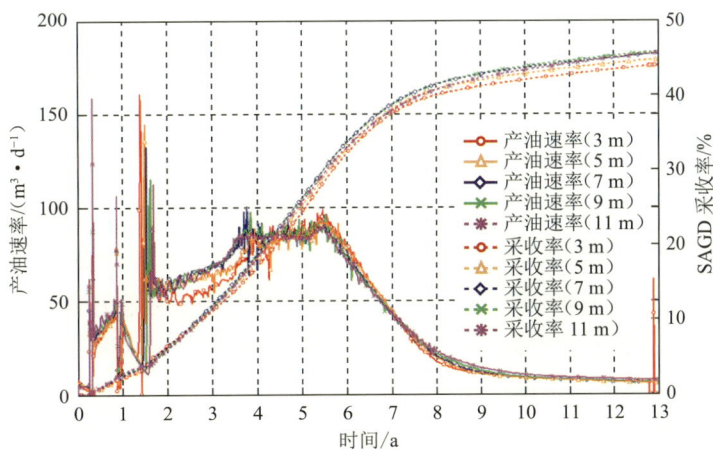

图 2-2-5　不同油柱高度下的 SAGD 采收率及产油速率

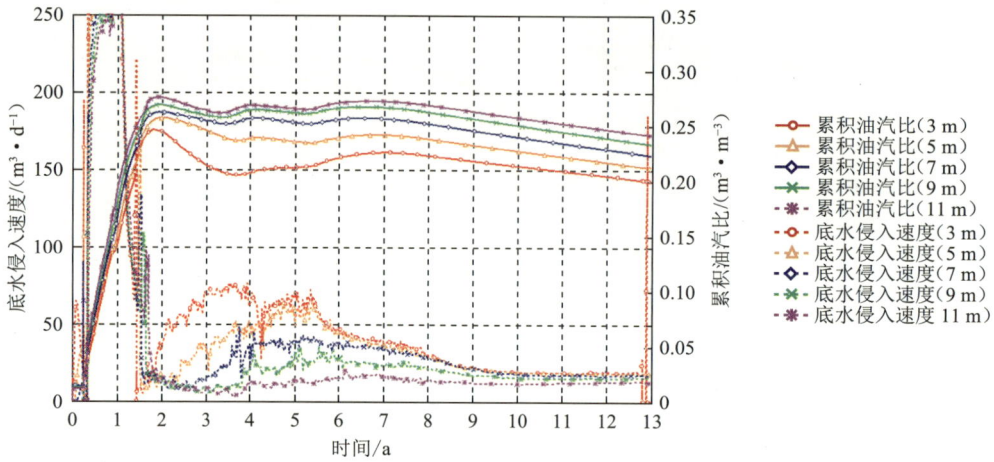

图 2-2-6　不同油柱高度下的 SAGD 累积油汽比及底水侵入速度

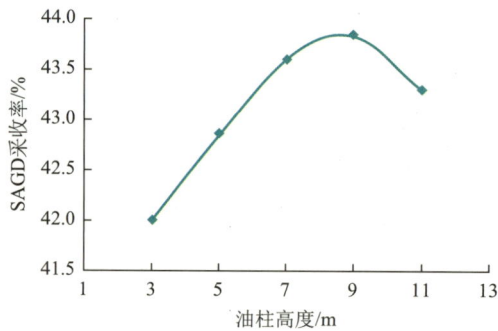

图 2-2-7　不同油柱高度下的 SAGD 采收率

2.3　电加热启动方式

2.3.1　电加热启动方式简介

电加热启动方式是通过下入电阻加热器加热油藏，以实现 SAGD 注汽井和生产井井间的热连通，如图 2-3-1 所示。具体实施过程中，主要采用电缆等方式将电能输送到井下，并分别在注汽井和生产井中下入电阻加热器，可以将电能转换为热能，加热油层。稠油油藏的井下电加热技术自 20 世纪 90 年代以来已进行了广泛的现场试验，显著改善了产油效果。相比其他启动方式，电加热启动方式的效率更高，效果更好，但同时投入更大。

电加热启动方式的具体作用机理为：

（1）在电阻加热器的作用下，近井地带的地层和稠油受热，使原油黏度降低，从而降低流体的渗流阻力。

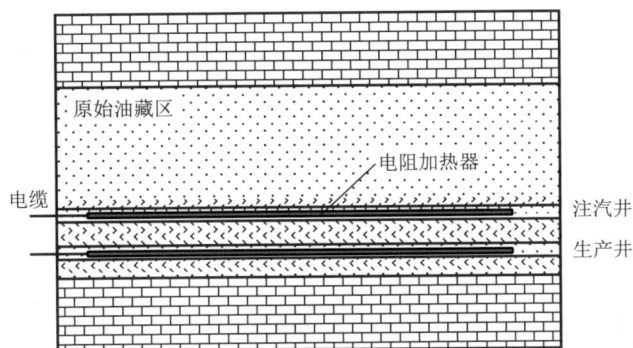

图 2-3-1 电加热启动方式示意图

（2）电阻加热器的高温会加热近井地带的地层水，使温度升高，从而形成高温蒸汽。

（3）高温条件有助于稠油流体中析出少量溶解气，发挥溶解气驱的作用。

稠油油藏的 SAGD 电加热启动类似于前述蒸汽吞吐和蒸汽循环启动方式，通过监测井的井温监测，待注采井间温度上升至稠油的拐点温度后，电加热启动阶段结束，开始转入正常的 SAGD 生产阶段。考虑到 SAGD 过程的注采井间距离较小，因此在电加热启动过程中，可以明显观察到井间的热场叠加作用。电加热启动方式有一个显著优势，即加热效果受油藏非均质性的影响较小。对于水平井沿程渗透率非均质性严重的稠油油藏，采用蒸汽吞吐或蒸汽循环启动方式会明显观察到井筒沿程的加热效果不均匀；但采用电加热启动方式，在不考虑非均质性对油层导热系数的影响下，可以保证水平井沿程均可获得较好的加热效果，温度场分布更均匀。

2.3.2 电加热启动特征

目前国内外相关学者已采用物理实验及数值模拟实验开展了 SAGD 电加热启动方式的研究，在表 2-2-1 所示油藏流体物性参数条件下，建立电加热启动方式的稠油油藏 SAGD 数值模型。在 CMG 油藏数值模拟软件中，通过关键字"HTWELL""HTWRATE"等给定加热速率（J/d）和加热温度（℃），以实现电加热启动方式。在本模型中设定分别对注汽井和生产井同时采用电加热启动方式，启动时间 90 d，蒸汽循环和蒸汽吞吐启动方式采用与 2.2 节相同的参数设置。图 2-3-2 所示为电加热、蒸汽循环和蒸汽吞吐 3 种启动方式下的注采井间温度分布模拟结果。可以看出，在加热速率满足的条件下，3 种启动方式中电加热启动方式的效率最高，启动时间最短，井间温度最高。图 2-3-3 所示为 SAGD 3 种不同启动方式下的采收率及产油速率，可以看出，3 种启动方式的最终采收率差别不大，但启动时间有一定区别，电加热启动时间最短，其次为蒸汽循环启动方式，蒸汽吞吐所需启动时间最长，因此现场采用蒸汽吞吐启动方式较少。但对于吞吐开发后期的超稠油油藏，若考虑转 SAGD 开发，由于前期吞吐过程中已形成了一定的加热通道，因此蒸汽吞吐启动方式的效率较高。

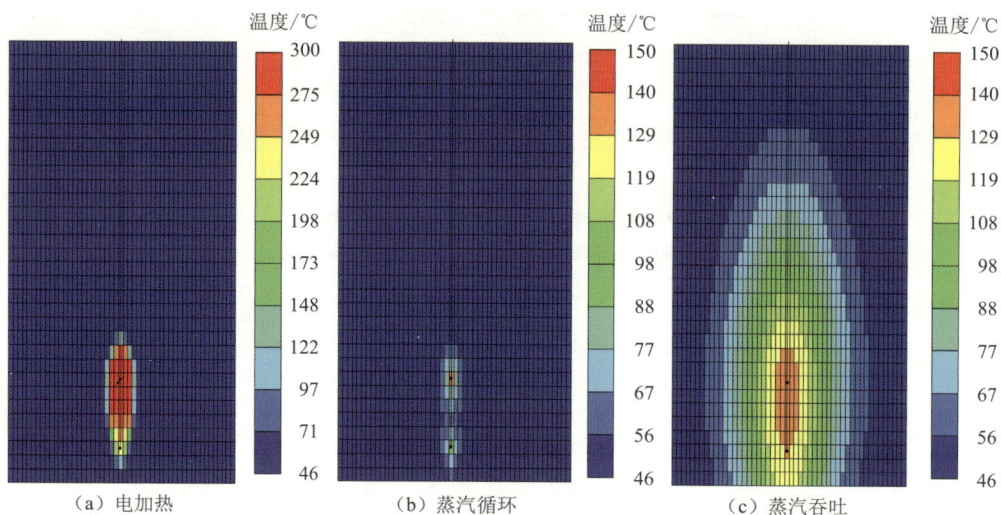

（a）电加热　　　　　　（b）蒸汽循环　　　　　　（c）蒸汽吞吐

图 2-3-2　SAGD 不同启动方式下的注采井间温度分布

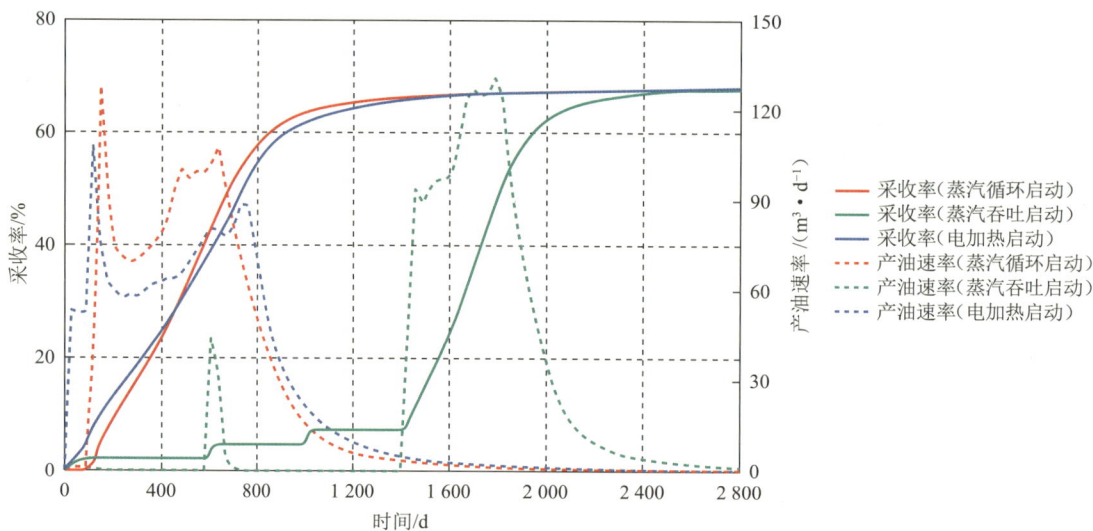

图 2-3-3　SAGD 不同启动方式下的采收率及产油速率

2.4　其他启动方式

除前述 3 种启动方式之外，近年来，为缩短超稠油油藏 SAGD 开发启动阶段的时间消耗，改善 SAGD 启动阶段注采井间热连通效率，发展了溶剂辅助启动方式和电磁加热启动方式。

2.4.1　溶剂辅助启动方式

1）溶剂辅助启动方式简介

溶剂辅助启动方式就是通过注汽井和生产井向地层注入溶剂,利用溶剂在稠油中的高溶解能力,使溶剂与地层原油混合,从而降低原油黏度,改善流动性,使原先不具有流动能力的稠油恢复流动性,提高泄油区域内的开发效果,达到注采井间连通,如图 2-4-1 所示。目前常用的溶剂有己烷、二甲苯、柴油等。与前述 3 种启动方式不同,溶剂辅助启动方式直接实现了注采井间的流体流动连通。

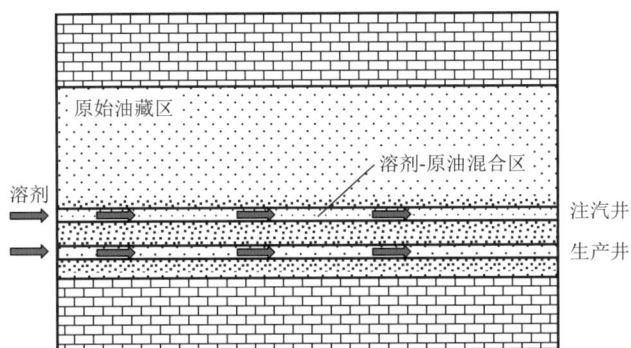

图 2-4-1　溶剂辅助启动方式示意图

为了提高溶剂辅助启动方式的井间连通效率,在溶剂注入地层之前,可以在地面进行预热或采用电加热的方式在水平井内进行预热,从而适度提高溶剂温度,提高效率。目前该方式已在国内新疆油田风城 SAGD 试验区、加拿大阿尔伯塔油砂区及委内瑞拉 Zuata 沉积区等进行了矿场试验,试验效果显著,可以有效缩短启动时间,提高井间连通效率。

2）矿场应用效果

新疆油田风城地区的 SAGD 矿场于 2015 年 7 月进行现场试验,采用溶剂辅助启动方式进行循环预热,并与常规循环启动模式进行对比。试验过程中,向注汽井和生产井中同时注入溶剂二甲苯,3 d 共注入 114.5 m^3;关井进入第 1 次浸泡阶段,使溶剂与原油充分混合,并向井间地层以促进均匀连通;浸泡 3 d 后,再次注入 56 m^3 二甲苯,进一步提高溶剂的波及面积,进入第 2 次浸泡阶段;浸泡 3 d 后,注入过热蒸汽进行常规蒸汽循环,以进一步降低井间地层中原油黏度,提高地层平均温度,促进井间连通。在蒸汽循环 95 d 后,井间已经充分连通,转入 SAGD 生产阶段,生产井转入生产,注汽井继续注蒸汽。当地层温度分布均匀时,井组开始启动完全 SAGD 生产阶段。

将溶剂辅助启动井组的试验结果与常规启动方式进行对比发现,经溶剂浸泡的井组需要的循环预热时间显著减少,相对缩短 60 d 左右,节省蒸汽注入量约 4 000 m^3;转入 SAGD 生产后,注采井间的连通程度约 85%,取得了较好的连通效果。

2.4.2 电磁加热启动方式

1）电磁加热启动方式简介

电磁加热启动就是通过电磁元件将电磁能量转化为热能，以降低原油黏度，实现SAGD启动。电磁加热启动技术属于电加热的一种，相比于传统方式，该方式对环境破坏小，不会存在大量的温室气体排放，同时对水的依赖程度小，在当前"碳中和"大目标下具有良好的应用前景。按电流频率不同，电磁加热通常分为低频电阻（欧姆）加热（频率小于100 Hz）、中频感应加热（100～300 kHz）及高频介质加热（射频或微波加热，前者频率为10～100 MHz，后者频率为100 MHz～100 GHz）3类，具体见表2-4-1，不同加热方式在油藏中的加热过程不一样。

表 2-4-1　3种不同类型电磁加热方法的区别

方　法	主要组成	加热过程
低频电阻（欧姆）加热	电极、电源调节单元、供电系统、接地系统、记录/监控系统	通过电阻产生的热量加热离子，使油藏中电子定向移动产生电流
中频感应加热	电磁天线或感应线圈	地层中变化的电流通过导体，激发磁场；变化的磁场产生感应电流，形成回路，产生热量
高频介质加热（射频或微波加热）	射频天线或感应线圈	在偶极矩的作用下，极性分子排列随电场变化而发生变化，分子在运动时同周围分子摩擦，产生热量

1987 年 12 月，巴西 Rio Panan 油田首先开展了低频电阻（欧姆）加热先导试验，启动电磁加热系统后产油速率突然增大，经采用 20 kW 功率加热 40 d，日产油量从 0.2 m³/d 增至 1.0 m³/d。一般而言，加热稠油油藏或油砂时，高频介质加热方式对应的源频率通常在射频波段。自 20 世纪 70 年代以来，世界各国开始探索高频介质加热的热采方式，但受限于对电磁加热复杂物理过程的理解程度，鲜有相关矿场实施成功的报道。

2）SAGD 电磁加热启动方式

稠油油藏 SAGD 开发的电磁加热启动即通过在 SAGD 水平井对中的注汽井下入电磁天线或感应线圈加热近井地带油层，被加热原油在重力作用下从下部生产井采出，起到热连通的目的，如图 2-4-2 所示。目前大多数的电磁加热方式应用实例是用于改善稠油的 SAGD 开发，因此也称为 EM-SAGD。

为改善 VAPEX 的开发效果，近年来提出将电磁加热方式与 VAPEX 联用，称为电磁加热强化 VAPEX（ESEIEH）。通过在水平井对中额外增加一个感应线圈，产生电磁辐射能，吸附在油藏中的介电材料上，从而加热原油，改善流动性，同时注入油藏的溶剂通过溶解降黏的方式改善原油流动性。相比常规 SAGD 等其他热采方式，该方式具有以下优势：开发过程中的能量需求相比其他热采方式更低；该方式为无水操作过程，不需要注蒸汽作业,相比其他方式油藏含水饱和度低,原油采收率高;碳排放量更低;既适用于砂岩储层,也适用于碳酸盐岩储层。

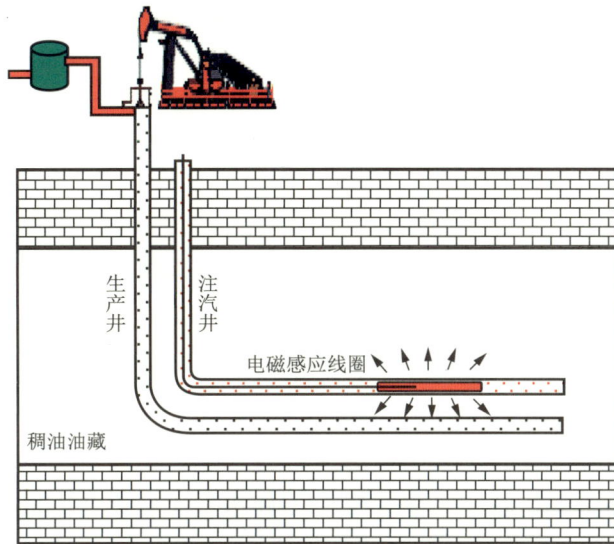

图 2-4-2　稠油油藏 SAGD 电磁加热启动方式示意图

第 3 章
多渗流屏障超稠油油藏 SAGD 开发特征及适应性

油田矿场实际的超稠油油藏并不是完全均质的,真实的油藏内部往往发育有隔夹层、水体及砾岩层等多种渗流屏障,这些渗流屏障的存在对于 SAGD 开发过程中的蒸汽腔发育及泄油动态影响较大。重力是 SAGD 开发过程的主要驱动力,而渗流屏障会对重力泄油有封堵和阻碍作用。本章通过结合室内 SAGD 相似比例物理模拟实验手段,分析多渗流屏障超稠油油藏的 SAGD 开发特征,并在此基础上,表征多渗流屏障超稠油油藏 SAGD 开发的技术适应性。

3.1　超稠油油藏 SAGD 相似比例物理模拟方法

物理模拟一般包括单元模拟与相似模拟两种情况,前者主要用于机理方面的研究,如填砂管驱油实验;后者则是按照物理相似理论将油藏原型按比例缩小,从而使油藏中所发生的一切物理过程在小的室内模型中再现,因此也称为相似比例物理模拟,这个过程可以用于研究常规油藏数值模拟中一些难以确定的物化过程和物理现象。由于相似比例物理模拟能够更全面和真实地模拟油藏条件下的开发方式和生产动态,更直观和综合地反映开发技术的应用效果,因此被视为一种重要的研究手段,广泛应用于油气田开发领域。本节就超稠油油藏 SAGD 开发的相似比例物理模拟方法进行介绍。

3.1.1　SAGD 相似模型设计方法

对于 SAGD 的相似比例物理模拟,首先要进行相似模型的设计,相似理论是进行相似比例物理模拟的理论基础,是连接矿场原型和实验模型的桥梁。对于 SAGD 的相似物理模拟设计,目前主要采用 P-B(Pujol-Boberg)相似理论,对超稠油油藏的双水平井重力泄油过程进行物理模拟的相似设计,所采用的相似准则数见表 3-1-1。

表 3-1-1 超稠油油藏 SAGD 相似比例物理模拟准则数

序 号	模化参量	相似准则数	物理意义
1	水平井长	L	几何相似
2	SAGD 蒸汽腔控制关键参数	$B_3 = \sqrt{\dfrac{Kgh}{\alpha\phi\Delta S_o m\nu_s}}$	SAGD 无因次值
3	生产时间	$t' = \dfrac{Kgt}{\phi\Delta S_o \nu_s h}$	SAGD 无因次时间
4	蒸汽注入速度	$q = \sqrt{\dfrac{2\phi Kg\alpha h}{m\nu_s}}$	蒸汽注入速度比值

注：L 为油藏原型或实验模型中的水平井长度；K 为油藏原型或实验模型的渗透率；g 为重力加速度，9.81 m/s²；h 为油藏原型或实验模型的油层厚度；α 为油藏原型或实验模型的热扩散系数；ϕ 为油藏原型或实验模型的孔隙度；ΔS_o 为油藏原型或实验模型的可动含油饱和度；ν_s 为油藏原型或实验模型在蒸汽温度下的动力黏度；t 为油藏原型或实验模型的生产时间。

在具体 SAGD 相似比例物理模拟实验过程中，考虑到室内物理模拟实验模型的井长问题，实验中所采用的水平井模型长度往往较短，仅可模拟真实水平井长度的一部分。此时在进行 SAGD 注采参数（包括注汽速度、采液强度等）设计时，应相应设计为全水平井参数的同等比例。

对于 SAGD 相似比例物理模拟中的比例参数设计，另一个重要的参数是渗透率，若直接按相似理论进行设计，则实验模型的渗透率取值往往大于 100 μm^2，这会导致模型相似设计中的运动相似准则被破坏，因此必须要进行相似模型的运动约束。根据福熙海麦定律（Forchheimer's law），当地下水渗流速度较大，雷诺数超过一定界限时，地下水运动开始偏离达西定律。因此，结合多孔介质内流体渗流运动的相似性检验，可以按照福熙海麦定律进行运动约束：

$$Re = \frac{K\rho^2 Dg}{\mu^2} \tag{3-1-1}$$

式中 Re——雷诺数；

ρ——流体密度；

D——相似比例物理模型特征尺寸；

μ——黏度。

对于多孔介质内的达西渗流运动，雷诺数上限为 10，因此基于该运动相似的约束，可实现对相似比例模型中渗透率的转化。

综上，基于表 3-1-1 中的相似准则数，并在模型尺寸约束及福熙海麦定律约束的双重考虑下，可以获得准确、可行的 SAGD 相似比例物理模拟实验参数。

3.1.2 SAGD 相似比例物理模拟实验方法

1）参数设置

采用上述相似比例物理模型设置方法，可以得到具体的 SAGD 相似比例物理模拟实验参数，表 3-1-2 即典型均质超稠油油藏 SAGD 开发的相似比例物理模拟实验参数设计。

表 3-1-2　均质超稠油油藏 SAGD 开发的相似比例物理模拟实验参数设计

阶　段	参数名称	油藏原型	实验模型
基本参数	生产井距油层底部距离/m(cm)	3	1.2
	注采井间距/m(cm)	5	2
	射孔密度/m(cm)	300	206
	井直径/m(cm)	0.1	0.6
	水平井长度/m(cm)	800	320(实际 40 cm)
	排距/m(cm)	100	40
	油层厚度/m(cm)	30	12
	孔隙度/%	33	33
	绝对渗透率/μm^2	4	40
	油藏温度下的原油黏度/(mPa·s)	100×10^4	100×10^4
	地层温度/℃	7	20
	注入蒸汽温度/℃	225	225
	蒸汽干度/%	80	80
	原始地层压力/MPa	2.0	2.0
SAGD 阶段	注入压力/MPa	2.2	2.2
	出口压力/MPa	1.8	1.8
	生产时间/a(min)	1	59.5
	蒸汽注入速度/(t·d^{-1})[(mL·min^{-1})]	300	40

　　基于表 3-1-2 的参数设计结果即可进行 SAGD 相似模型制作。在模型制作过程中，为实现对实验模型渗透率的准确控制，需有效设计采用的石英砂目数。图 3-1-1 所示为采用长 35 cm、直径 3.8 cm 的填砂管测取的不同目数石英砂对应的水测渗透率。可以看出，若模拟油层的渗透率为 40 μm^2，则可以采用 10～20 目的石英砂。

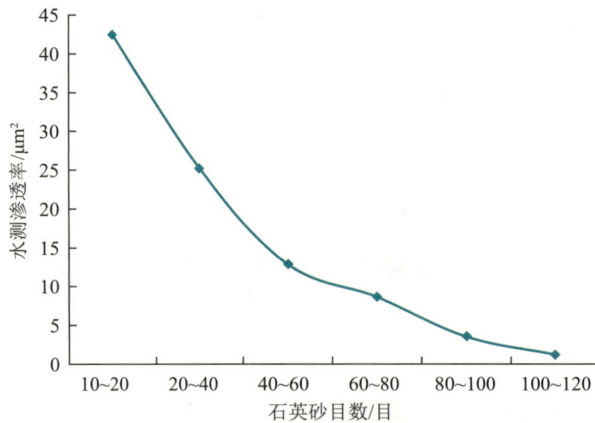

图 3-1-1　不同目数的石英砂水测渗透率测试结果

对于多渗流屏障超稠油油藏,模型制作过程中的隔夹层设计尤为重要,一般包括无渗透性的隔夹层和有渗透性的隔夹层两种情况。对于无渗透性的全封闭或半封闭隔夹层,可采用水泥、瓷砖及有机玻璃等材料来实现,而对于有渗透性的隔夹层,可采用高目数(>120 目)的石英砂实现。对于隔夹层的厚度,可直接采用几何相似比例,以油藏原型的隔夹层厚度为基础进行设计。

2)实验装置及实验流程

(1)实验装置。

高温高压三维物理模型是开展 SAGD 相似比例物理模拟的主要实验装置,如图 3-1-2 所示。模型内腔长度、宽度和深度均为 40 cm,耐压 20 MPa,耐温 350 ℃,模型周边及顶底层共预留测温点 40 个、测压点 10 个及井点位置 11 个。该模型可有效模拟稠油双水平井 SAGD 开发、水平井热采开发、直井井网(五点井网、九点井网)转驱开发、复杂结构井 SAGD 开发等多种方式。实验过程中,模型顶底层通过封填不渗透的陶泥来模拟真实油层的顶底盖层,同时蒸汽注入井与沿程管线安装电加热装置,装置的加热温度与蒸汽发生器的温度保持一致,使蒸汽进入油藏中仍保持蒸汽状态。

图 3-1-2　高温高压三维物理模型实验装置

SAGD 三维热采物理模拟实验流程如图 3-1-3 所示,主要由注采系统、模型系统、监测系统、辅助部分等 4 部分组成。其中注采系统包括平流泵、蒸汽发生器、加热带等装置,模型系统包括高温高压三维物理模型和恒温箱等,监测系统主要包括压力传感器、温度传感器、数据采集箱和计算机等,辅助部分主要包括干燥箱、黏度计、天车及天平等。

图 3-1-4 所示为相似比例物理模拟实验过程中的 SAGD 蒸汽循环预热方法,即通过小管径的绕管分别缠绕注汽井与生产井,向绕管内连续注入蒸汽,进行循环预热。循环过程中,根据现场实际预热时间或注采井间热连通作为停止预热转 SAGD 生产的时机。

(2)实验步骤。

采用上述实验流程及注采参数,进行超稠油油藏的 SAGD 三维物理模拟实验,具体实验步骤主要有以下几个过程:

① 模型构建过程。

a.模型内腔防窜及隔热设置:为降低实验过程中模型与环境间的传热损失,模型内腔

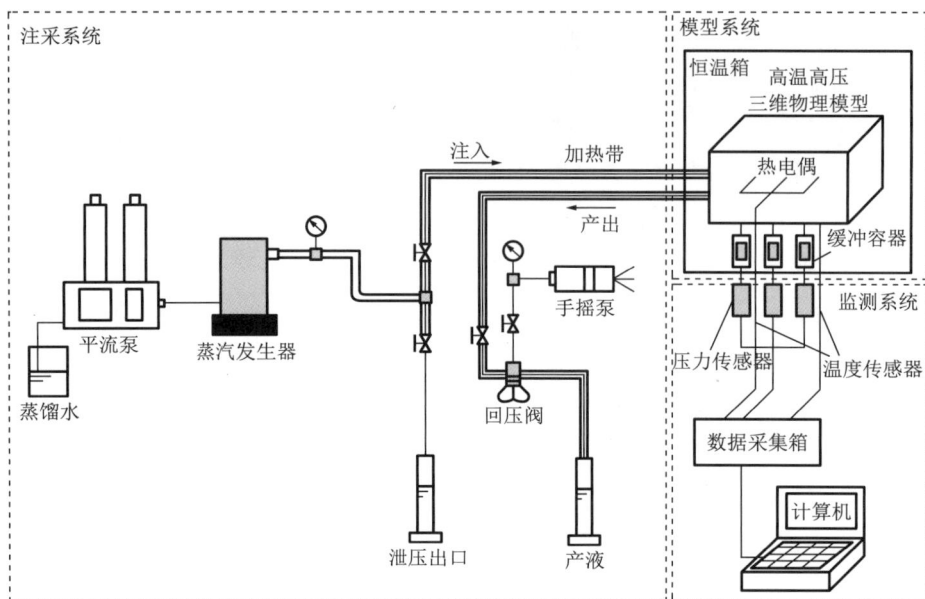

图 3-1-3　SAGD 相似比例物理模拟实验流程

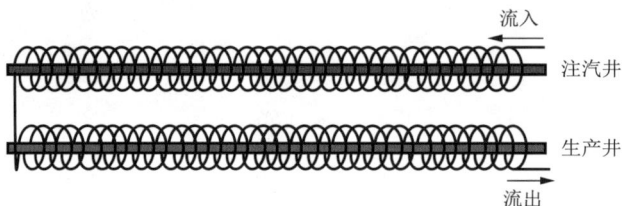

图 3-1-4　相似比例物理模拟 SAGD 蒸汽循环预热方法

涂有一层厚度约 2 mm 的隔热层;为提高注入流体的热利用率,防止注入流体沿模型内部壁面窜流,采用陶泥对模型内壁进行毛化处理。

b. 油砂制备:结合不同目数的石英砂水测渗透率,确定相似比例物理模拟实验选取的石英砂目数;将一定量的石英砂按孔隙体积的 30% 计算油砂配置时使用的水油总体积,之后按水油比 1:4(含水饱和度 20%)与石英砂搅拌混合(需要事先对稠油进行高温预热,否则在室内条件下原油流动性较差),在室内条件下进行油砂配制,用于构建模型初始饱和度场。

c. 油砂填充与储层构建:先湿填配置的油砂,进行纯油层的装填,再进行亏空补偿,补偿时设置模拟水注入速度 1 mL/min,油注入速度 4 mL/min,直至补偿充分;为充分饱和,防止亏空,应多次更换入口端和出口端。填砂过程中,按照设计,从油层底部到顶部设置多层温度测点。

d. 顶部盖层制备:在油层上部覆盖一层陶泥,用于防止注入的热流体沿顶面窜通,之后在陶泥层上部加缓冲垫,缓冲垫上部为钢结构的顶盖,用于模型压实与密封。

e. 温压测点测试：完成以上步骤后，模型的本体设置已经完成，之后需要进行模型内部测温点与测压点的测试，以保证温压测点的数据准确。

f. 建立初始温度场：模型本体放置在恒温箱中，封装模型和温压点测试完成后，设定恒温箱加热温度，对模型本体进行加热，通过监测系统对模型内部各个测温点的温度进行监测。加热 48 h 以上，待模型内部各个测温点温度达到地层温度附近，且模型内部各点温度处处相等（一般允许各点温度差为 $1\sim2$ ℃）后，可以进行 SAGD 相似比例物理模拟实验。

② 循环预热过程。利用缠绕在水平井筒上的预热管线（图 3-1-4）进行两水平井的循环预热，循环预热管线注汽速度为 20 mL/min，预热时间为 30 min，以井间温度超过 80 ℃为预热结束标志。

③ SAGD 实验过程。利用表 3-1-2 所示的 SAGD 阶段注采参数开展 SAGD 实验，实验过程中，实时监测各测温点的数据，以生产井气窜及产液含水率高于 98％为结束标志。

3）实验数据监测

（1）实验过程中，采用与计算机相连接的温度、压力等数据采集系统，通过与模型相连接的温度传感器、压力传感器对 SAGD 全过程的蒸汽腔扩展动态及蒸汽腔压力进行监测。根据温度的监测结果，实时反演得到蒸汽腔的动态扩展情况，如蒸汽腔何时扩展至油藏顶部、何时到达油藏边界等，并据此调整实验流程及参数。

（2）需要对蒸汽的注入参数进行监测，包括注入压力、蒸汽温度、注入速度等，观察注入压力的实时变化。

（3）需要对生产井的实时产液和回压等进行监测。实验过程中，回压主要通过回压阀来实现，变化不大，因此主要是对生产井的实时产液进行监测。对于油砂的 SAGD 实验，从生产井获得的实时产液往往是油水乳状液，为了保证读数准确，需要在实验结束后进行油水分离，可以采用加热分离或添加破乳剂进行辅助破乳分离。

（4）对于隔夹层油砂的 SAGD 物理模拟实验，还可以结合温度监测结果，实时分析隔夹层对蒸汽腔扩展动态的影响。

3.1.3　SAGD 数值实验反演方法

由于相似比例物理模拟实验成本较高且可重复性差，即很难保证具有相同实验参数设置的两组相似实验获得的实验结果是完全相同的（包括采液数据、温度/压力监测数据等），同时开展相似比例物理模拟实验的耗时较长。为此，在实际过程中，常采用油藏数值模拟手段建立相同尺寸的实验室数值模型，以进行实验结果的数值反演。通过调整数值模型的相对渗透率曲线、压缩系数等不确定参数，可以对实验结果进行历史拟合，待拟合结果与实验结果误差满足工程需求（一般不高于 10％）时，可认为该数值反演模型能够代表真实的相似比例物理模拟实验结果。

在建立实验室尺度的数值反演模型时，需选取与相似模型相同的油藏、地质、流体参数及注采参数，建立数字化模型。数值反演模型外围为多层不渗透网格，其热物性参数按真实的模型边壁（钢铁）设计，模型内部依次为隔热层、泥质盖层、油层、泥质底层，且模型边壁内侧也设置有隔热层，最终建立的三维网格体系如图 3-1-5 所示。

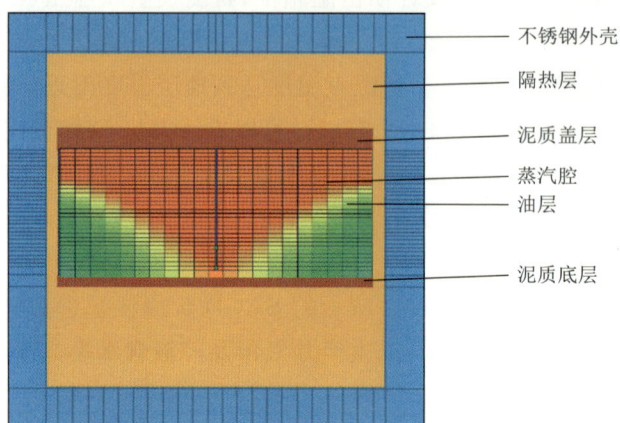

图 3-1-5　超稠油油藏 SAGD 数值反演模型网格划分示意图

在数值反演模型建立过程中，为充分体现模型不同部分的传热特征，需对模型不同位置处的网格赋予不同的传热参数。表 3-1-3 列举了数值反演模型所采用的热物性参数，包括钢铁外壳、岩石、原油、水及顶底层泥岩的导热系数。

表 3-1-3　数值反演模型的热物性参数取值表

序　号	材　质	导热系数/[J·(m·min·℃)$^{-1}$]
1	钢　铁	12.00
2	岩　石	0.96
3	原　油	0.80
4	水	3.72
5	泥　岩	3.61

利用拟合后的实验室尺度下的数值反演模型调整相关参数，包括油层参数或注采参数等，即可有效重复相应的 SAGD 相似模型实验结果，并开展参数的敏感性分析及动态特征研究等。同时，利用相似理论也可以方便地将实验室数值反演模型优化的结果转化为矿场尺度。

3.2　纵向多夹层超稠油油藏 SAGD 特征

隔夹层是超稠油油藏内部发育的典型渗流屏障，SAGD 开发过程中，储层内渗透性较差的夹层会严重阻碍蒸汽腔前缘的扩展，蒸汽腔前缘在接触夹层后会绕过夹层向上扩展。

同时,泄油过程中,夹层上部被蒸汽加热的原油难以直接通过夹层流入生产井,需要绕过夹层,这会导致能量的额外消耗,使油汽比降低。按夹层是否具有渗流能力划分出两类夹层:渗透性夹层及不渗透性夹层(泥岩)。基于上述相似比例物理模拟实验方法,分别开展渗透性和不渗透性夹层的 SAGD 相似比例物理模拟实验,以表征纵向多夹层超稠油油藏 SAGD 开发特征及蒸汽腔发育模式。

3.2.1　多夹层超稠油油藏 SAGD 相似比例物理模拟实验

1) 渗透性夹层

所谓渗透性夹层,即夹层仍具有一定的渗透性,但渗透率较正常的油层偏低。由于具有渗透性,蒸汽或地层流体仍然可以在这种类型的夹层中有效流动,只是渗流阻力较正常油层大,对于 SAGD 正常的蒸汽腔扩展来说会有一定影响。图 3-2-1 所示为带渗透性夹层油藏 SAGD 相似模型设计示意图,图中纵向上共设置两层渗透性夹层,位于注汽井上方,实验采用高目数石英砂模拟,渗透率为 $1~\mu m^2$。

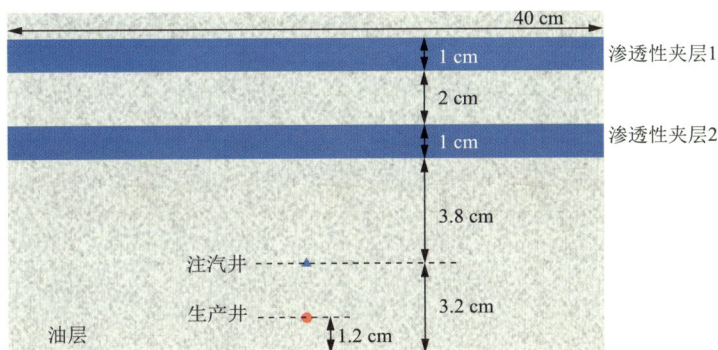

图 3-2-1　带渗透性夹层油藏 SAGD 相似模型示意图

图 3-2-2 所示为带渗透性夹层油藏 SAGD 相似比例物理模拟实验不同时刻下的温度场发育特征。结合温度场的监测结果和 SAGD 操作压力下的蒸汽饱和温度,可准确表征不同时刻下的 SAGD 蒸汽腔扩展动态。由图可以看出,渗透性夹层的存在会对 SAGD 蒸汽腔的发育产生较大影响,蒸汽腔前缘与渗透性夹层接触,之后蒸汽腔向上扩展受阻,开始沿着夹层横向扩展;蒸汽腔继续扩展,逐渐越过夹层,并到达油藏顶部;蒸汽腔继续横向扩展,直至到达油藏边界,进入衰竭阶段。从形状上来看,带渗透性夹层油藏的蒸汽腔扩展动态与均质油藏的差别较大。

图 3-2-3 所示为带渗透性夹层油藏与均质油藏 SAGD 相似比例物理模拟实验结果对比。由图可以看出,与均质油藏实验结果相比,带渗透性夹层油藏的 SAGD 横向扩展期产量降低约 1/3,同时横向扩展持续时间更长,含水率和瞬时汽油比更高,最终采收率降低约 10%。

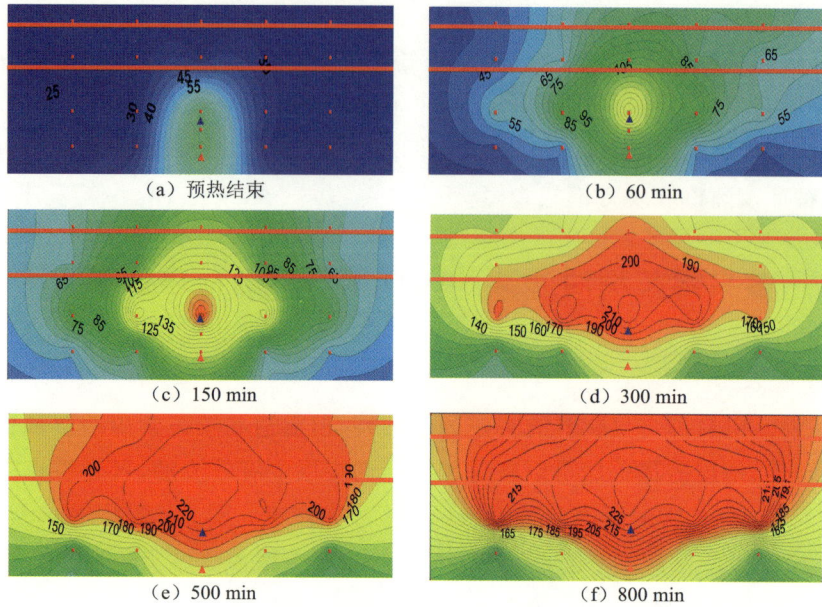

（a）预热结束　　　　　　　　　　　（b）60 min

（c）150 min　　　　　　　　　　　（d）300 min

（e）500 min　　　　　　　　　　　（f）800 min

图 3-2-2　带渗透性夹层油藏 SAGD 相似比例物理模拟实验不同时刻下的温度场发育特征（单位：℃）

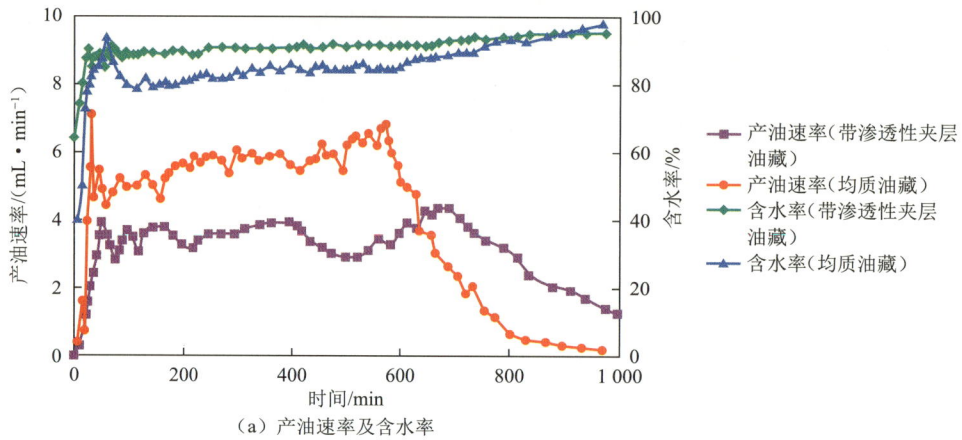

（a）产油速率及含水率

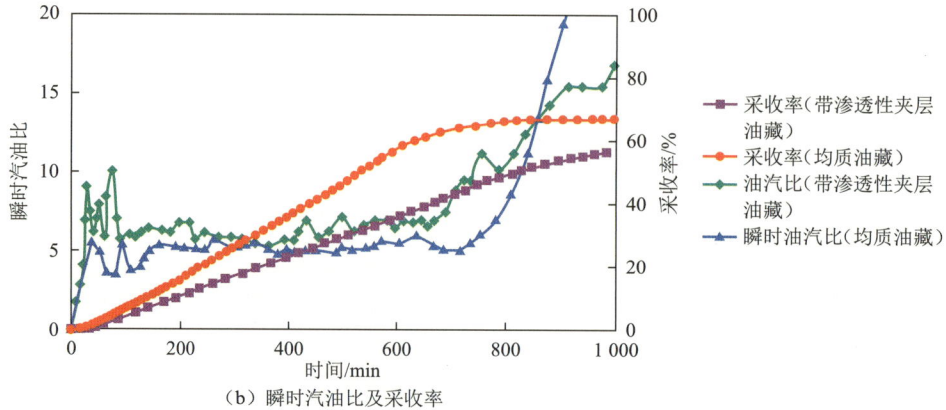

（b）瞬时汽油比及采收率

图 3-2-3　带渗透性夹层油藏与均质油藏 SAGD 相似比例物理模拟实验结果对比

2）不渗透性夹层

不渗透性夹层，即夹层不具有渗透性，一般为泥质或含泥质夹层。这种夹层不具有流体渗流能力，在 SAGD 过程中，蒸汽腔前缘接触夹层后会直接阻断向上扩展的路径，转而水平扩展，直至到达夹层边界，随后蒸汽腔绕过夹层，继续向上扩展。图 3-2-4 所示为带不渗透性夹层油藏 SAGD 相似模型示意图，图中夹层位于注汽井上方，一般采用有机玻璃、水泥或陶瓷材料模拟，宽度为模型总宽度的 1/3。

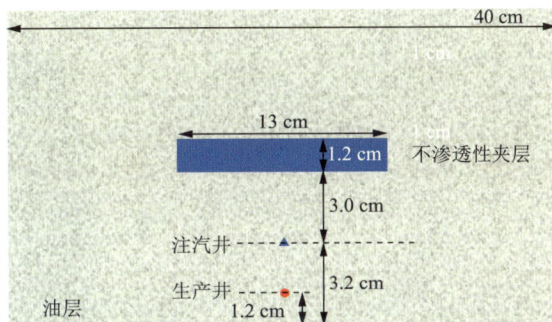

图 3-2-4　带不渗透性夹层油藏 SAGD 相似模型示意图

图 3-2-5 所示为带不渗透性夹层油藏 SAGD 相似比例物理模拟实验不同时刻下的温度场发育特征。与渗透性夹层相比，不渗透夹层的存在对 SAGD 蒸汽腔的发育影响较大，蒸汽腔前缘与不渗透性夹层接触，之后蒸汽腔向上扩展受阻，开始沿着夹层横向扩展；蒸汽腔继续扩展，逐渐越过夹层，并到达油藏顶部；随后蒸汽腔继续横向扩展，直至到达油藏边界，进入衰竭阶段。对于不渗透性夹层正上方的储层，由于蒸汽难以到达，其受热效果较油藏其他部位差，但当蒸汽腔前缘从边界越过夹层后，该部位的受热效果逐渐得到改善。

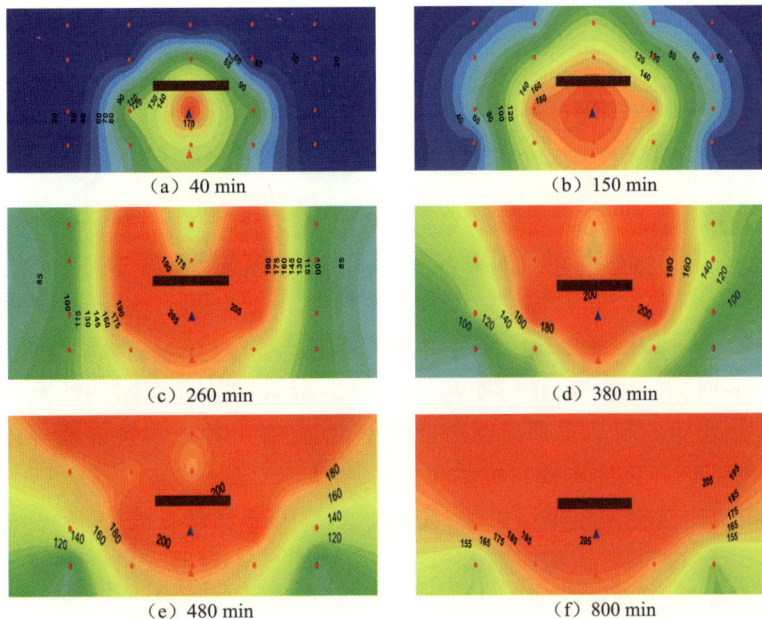

（a）40 min

（b）150 min

（c）260 min

（d）380 min

（e）480 min

（f）800 min

图 3-2-5　带不渗透性夹层油藏 SAGD 相似比例物理模拟实验不同时刻下的温度场发育特征（单位：℃）

图 3-2-6 为带不渗透性夹层油藏与均质油藏 SAGD 相似比例物理模拟实验结果对比。由图可以看出,与均质油藏实验结果相比,带不渗透性夹层油藏的 SAGD 横向扩展期产量低,持续时间长,含水率高,采收率低;带不渗透性夹层油藏的 SAGD 产油速率曲线呈现多个峰值,表明不渗透性夹层对横向扩展期产量及持续时间有较大影响。

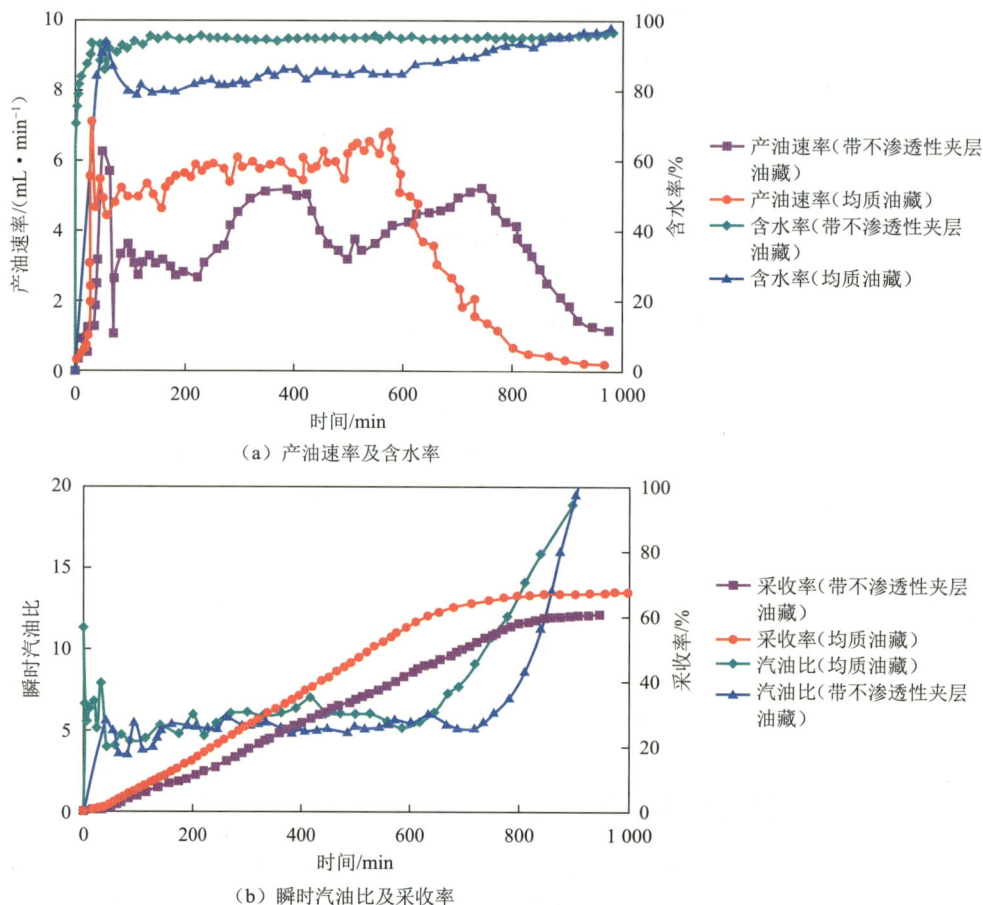

（a）产油速率及含水率

（b）瞬时汽油比及采收率

图 3-2-6　带不渗透性夹层油藏与均质油藏 SAGD 相似比例物理模拟实验结果对比

3.2.2　多夹层超稠油油藏 SAGD 蒸汽腔发育模式

对于均质超稠油油藏,典型的双水平井 SAGD 开发蒸汽腔发育模式包括 3 个阶段,即上升期、横向扩展期(平台期)和衰竭期,如图 3-2-7 所示。但考虑到稠油及油砂储层的非均匀性发育特点,均质的高品质稠油资源量极少,发育有一种或多种渗流屏障的超稠油和油砂储层将是 SAGD 开发的主要目标。

基于上述相似比例物理模拟结果,当超稠油油藏内部发育有夹层时,正常的蒸汽腔扩展会受到较大影响。通过对比均质油藏和带夹层油藏 SAGD 开发的产油速率变化及温度场演化特征,可以得到多夹层超稠油油藏 SAGD 的蒸汽腔发育模式。

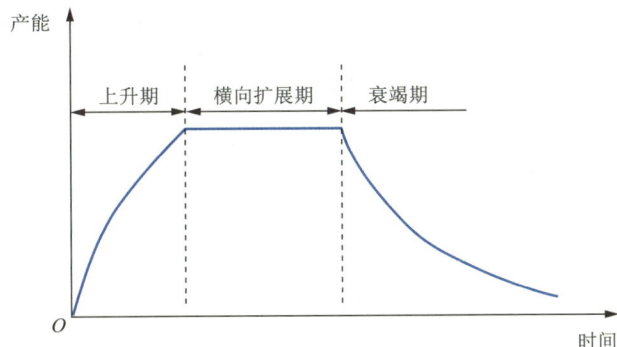

图 3-2-7　超稠油油藏双水平井 SAGD 开发产能变化示意图

首先,带渗透性夹层油藏的 SAGD 蒸汽腔发育模式仍然可以归为 3 个阶段:上升期、横向扩展期和衰竭期。但与均质油藏的 SAGD 蒸汽腔发育模式相比,带渗透性夹层油藏到达油层顶界的时间更长,同时上升过程中受夹层影响,蒸汽腔会沿夹层方向呈一定阶段的水平扩展,因此带渗透性夹层油藏 SAGD 的衰竭期持续时间更短。

其次,带不渗透性夹层油藏的 SAGD 蒸汽腔发育模式综合了图 3-2-5 和图 3-2-6 的实验结果。与均质油藏相比,受泥岩夹层的影响,带不渗透性夹层油藏蒸汽腔发育模式额外增加 1 个二次上升期和二次横向扩展期,从而总的蒸汽腔发育模式为:上升期、横向扩展期、二次上升期、二次横向扩展期、衰竭期。类似地,纵向上含有多个不渗透性夹层的超稠油油藏则会出现多个上升期和多个横向扩展期。同时,由于多个不渗透性夹层在纵向位置存在差异,因此多个上升期和横向扩展期的表现特征有所差别。

3.2.3　渗透性夹层屏障效应分析

考虑到非均质性的影响,渗透性夹层是超稠油油藏中最常见的夹层类型,一般可采用净总厚度比或纵向渗透率等参数来简化表征。在采用 SAGD 方式开采时,由于主要发挥注入蒸汽的超覆性能,考虑到油层纵向发育的低渗透率层段对注入流体渗流能力的影响,渗透性夹层将会对正常的蒸汽腔扩展产生较大影响,如图 3-2-8 所示。

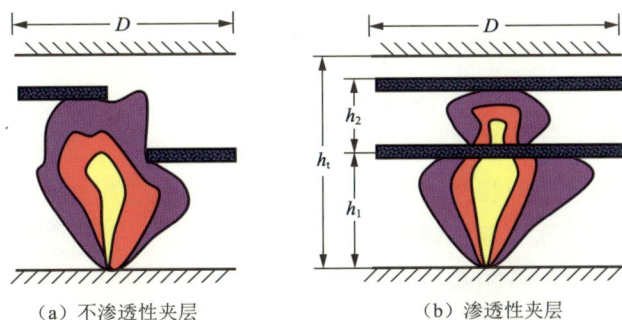

（a）不渗透性夹层　　　　　（b）渗透性夹层

图 3-2-8　夹层对 SAGD 蒸汽腔的遮挡效应示意图

D—油层宽度;h_t—总油层厚度;h_1—下部油层厚度;h_2—上部油层厚度

如图 3-2-9 所示,对于实际超稠油油藏 SAGD 蒸汽腔的垂向扩展,当蒸汽腔遭遇不渗透性夹层时,注入的蒸汽先沿夹层横向扩展,然后扰流;当蒸汽腔遭遇渗透性夹层时,根据夹层的渗透率大小,注入的蒸汽在沿夹层横向扩展的同时也会突破夹层继续向上扩展。通过对垂向注汽速度进行拆分,可以得到 SAGD 蒸汽腔前缘与渗透性夹层接触前后夹层不同位置处的蒸汽腔扩展速度比。与渗透性夹层接触前,蒸汽腔从油层逐渐扩展至夹层;与渗透性夹层接触后,蒸汽腔从夹层逐渐扩展至油层。

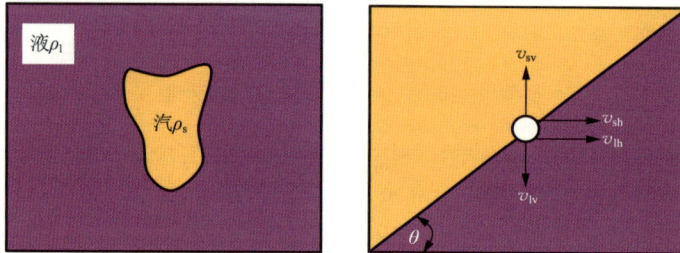

图 3-2-9 渗透性夹层蒸汽腔发育示意图

ρ_l—凝析液密度;ρ_s—蒸汽密度;v_{lh}—水平液相扩展速度;v_{lv}—垂向液相扩展速度

夹层顶面的蒸汽腔扩展速度比为:

$$\frac{v_{sv}}{v_{sh}} = \frac{K_{svo}^{H}}{K_{sh}^{L}} \frac{K_{lh}^{L}}{K_{lv}^{L}} \frac{1}{\sin\theta\cos\theta} \qquad (3\text{-}2\text{-}1)$$

式中　v_{sv}——蒸汽腔的垂向扩展速度;

　　　v_{sh}——蒸汽腔的水平扩展速度;

　　　θ——汽液界面倾角;

　　　K_{svo}——油层的垂向汽相渗透率;

　　　K_{sh}——渗透性夹层的水平汽相渗透率;

　　　K_{lh}——渗透性夹层的水平液相渗透率;

　　　K_{lv}——渗透性夹层的垂向液相渗透率;

　　　上标 H——夹层上部;

　　　上标 L——夹层下部。

夹层底面的蒸汽腔扩展速度比为:

$$\frac{v_{sv}}{v_{sh}} = \frac{K_{sv}^{L}}{K_{sho}^{H}} \frac{K_{lho}^{H}}{K_{lvo}^{H}} \frac{1}{\sin\theta\cos\theta} \qquad (3\text{-}2\text{-}2)$$

式中　K_{sv}——渗透性夹层的垂向汽相渗透率;

　　　K_{lho}——油层的水平液相渗透率;

　　　K_{sho}——油层的水平汽相渗透率;

　　　K_{lvo}——油层的垂向液相渗透率。

油层内部的蒸汽腔扩展速度比为:

$$\frac{v_{sv}}{v_{sh}} = \frac{K_{svo}}{K_{sho}} \frac{K_{lho}}{K_{lvo}} \frac{1}{\sin\theta\cos\theta} \qquad (3\text{-}2\text{-}3)$$

采用某典型超稠油油藏的基础参数,即油层岩石渗透率 4 μm^2,纵横渗透率比 0.8,液相与汽相渗透率之比 0.5,夹层岩石渗透率 0.4 μm^2(级差为 10),分别计算不同角度条件下夹层不同位置处的纵横扩展速度比,如图 3-2-10 所示。可以看出,当蒸汽腔扩展到夹层后,附近纵向扩展速度降低(与内部相比),由 2 倍降低到 0.25 倍;当蒸汽腔穿越夹层后,附近纵向扩展速度增大(与内部相比),由 0.25 倍增大到 20 倍。

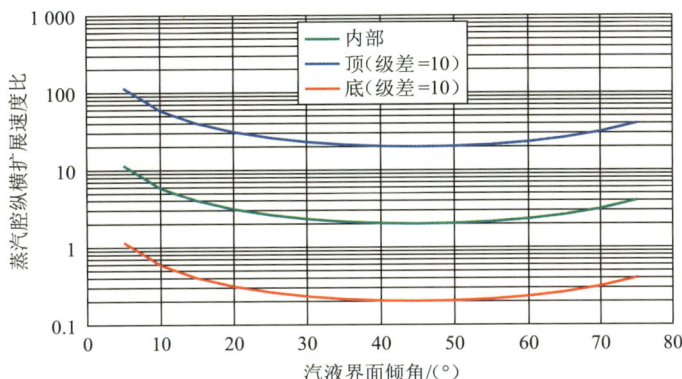

图 3-2-10　不同汽液界面倾角条件下的蒸汽腔纵横扩展速度比

采用上述计算参数,改变夹层渗透率,分别取 0.1 μm^2,0.4 μm^2,1 μm^2,2 μm^2,模拟不同渗透率级差条件下蒸汽腔的纵横扩展速度比,结果如图 3-2-11 所示。可以看出,夹层岩石渗透率小于 0.1 μm^2 时,纵向扩展速度所占比例小于 3%,即横向扩展速度大于 97%,蒸汽腔主要沿横向扩展。

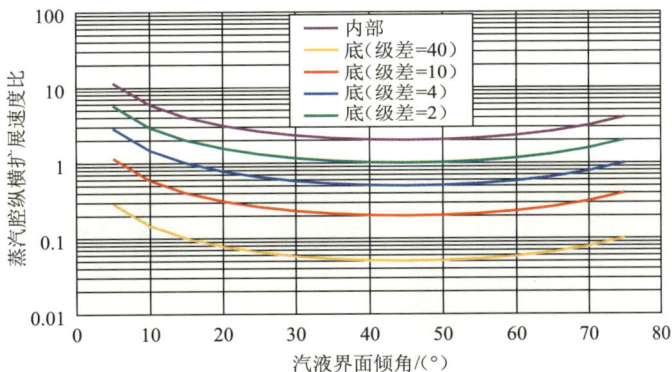

图 3-2-11　不同级差条件下的蒸汽腔纵横扩展速度比

图 3-2-12 和图 3-2-13 所示分别为均质油藏和级差为 20 的带渗透性夹层油藏 SAGD 过程不同时刻下的温度分布和蒸汽饱和度分布(蒸汽腔分布)。可以看出,在该级差条件下,蒸汽腔仍可以顺利通过,尽管渗透性夹层对蒸汽腔的扩展有一定影响,但蒸汽腔前缘一旦通过渗透性夹层后,蒸汽腔将继续正常向上扩展。

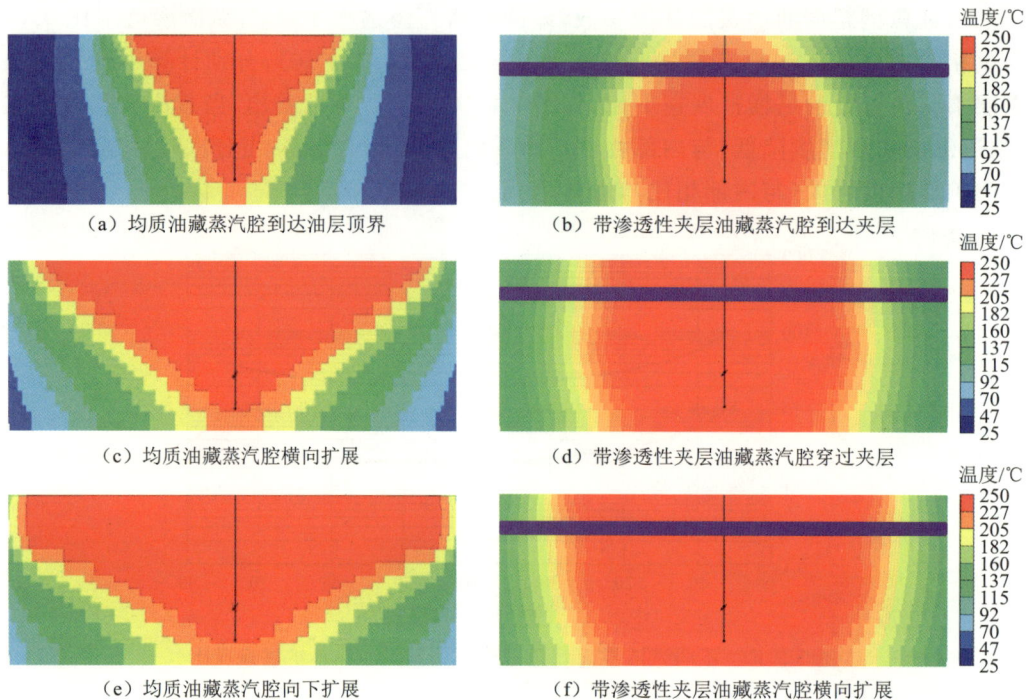

（a）均质油藏蒸汽腔到达油层顶界　　　　　　（b）带渗透性夹层油藏蒸汽腔到达夹层

（c）均质油藏蒸汽腔横向扩展　　　　　　（d）带渗透性夹层油藏蒸汽腔穿过夹层

（e）均质油藏蒸汽腔向下扩展　　　　　　（f）带渗透性夹层油藏蒸汽腔横向扩展

图 3-2-12　均质油藏及级差为 20 的带渗透性夹层油藏 SAGD 过程不同时刻下的温度分布

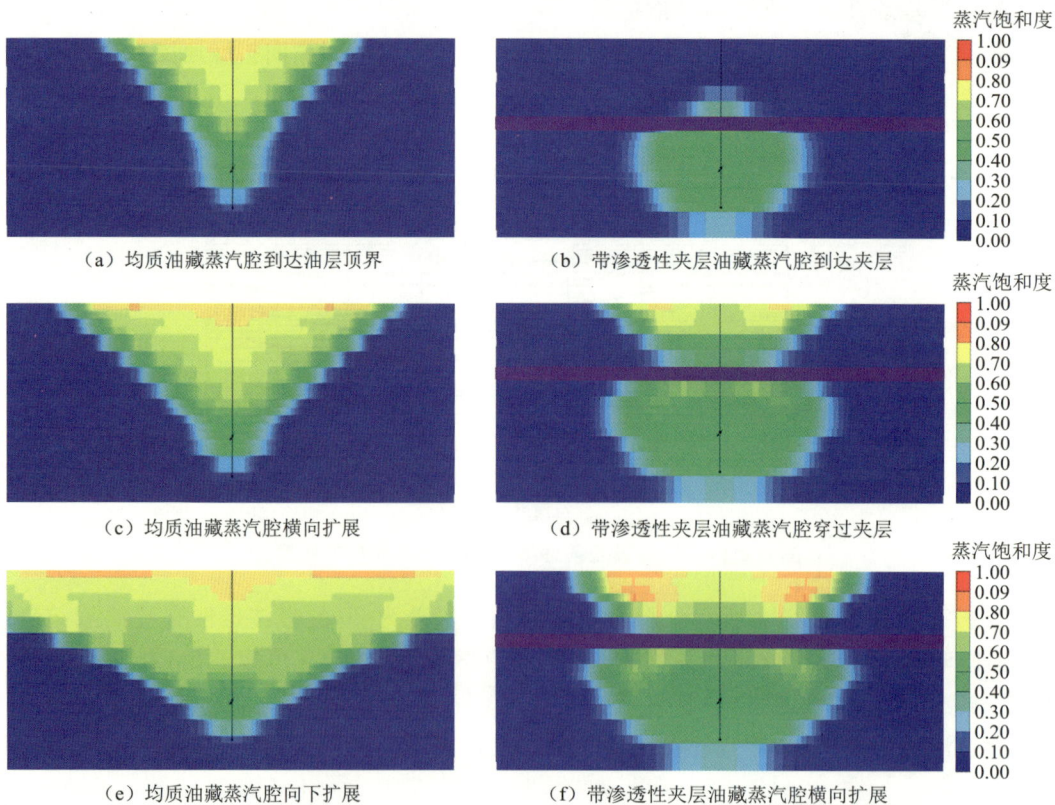

（a）均质油藏蒸汽腔到达油层顶界　　　　　　（b）带渗透性夹层油藏蒸汽腔到达夹层

（c）均质油藏蒸汽腔横向扩展　　　　　　（d）带渗透性夹层油藏蒸汽腔穿过夹层

（e）均质油藏蒸汽腔向下扩展　　　　　　（f）带渗透性夹层油藏蒸汽腔横向扩展

图 3-2-13　均质油藏及级差为 20 的带渗透性夹层油藏 SAGD 过程不同时刻下的蒸汽饱和度分布

3.3　不同水体类型超稠油油藏 SAGD 开发特征

水体是实现超稠油油藏高效开发的另一个重要难题,而超稠油油藏内部一般发育顶水、底水及高含水层 3 种不同类型的水体。区别于油层,水层的初始含水饱和度一般高于50%,如加拿大的 Long Lake 和 Firebag 油砂储层。对于 SAGD 开发,当 SAGD 蒸汽腔前缘与水层接触后,地层水一方面会导致蒸汽腔温度骤降,另一方面会在一定程度上引导蒸汽腔沿高含水层快速扩展。本节基于 3.1 节的相似比例物理模拟实验方法,分别开展带顶水、底水及高含水层的超稠油油藏 SAGD 相似比例物理模拟实验,以表征不同水体类型的超稠油油藏 SAGD 开发特征及蒸汽腔发育模式。

3.3.1　不同水体类型超稠油油藏 SAGD 相似比例物理模拟实验

1) 不同类型水体的模拟方法

含水体的油砂 SAGD 相似比例物理模拟实验的实验方法与 3.1 节类似,区别主要在于含水层实验模型的构建、参数的设计及实验数据的监测等方面。对于水层厚度的模拟,受室内物理模型尺寸限制,很难模拟大能量水体,为此提出一种基于气体压缩性的水体能量模拟方法,有效解决了实验室条件下水体能量模拟的难题,如图 3-3-1 所示。

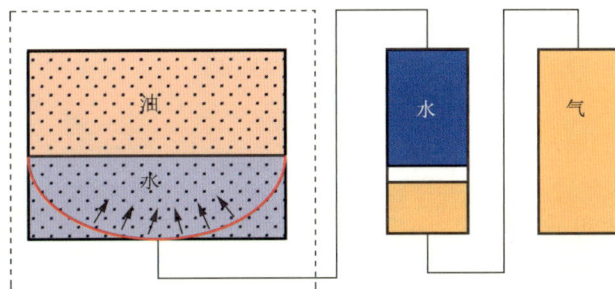

图 3-3-1　油藏水体能量相似比例物理模拟实现思路

(1) 设计思路。

① 水体能量的模拟除可以通过水体压力和天然水侵量实现外,还可以将水体倍数作为水体能量模拟的重要手段。水体倍数是指在油藏条件下与油藏连通的底水体积和油层中原油体积的比值,体现了水体能量的大小,或者说产出单位体积流体后油藏压力的下降幅度。目前求解水体倍数的方法有容积法、物质平衡法、非稳态水侵法、数值模拟法等,在不同的情况下需要选择不同的方法进行求解,水体倍数是很容易获得的数据。

② 由水体倍数可以获得模拟水体能量所需的底水体积,但出于可操作性和安全性考虑,不能直接采用相同倍数水体来模拟水体能量。一般来说,气体分子间距很大,分子引

力小,当分子间距缩小很多时才出现分子斥力,相比液体,气体压缩性更强,弹性膨胀能更大。因此,可用压缩性强的气体来代替一部分水体能量,但必须让水体能量和气体能量完全等效。

③ 为保证油水界面以下的底水为球面径向流,模型底部一定厚度的底水层不可或缺,同时为防止气体进入模型,气体需置于水体末端,防止气窜。

(2)外部气体体积的确定。

在不采用气体的实验模拟条件下,依据弹性水压驱动理论,弹性产液量 V_L 等于孔隙体积缩小量 ΔV_p 与流体体积膨胀量 ΔV_L 之和,即

$$V_L = \Delta V_p + \Delta V_L = C_f V_r \Delta p + C_o V_{r1} \phi \Delta p + C_w V_{r2} \phi \Delta p \tag{3-3-1}$$

式中　V_r——岩石骨架体积;

　　　V_{r1}——含油层多孔介质体积;

　　　V_{r2}——底水水体体积;

　　　C_f——岩石骨架压缩系数;

　　　C_o——原油压缩系数;

　　　C_w——地层水压缩系数;

　　　ϕ——孔隙度;

　　　Δp——压差。

已知水体倍数为 n,可得:

$$V_L = C_f V_r \Delta p + \frac{C_o V_r \phi \Delta p}{n+1} + \frac{n C_w V_r \phi \Delta p}{n+1} = V_r \Delta p \left(C_f + \frac{C_o \phi}{n+1} + \frac{n C_w \phi}{n+1} \right) \tag{3-3-2}$$

由于

$$(n+1)V_o = V_r \phi \tag{3-3-3}$$

因此,可以得到:

$$V_L = V_o \Delta p \left[(n+1)\frac{C_f}{\phi} + C_o + n C_w \right] \tag{3-3-4}$$

式中　V_o——原油体积。

在采用气体的实验模拟条件下,实际操作水体倍数为 n_0,其值取 $1 \sim 2$。弹性产液量等于孔隙体积缩小量、原油体积膨胀量、模型本体底水层体积膨胀量、外部水体体积膨胀量与注入气体体积膨胀量之和,即

$$V_L = \Delta V_p + \Delta V_o + \Delta V_{w1} + \Delta V_{w2} + \Delta V_g \tag{3-3-5}$$

式中　ΔV_o——原油体积膨胀量;

　　　ΔV_{w1}——模型本体底水层体积膨胀量;

　　　ΔV_{w2}——外部水体体积膨胀量;

　　　ΔV_g——注入气体体积膨胀量。

由于

$$(n_0+1)V_o = V_r \phi \tag{3-3-6}$$

因此,弹性产液量可表示为:

$$V_{L} = \frac{C_{f}(1+n_{0})V_{o}}{\phi}\Delta p + C_{o}V_{o}\Delta p + C_{w}n_{0}V_{o}\Delta p + C_{w}V_{w2}\Delta p + C_{g}V_{g}\Delta p$$

$$= \Delta p\left[\frac{C_{f}(1+n_{0})V_{o}}{\phi} + C_{o}V_{o} + C_{w}n_{0}V_{o} + C_{w}V_{w2} + C_{g}V_{g}\right] \tag{3-3-7}$$

式中　V_{w2}——外部水体体积；

　　　C_{g}——气体压缩系数；

　　　V_{g}——注入气体体积。

基于相同的弹性产液量来模拟水体能量，推导得到：

$$V_{o}(n+1)\frac{C_{f}}{\phi} + C_{o}V_{o} + nC_{w}V_{o} = \frac{C_{f}(1+n_{0})V_{o}}{\phi} + C_{o}V_{o} + C_{w}n_{0}V_{o} + C_{w}V_{w2} + C_{g}V_{g}$$

$$\tag{3-3-8}$$

若忽略岩石的压缩性，即 $C_{f}=0$，可得到：

$$C_{o}V_{o} + nC_{w}V_{o} = C_{o}V_{o} + C_{w}n_{0}V_{o} + C_{w}V_{w2} + C_{g}V_{g} \tag{3-3-9}$$

$$nC_{w}V_{o} = C_{w}n_{0}V_{o} + C_{w}V_{w2} + C_{g}V_{g} \tag{3-3-10}$$

两边同除以 V_{o}，可得到：

$$nC_{w} = C_{w}n_{0} + C_{w}\frac{V_{w2}}{V_{o}} + C_{g}\frac{V_{g}}{V_{o}} \tag{3-3-11}$$

而气体压缩系数的定义为：

$$C_{g} = -\frac{1}{V_{g}}\left(\frac{\partial V_{g}}{\partial p}\right)_{T} \tag{3-3-12}$$

对于理想气体，气体压缩因子 $z=1$，气体状态方程可简化为：

$$V_{g} = \frac{nRT}{p} \tag{3-3-13}$$

式中　n——气体物质的量；

　　　p——压力；

　　　R——气体常数，8.314 J/(mol·K)；

　　　T——体系温度。

在上式两边对 p 求导，推导得到：

$$\frac{\partial V}{\partial p} = -\frac{nRT}{p^{2}} \tag{3-3-14}$$

由式（3-3-12）和式（3-3-14）可得到：

$$C_{g} = -\left(\frac{p}{nRT}\right)\left(-\frac{nRT}{p^{2}}\right) = \frac{1}{p} \tag{3-3-15}$$

将式（3-3-15）代入式（3-3-11），可得到：

$$nC_{w} = C_{w}n_{0} + C_{w}\frac{V_{w2}}{V_{o}} + \frac{1}{p}\frac{V_{g}}{V_{o}} \tag{3-3-16}$$

$$\frac{V_{g}}{V_{o}} = p\left[(n-n_{0}) - \frac{V_{w2}}{V_{o}}\right]C_{w} \tag{3-3-17}$$

如果已知容器内水的体积，或者将其取 1 倍油体积，即 $V_{w2}=V_{o}$，可得到：

$$\frac{V_g}{V_o} = p\left[(n-n_0)-1\right]C_w \tag{3-3-18}$$

已知地层水压缩系数 C_w、水体倍数 n、实际操作水体倍数 n_0，以及 p 随时间的变化关系，利用上式即可求得模拟相应水体能量所需的气体倍数，即气体与原油体积之比，从而获得所需气体的体积。

2）顶水层超稠油油藏

（1）模型制备方法。

含水体稠油油藏 SAGD 相似比例物理模拟实验的实验装置和流程与均质油藏类似，区别在于进行初始物理模型构建时，水层的实现方法有差异。图 3-3-2 所示为顶水层超稠油油藏 SAGD 相似模型示意图，其主要采用湿填与干填相结合的方式进行饱和。饱和过程中，先采用热油砂填充下部纯油层，待纯油层装填完成后，将模型放入恒温系统进行升温，同时向模型内部继续饱和水和油，补充湿填过程中所产生的亏空。亏空补偿结束后，将模型降至室温，此时由于温度低，模型内部的原油不具有流动性。随后在纯油层上部布置纱网及温度传感器等，开始进行顶水层的装填，水层可以直接采用湿填方式实现，并与外接水源相连，以实现对水体能量的模拟，最后进行模型封装。

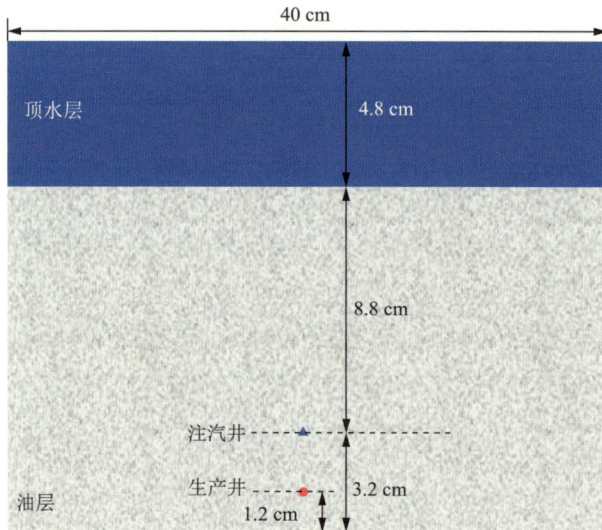

图 3-3-2　顶水层超稠油油藏 SAGD 相似模型示意图

（2）实验结果。

图 3-3-3 所示为顶水层超稠油油藏 SAGD 过程不同时刻下的温度场发育特征。类似地，也可以通过蒸汽的饱和温度得到蒸汽腔范围。可以看出，启动阶段结束后，蒸汽腔沿垂直方向逐渐向上发育，该阶段的瞬时产油量和汽油比迅速增加，至 100 min 时产油速率到达峰值，对应蒸汽腔达到顶水层。蒸汽腔上升阶段的瞬时产油量逐渐增加，产油速率逐渐增加，含水率逐渐降低。自 SAGD 生产开始至蒸汽腔到达顶水层时，采出程度约为 10%。由于顶水层的遮挡作用，蒸汽腔沿横向逐渐扩展，该阶段产油速率和汽油比基本稳

定,略有降低,蒸汽腔的波及范围大幅增加。同时随着加热范围的扩大,顶水层侵入蒸汽腔,蒸汽腔扩展阶段的瞬时产油量和汽油比略有降低,含水率略有增加,从 83.5% 增至 88.0%,之后瞬时产油量出现明显降低,此时对应蒸汽腔到达油藏边界处,该阶段采出程度由 10% 增至 38.5%。SAGD 生产 500 min 时蒸汽腔到达油藏边界,之后蒸汽腔进入下移阶段,该阶段汽油比和含水率明显增加,蒸汽腔波及范围的增加主要体现在边界处蒸汽腔的向下扩展方面。

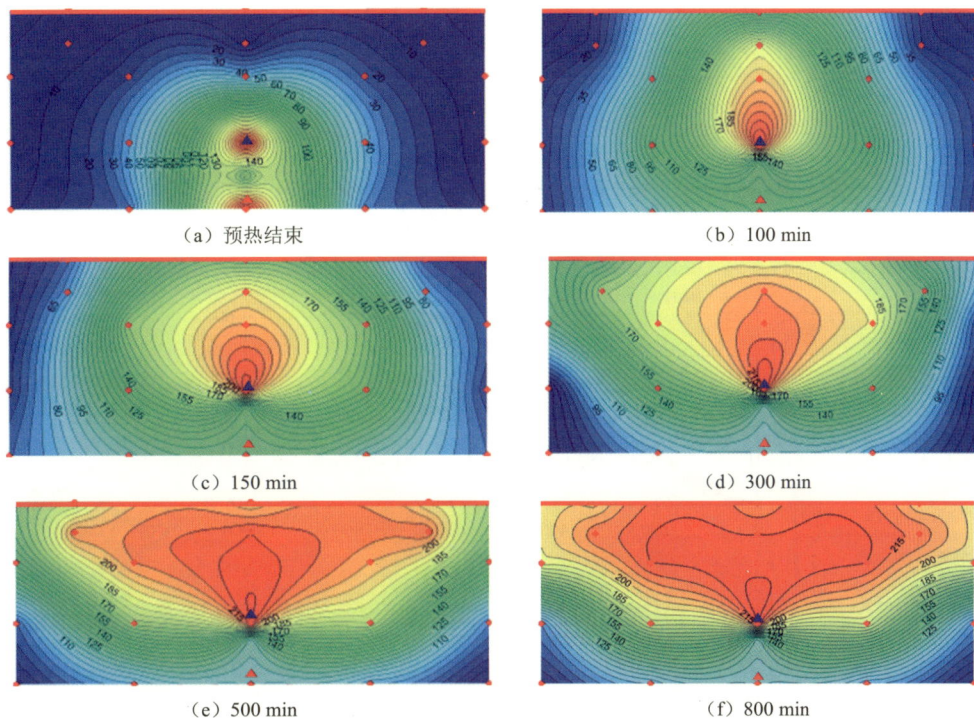

<table>
<tr><td>（a）预热结束</td><td>（b）100 min</td></tr>
<tr><td>（c）150 min</td><td>（d）300 min</td></tr>
<tr><td>（e）500 min</td><td>（f）800 min</td></tr>
</table>

图 3-3-3　顶水层超稠油油藏 SAGD 过程不同时刻下的温度场发育特征(单位:℃)

图 3-3-4 所示为顶水层超稠油油藏与均质油藏 SAGD 相似比例物理模拟实验结果对比。由图可以看出,与均质油藏相比,顶水层的存在主要降低了 SAGD 横向扩展期产油速率,并且在后期,即顶水层的影响期之后,会出现二次横向扩展期,产油速率略有抬升。

3）底水层超稠油油藏

底水层超稠油油藏采用与顶水层超稠油油藏相同的模型构建方法,相似模型装填完成后翻转 180° 即底水层超稠油油藏,区别在于底水层厚度较顶水层略厚,如图 3-3-5 所示,以此为基础开展底水层超稠油油藏的 SAGD 相似比例物理模拟实验。

图 3-3-6 所示为底水层超稠油油藏 SAGD 过程不同时刻下的温度场发育特征。可以看出,启动阶段结束后,约至 150 min 时,蒸汽腔达到油藏顶部,开始横向扩展,产油速率和汽油比相对稳定;至 500 min 时,蒸汽腔前缘到达油藏边界,开始向下移动,进入衰竭阶段,此时产油速率和汽油比降低,含水率增大。

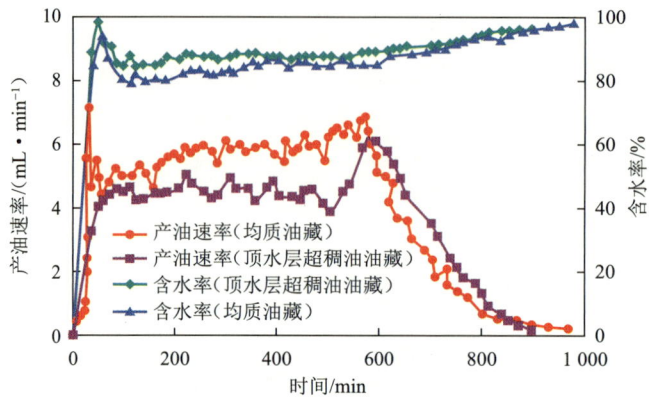

（a）产油速率及含水率

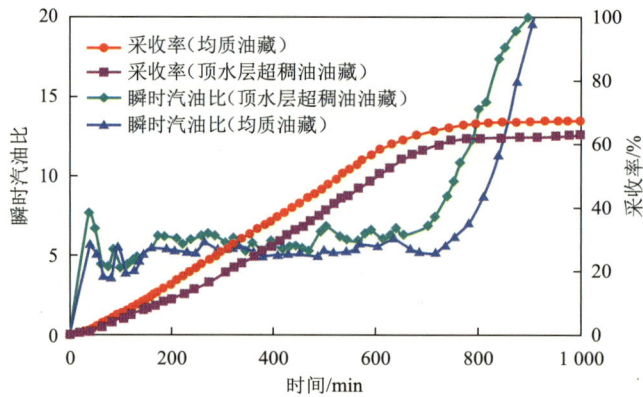

（b）瞬时汽油比及采收率

图 3-3-4 顶水层超稠油油藏与均质油藏 SAGD 相似比例物理模拟实验结果对比

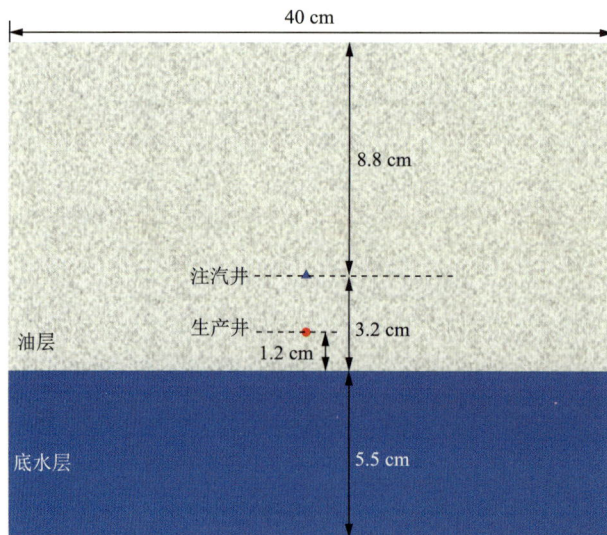

图 3-3-5 底水层超稠油油藏 SAGD 相似模型示意图

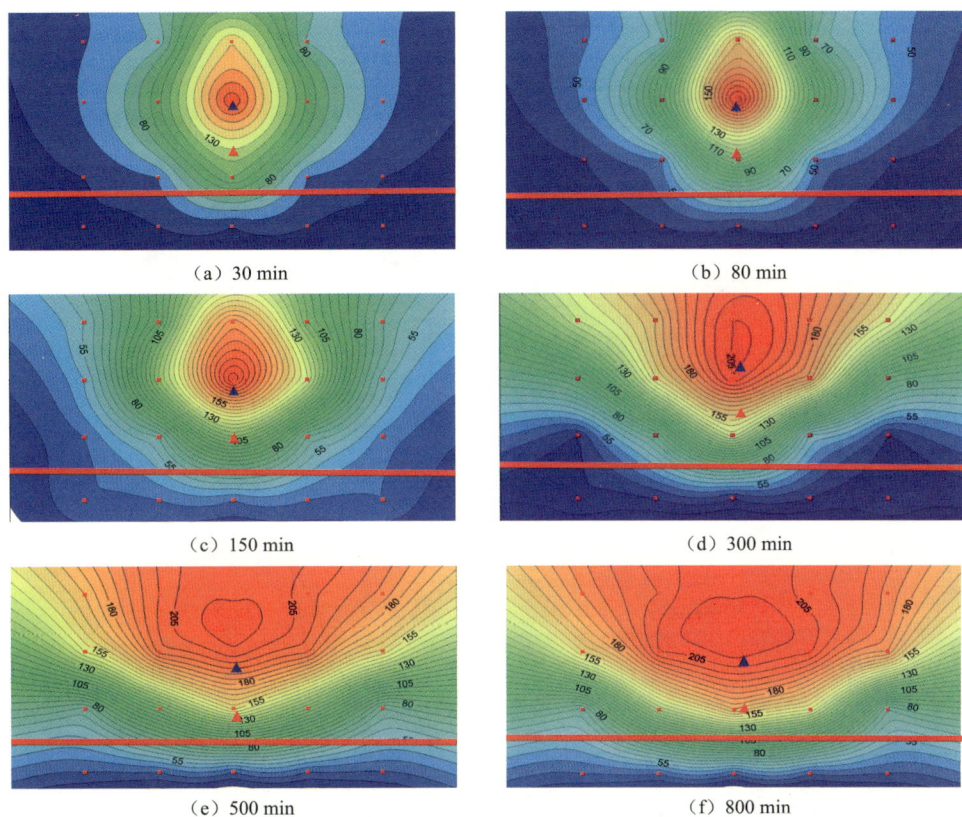

（a）30 min

（b）80 min

（c）150 min

（d）300 min

（e）500 min

（f）800 min

图 3-3-6　底水层超稠油油藏 SAGD 过程不同时刻下的温度场发育特征（单位：℃）

图 3-3-7 所示为底水层超稠油油藏与均质油藏 SAGD 相似比例物理模拟实验结果对比。由图可以看出，与均质油藏相比，底水层的存在降低了横向扩展期产油速率。但受底水层能量的影响，在 SAGD 开发初期，底水层超稠油油藏的产油速率较均质油藏更高，之后产油速率有所降低；蒸汽腔扩展至油藏顶部时，产油速率和汽油比相对稳定，产油速率较均质油藏降低了 2 mL/min；蒸汽腔扩展至油藏边界时，进入衰竭阶段，产油速率显著降低。最终较均质油藏，底水层超稠油油藏 SAGD 采收率降低约 9%。

4）高含水层超稠油油藏

高含水层也称高含水饱和度层，与顶水层及底水层超稠油油藏相比，高含水层超稠油油藏 SAGD 相似模型构建可结合湿填与干填手段实现。在构建模型时，先利用预制的油砂湿填模型制作纯油层，再进行亏空补偿；对于高含水层干填石英砂，之后按含水饱和度 70% 进行流体饱和；最后继续湿填，完成上部纯油层的装填，并进行亏空补偿，如图 3-3-8 所示。

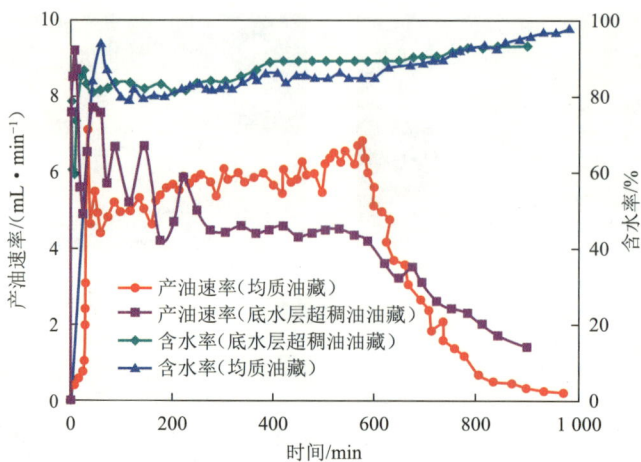

（a）产油速率及含水率

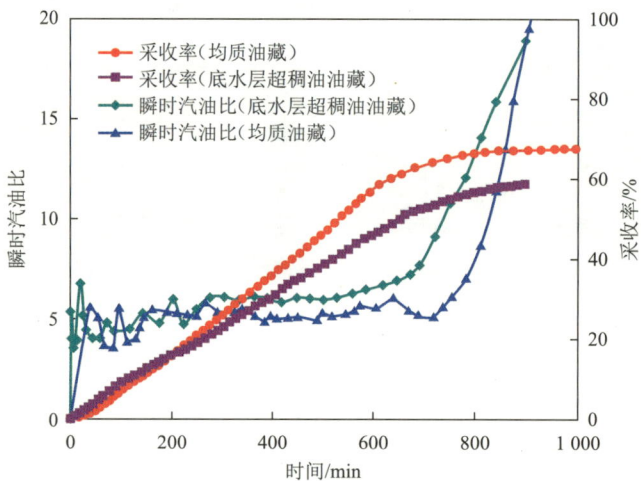

（b）瞬时汽油比及采收率

图 3-3-7　底水层超稠油油藏与均质油藏 SAGD 相似比例物理模拟实验结果对比

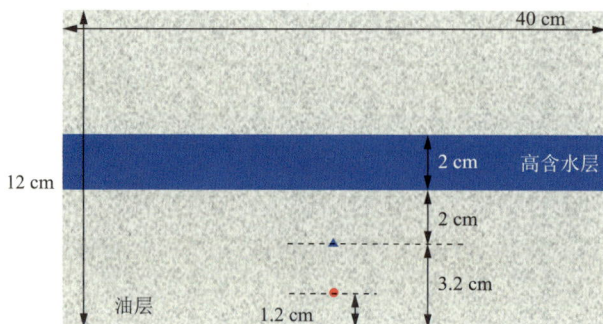

图 3-3-8　高含水层超稠油油藏 SAGD 相似模型示意图

　　图 3-3-9 所示为高含水层超稠油油藏 SAGD 过程不同时刻下的温度场发育特征。与均质油藏相比,高含水层超稠油油藏模型的蒸汽腔体积小,在注汽约 150 min 时,模型的蒸汽腔会有一个明显的体积收缩阶段。这主要是由于蒸汽腔在向上扩展过程中与高含水层接触,原蒸汽腔中的蒸汽与高含水层中的水混合,导致蒸汽腔温度突降,体积缩小。但随着 SAGD 实验的持续进行,高含水层中的原生水被下部生产井采出,高含水层的影响逐渐减弱并消失,蒸汽腔扩展动态恢复正常。综上,高含水层的存在对 SAGD 蒸汽腔的影响具有很强的阶段性,仅当蒸汽腔与高含水层接触时会存在蒸汽腔的显著收缩。

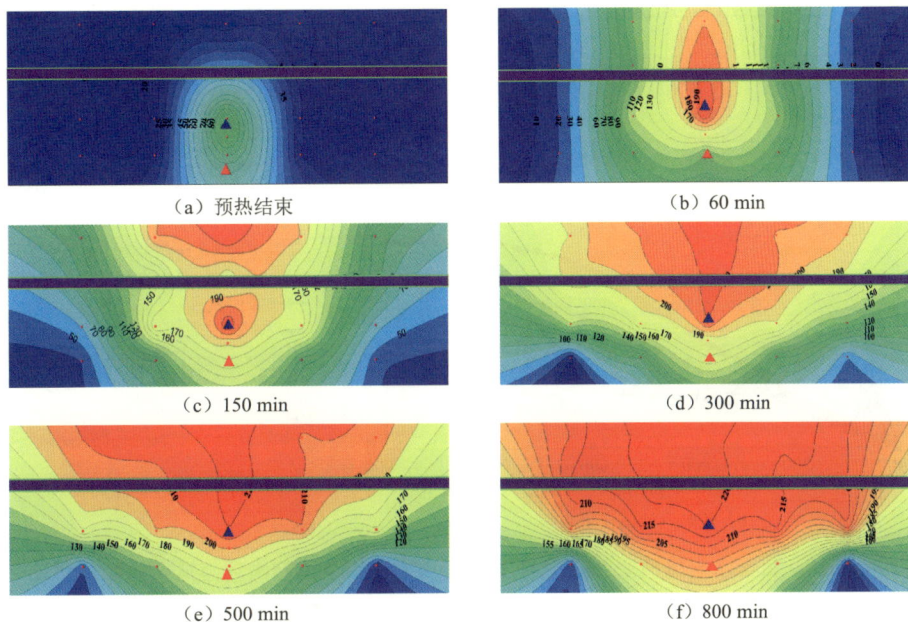

（a）预热结束　　　　　　　　　　　　（b）60 min

（c）150 min　　　　　　　　　　　　（d）300 min

（e）500 min　　　　　　　　　　　　（f）800 min

图 3-3-9　高含水层超稠油油藏 SAGD 过程不同时刻下的温度场发育特征(单位:℃)

　　图 3-3-10 所示为高含水层超稠油油藏与均质油藏 SAGD 相似比例物理模拟实验结果对比。与均质油藏相比,高含水层超稠油油藏模型的效果更差,SAGD 横向扩展期产油速率从约 6 mL/min 降至 4 mL/min,降低约 33%,最终采收率从 67.3% 降至 51.9%,降低约 15%,同时瞬时油汽比也更低。在 SAGD 开发过程中,高含水层的存在具有一定的负效应。尽管在泄油过程中,高含水层内的地层水可随凝析液一并从下部的生产井产出,但其对蒸汽腔扩展的影响具有持续性。结合图 3-3-9 的温度场发育特征,可以发现,在实验持续至 300 min 以后时,高含水层对蒸汽腔的扩展影响逐渐减弱,导致蒸汽腔继续向上扩展,产油速率曲线出现二次上升期,如图 3-3-10(a)所示。

3.3.2　不同水体类型影响下的 SAGD 蒸汽腔发育模式

　　通过对比均质油藏和带水体超稠油油藏 SAGD 开发的产油速率变化及温度场演化特征,可以得到不同水体类型超稠油油藏 SAGD 的蒸汽腔发育模式,如图 3-3-11 所示。

（a）产油速率及含水率

（b）瞬时汽油比及采收率

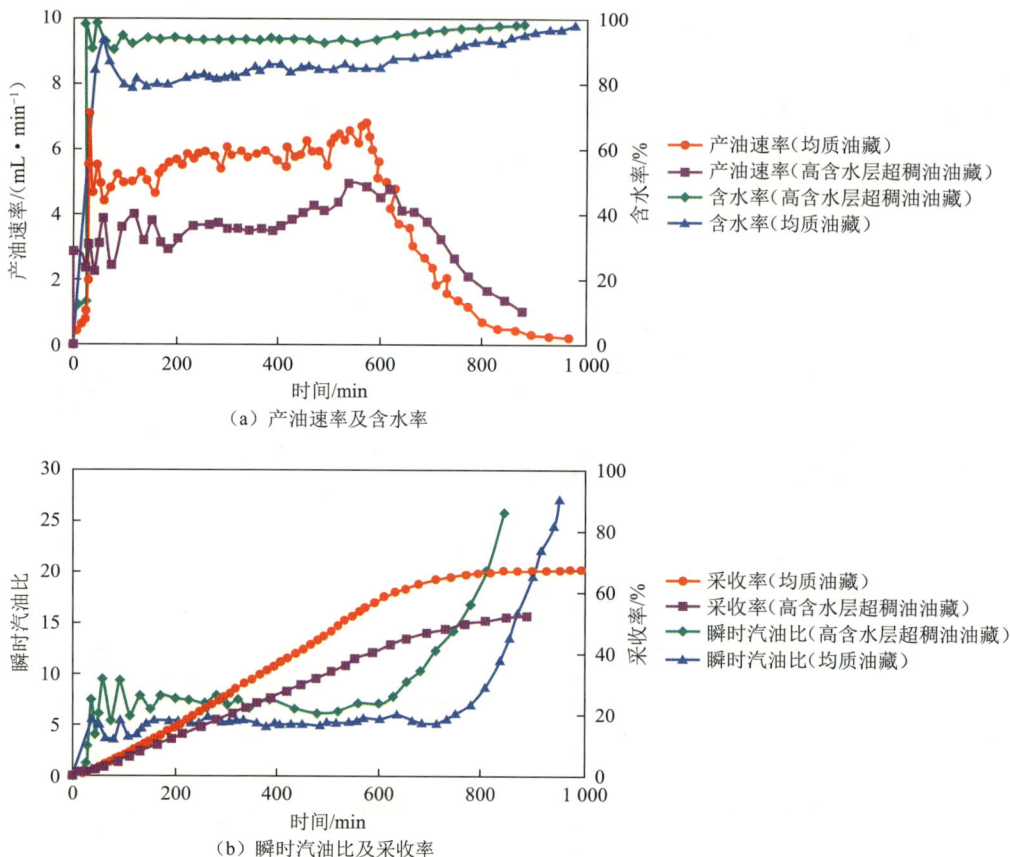

图 3-3-10 高含水层超稠油油藏与均质油藏 SAGD 相似比例物理模拟实验结果对比

　　顶水层超稠油油藏的 SAGD 蒸汽腔发育模式包括 4 个阶段：上升期、顶水影响期、横向扩展期、衰竭期。与均质油藏相比，顶水层超稠油油藏到达油层顶界的时间短，但到达顶界后，受顶水层影响，蒸汽腔顶部温度有所降低，同时汽油比升高，产油速率降低，效果变差。一段时间后，随顶水层的影响逐渐减弱，蒸汽腔又进入正常发育过程，开始横向扩展。

　　底水层超稠油油藏的 SAGD 蒸汽腔发育模式与均质油藏一致，仍为 3 个阶段：上升期、横向扩展期、衰竭期。底水层的影响主要体现在上升期，底水层能量的存在会在一定程度上提高上升期的产油速率。

　　高含水层超稠油油藏的 SAGD 蒸汽腔发育模式包括 5 个阶段：上升期、水体影响期、二次上升期、横向扩展期、衰竭期。在蒸汽腔上升过程中突然遇到高含水层会导致蒸汽腔温度突降，体积显著缩小，同时高含水层的水随凝析液从生产井采出，之后蒸汽腔继续向上扩展，出现二次上升期，直至到达油藏顶界和边界。对于发育范围较小的高含水层，若在蒸汽腔衰竭期遇到，则其对蒸汽腔扩展模式的影响小，油藏的发育模式与均质油藏类似。

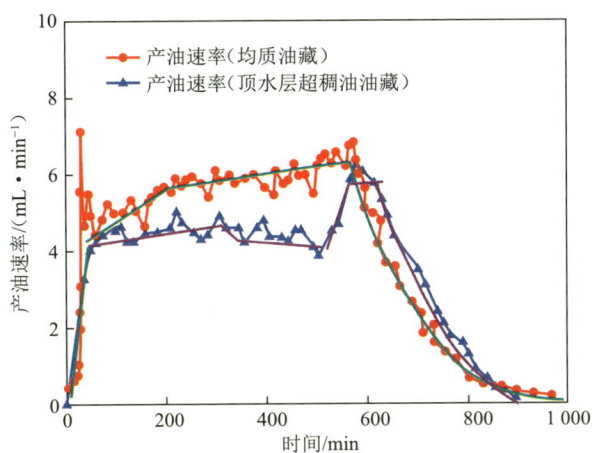

（a）均质油藏及顶水层超稠油油藏

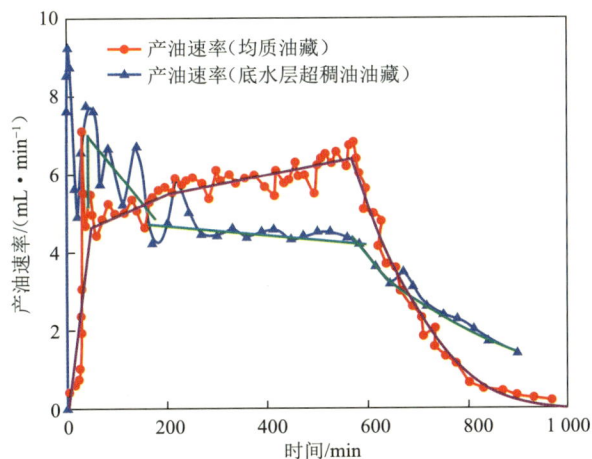

（b）均质油藏及底水层超稠油油藏

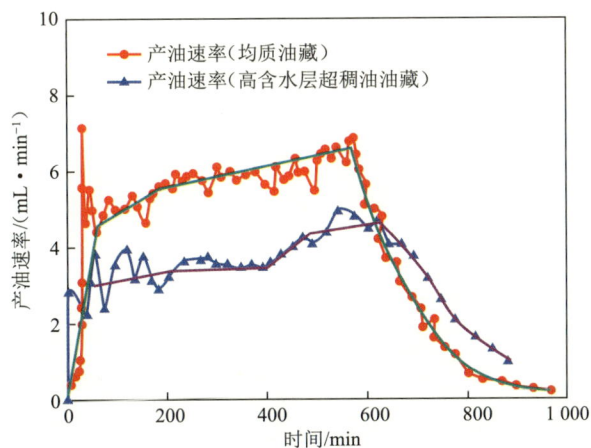

（c）均质油藏及高含水层超稠油油藏

图 3-3-11　不同水体类型下的超稠油油藏 SAGD 蒸汽腔发育模式

这 3 种不同类型的水体能量中,底水层对蒸汽腔扩展的影响最小,高含水层的影响最大,额外增加了 2 个蒸汽腔扩展阶段。

3.3.3　水体热量耗散对 SAGD 蒸汽腔发育的影响

结合上述相似比例物理模拟实验可知,3 种不同类型水体能量中,顶水层和高含水层对 SAGD 蒸汽腔发育模式的影响较大。同时,考虑到水的导热系数比原油的导热系数更大,因此当油藏内某一位置处发育有水层时,该油藏除与正常油层具有流体饱和度差异外,还具有一定的传热属性差异。在 SAGD 开发过程中,注入蒸汽与水层接触后,蒸汽所携带的热量将大部分用于加热水层,使得热损失增大,注热效率降低,影响蒸汽腔扩展。因此,顶水层和高含水层是影响 SAGD 蒸汽腔侧向扩展速度和效率的热量损耗屏障。SAGD 开发过程中,蒸汽腔与水层的接触关系可以分为以下 3 种情况。

1) SAGD 蒸汽腔上升过程中遭遇高含水层

当蒸汽腔上升过程中遭遇高含水层时,水层与蒸汽腔的接触导致额外能量损耗,减缓了蒸汽腔的正常上升过程,延长了上升时间,如图 3-3-12 所示。

根据蒸汽腔上升过程中的能量守恒,当其遭遇高含水层时,油层的注热速率＝油层增热速率＋夹层水耗热速率,即

$$i_s H_m = M_R (T_s - T_R) \frac{\mathrm{d}v_s}{\mathrm{d}t} + M_w (T_s - T_R) Q_{we}$$

$$(3\text{-}3\text{-}19)$$

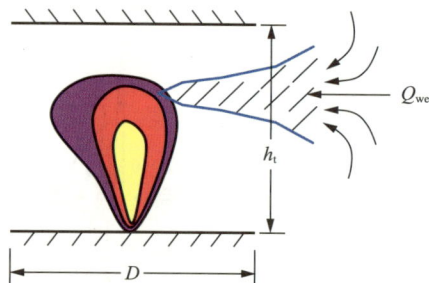

图 3-3-12　SAGD 蒸汽腔上升过程中
遭遇高含水层
h_t—油层厚度;D—油层宽度

式中　i_s——蒸汽注入速度;

　　　H_m——蒸汽热焓值;

　　　M_R——油层比热容;

　　　T_s——蒸汽温度;

　　　T_R——油层温度;

　　　v_s——蒸汽腔发育速率;

　　　t——时间;

　　　M_w——高含水层比热容;

　　　Q_{we}——高含水层水侵速率。

其中,含夹层水岩石的油层比热容 M_R 为:

$$M_R = \frac{M_{Ri} + R_{ws} M_s}{1 + R_{ws}}$$

$$(3\text{-}3\text{-}20)$$

式中　M_{Ri}——纯油层的比热容;

　　　R_{ws}——水与蒸汽的比热容之比;

　　　M_s——蒸汽的比热容。

综上,得到 SAGD 过程的蒸汽腔发育速率为:

$$\frac{\mathrm{d}v_\mathrm{s}}{\mathrm{d}t} = \frac{i_\mathrm{s} H_\mathrm{m}}{M_\mathrm{R}(T_\mathrm{s} - T_\mathrm{R})} - \frac{M_\mathrm{w}}{M_\mathrm{R}} Q_\mathrm{we} \tag{3-3-21}$$

基于上述能量守恒方法,可以得到该情况下不同水侵速度对应的蒸汽腔发育体积及油层增热速率,结果如图 3-3-13 所示。蒸汽腔上升过程中遇到水体后,由于加热水体导致热量损失,蒸汽腔体积的扩展速度减小,延长了蒸汽腔上升到油层顶面的时间,并且水侵速度越高,这种效应越明显。蒸汽腔上升过程中遇到水体后,油层的增热速率占总注热速率的比例减小,并且水侵速度越高,热损失程度越高,减小幅度越大。总水侵体积越大,油层的增热速率占总注热速率的比例越小;在同一水侵体积下,水侵速度越快,对油层的增热速率影响越大。

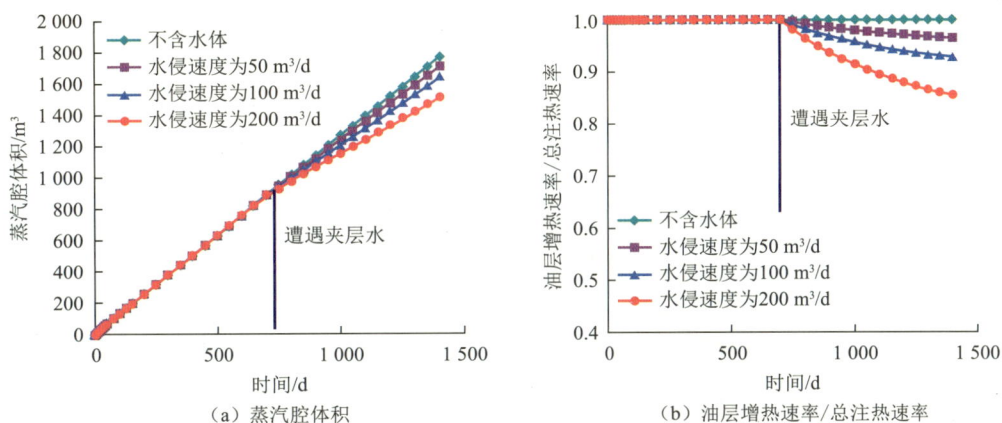

图 3-3-13　上升过程中遭遇高含水层的蒸汽腔扩展特征

2) SAGD 蒸汽腔向下扩展过程中遭遇高含水层

类似地,当蒸汽腔向下扩展过程中遭遇高含水层时,也会导致额外能量损耗,影响蒸汽腔正常扩展,从而延长蒸汽腔向下扩展的持续时间,如图 3-3-14 所示。

根据蒸汽腔下降过程中的能量守恒,当遭遇高含水层时,油层的注热速率＝油层增热速率＋高含水层耗热速率＋顶层单面热损失速率,即

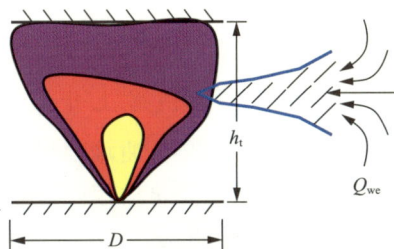

图 3-3-14　SAGD 蒸汽腔向下扩展过程中遭遇高含水层

$$i_\mathrm{s} H_\mathrm{m} = M_\mathrm{R}(T_\mathrm{s} - T_\mathrm{R}) \frac{\mathrm{d}v_\mathrm{s}}{\mathrm{d}t} + M_\mathrm{w}(T_\mathrm{s} - T_\mathrm{R}) Q_\mathrm{we} + A q_\mathrm{L}$$

$$\tag{3-3-22}$$

式中　A——顶面面积;

　　　q_L——顶层热损失速度。

其中,顶层热损失速率 q_L 为:

$$q_{L} = \frac{\lambda_{e}(T_{s} - T_{R})}{\sqrt{\pi \alpha_{e} t}} \tag{3-3-23}$$

式中 λ_{e}——导热系数；

α_{e}——热扩散系数。

综上，得到该情况下 SAGD 过程的蒸汽腔发育速率为：

$$\frac{dv_{s}}{dt} = \frac{i_{s} H_{m}}{M_{R}(T_{s} - T_{R})} - \frac{M_{w}}{M_{R}} Q_{we} - \frac{DL\lambda_{e}}{M_{e}\sqrt{\pi \alpha_{e}}} \frac{1}{\sqrt{t}} \tag{3-3-24}$$

基于上述能量守恒方法，可以得到该情况下不同水侵速度对应的蒸汽腔发育体积及油层增热速率，结果如图 3-3-15 所示。蒸汽腔扩展到油层顶部后，由于顶部盖层热损失的存在，蒸汽腔扩展速度减小。待顶部盖层有效加热后，继续注汽，蒸汽腔又快速扩展。蒸汽腔下降过程中遇到水体后，蒸汽腔体积的扩展速度减小，油层的增热速率占总注热速率的比例减小，并且水侵速度越高，热损失程度越高，这种变化也越明显。总水侵体积越大，油层的增热速率占总注热速率的比例越小；同一水侵体积下，水侵速度越快，对油层的增热速率影响越大。

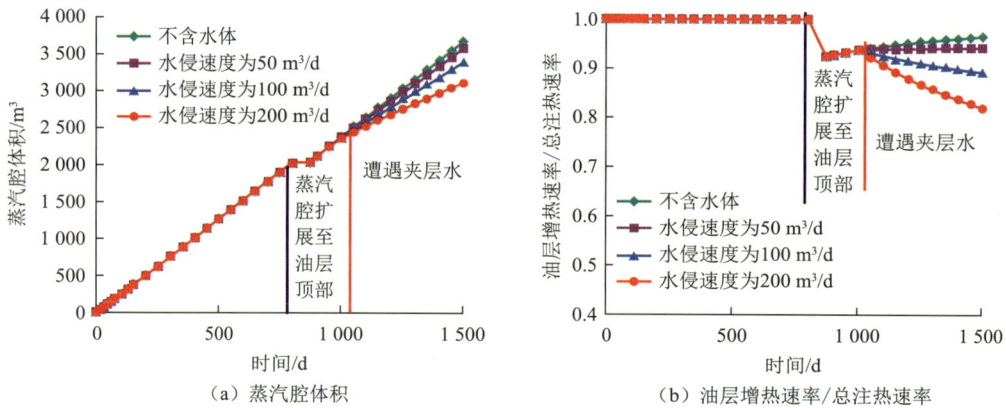

图 3-3-15 下降过程中遭遇高含水层的蒸汽腔扩展特征

3）SAGD 蒸汽腔上升至油藏顶界后遭遇顶水层

当蒸汽腔上升至油藏顶界后遭遇顶水层时，一方面顶水层的存在会导致额外能量损耗，影响蒸汽腔扩展，延长持续时间；另一方面蒸汽腔与油藏顶界接触后会导致顶部盖层热损失，如图 3-3-16 所示。

根据蒸汽腔到油藏顶界后的能量守恒，当遭遇顶水层后，油层的注热速率＝油层增热速率＋顶水层耗热速率＋顶层单面热损失速率，即

$$i_{s} H_{m} = M_{R}(T_{s} - T_{R})\frac{dv_{s}}{dt} + M_{w}(T_{s} - T_{R})Q_{we} + Aq_{L} \tag{3-3-25}$$

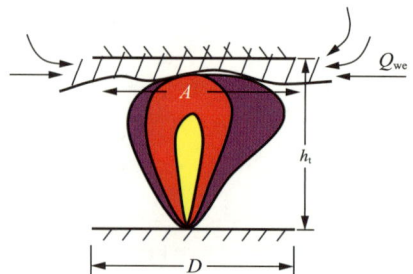

图 3-3-16 SAGD 蒸汽腔上升至油藏顶界遭遇顶水层

式(3-3-25)与式(3-3-22)一致,但二者区别在于顶层加热面积不同。对于遭遇顶水层的情况,可以采用下式计算得到顶层单面的热损失速率:

$$\int_0^t \frac{\lambda_e (T_s - T_R)}{\sqrt{\pi \alpha_e (t - \delta)}} \frac{dA}{d\delta} d\delta = \int_0^A q_L dA \tag{3-3-26}$$

式中　δ——临界时间。

式(3-3-26)中,油藏顶层的加热面积 A 是与时间相关的表达式:

$$A(t) = \frac{[i_s H_m - M_w (T_s - T_R) Q_{we}] h_t M_R \alpha_e}{2 \lambda_e^2 (T_s - T_R)} \left(e^{t_D} \text{erfc} \sqrt{t_D} + 2\sqrt{\frac{t_D}{\pi}} - 1 \right) \tag{3-3-27}$$

其中,无因次时间 t_D 为:

$$t_D = \frac{\lambda_e^2 t}{M_R^2 (h_t/2)^2 \alpha_e} \tag{3-3-28}$$

综上,可以得到:

$$\frac{dv_s}{dt} = \frac{h_t}{2} \frac{dA}{dt} \tag{3-3-29}$$

当 $A(t)/L = D$,即蒸汽腔已扩展至油藏边界处时,顶水层对蒸汽腔的影响与蒸汽腔向下扩展过程中遭遇夹层水相同。

基于上述能量守恒方法,可以得到该情况下不同水侵速度对应的蒸汽腔发育体积及油层增热速率,结果如图 3-3-17 所示。蒸汽腔扩展到油层顶部后,由于顶部盖层热损失及顶部水层的存在,蒸汽腔扩展速度减小,并且顶水层的水侵速度越大,对蒸汽腔扩展的影响越大。蒸汽腔上升过程中遇到水体后,油层的增热速率占总注热速率的比例减小,并且水侵速度越高,热损失程度越高,这种变化也越明显。总水侵体积越大,油层的增热速率占总注热速率的比例越小;同一水侵体积下,水侵速度越快,对油层的增热速率影响越大。

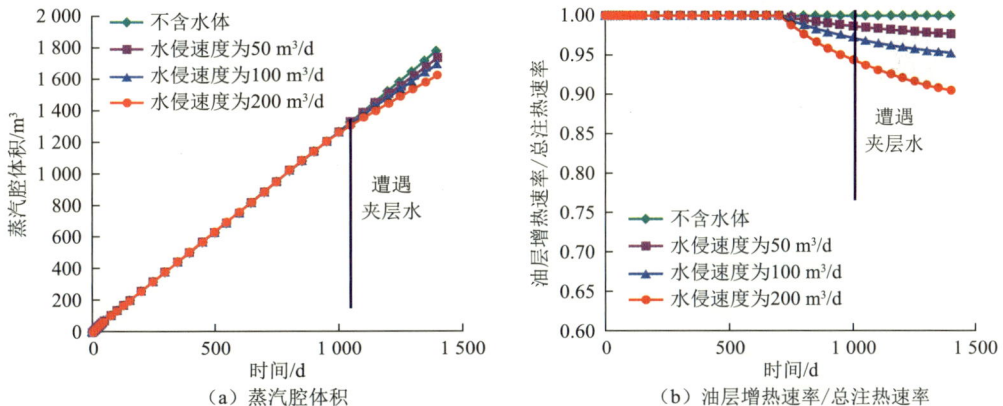

图 3-3-17　上升过程中到达油藏顶界后遭遇顶水层的蒸汽腔扩展特征

3.4　夹杂砾岩层超稠油油藏 SAGD 特征

除发育隔夹层和水体等流速耗散与热量耗散屏障外,砾岩层是超稠油及油砂储层中遇到的另一种耗散型屏障类型,即储层内发育一些粒径尺寸较大的岩石颗粒,这些岩石颗粒影响正常的蒸汽腔扩展与 SAGD 开发动态。类似地,采用 3.1 节的相似比例物理模拟实验方法,开展夹杂砾岩层的超稠油油藏 SAGD 相似比例物理模拟实验,用以表征夹杂砾岩层超稠油油藏的 SAGD 开发特征及蒸汽腔发育模式。

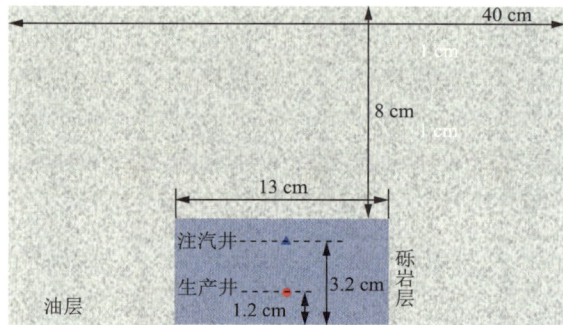

3.4.1　夹杂砾岩层超稠油油藏 SAGD 相似模型设计

对于夹杂砾岩层的超稠油油藏,如图 3-4-1 所示,在进行 SAGD 开发时,若蒸汽腔前缘与砾岩层接触,则会产生严重的热量损耗,即砾岩层在吸收一部分蒸汽热能的同时其本身并没有流体供给,导致油汽比降低。通过设计砾岩层实验参数,开展夹杂砾岩层的超稠油油藏 SAGD 相似比例物理模拟实验。

结合砾岩层在目标油层中的分布位置,进行 SAGD 相似模型设计,如图 3-4-2 所示,砾岩层主要分布于注采井对位置附近。因此,在进行相似模型参数设计时,除需要对纯油层的基础物性参数进行设计外,还需要对砾岩层的相关参数进行设计。

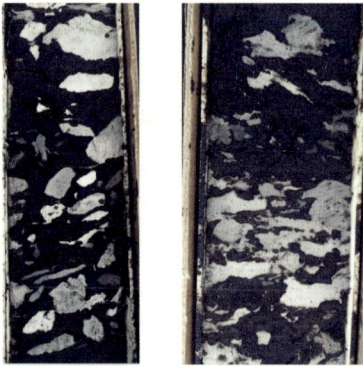

图 3-4-1　夹杂砾岩层的超稠油油藏　　图 3-4-2　夹杂砾岩层超稠油油藏 SAGD 相似模型示意图

1) 砾岩层参数设计

油藏内砾岩层的相似参数设计包括砾岩层中没有渗透性的夹层(即砾岩颗粒)和有渗透性的流动通道(即砾岩层之外的油砂层)两种。对于没有渗透性的夹层,相似模型中可采用固结后的水泥块或其他渗透性较差的岩石/材料来实现;对于有渗透性的流动通道,可采用区别于油藏的石英砂来填制,该石英砂选取高目数(>120 目),即该部分渗透率较纯油藏部分的渗透率小一些。对于具体的每一部分所占比例和石英砂的准确目数,则需要结合砾岩层的表观渗透率进行相似设计后得到;对于隔夹层的厚度,主要采用几何相似比例,以油藏原型的隔夹层厚度为基础进行设计。

对夹杂砾岩层的表观渗透率,通过面积加权平均计算得到:

$$K_{avg} = \frac{\int_0^{S_1} K_1 \, dS + \int_0^{S_1} K_2 \, dS}{S_1 + S_2} \tag{3-4-1}$$

式中　K_{avg}——砾岩层的表观渗透率;

K_1——砾岩的渗透率;

K_2——砾岩层间泄流通道的渗透率;

S_1——砾岩在水平面上的分布面积;

S_2——砾岩层水平面上泄油通道的横截面积。

基于上述面积加权平均方法,得到真实油藏中砾岩层的平均渗透率为 $1\ 600 \times 10^{-3}\ \mu m^2$,通过相似比例转换到实验室尺度下的砾岩层渗透率为 $200 \times 10^{-3}\ \mu m^2$。据此,可换算得到相似模型中不渗透性夹层与渗透性通道的分布面积占比。

相似模型在构建过程中主要采用直径 20 mm、厚度 5 mm 的圆形固结水泥饼模拟单个砾岩块,结合矿场实际超稠油油藏砾岩层厚度及分布数据,在相似模型中交错设置两层砾岩层,其中一层位于注采井间位置,一层位于注汽井上方,如图 3-4-3 所示。

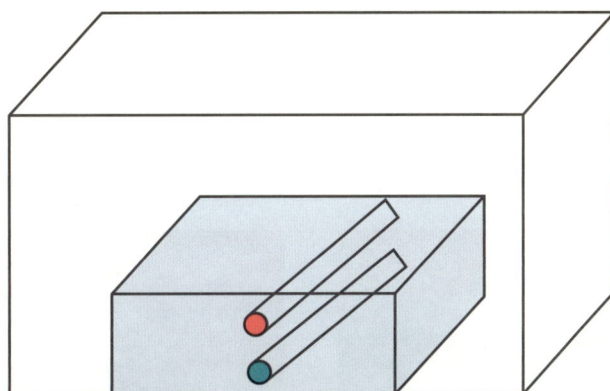

(a) 实验模型内的砾岩层位置

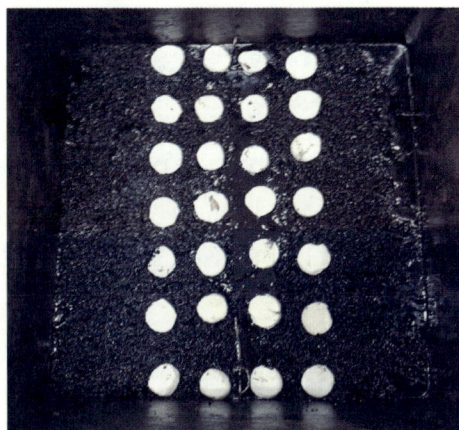

(b) 采用水泥饼制作的砾岩层

图 3-4-3　夹杂砾岩层超稠油油藏室内 SAGD 相似模型

2) 实验结果

图 3-4-4 所示为夹杂砾岩层超稠油油藏 SAGD 过程不同时刻下的温度场发育特征。受砾岩层的阻碍效应,夹杂砾岩层超稠油油藏 SAGD 的蒸汽腔上升过程与均质油藏存

在较大差异,主要体现在上升过程中蒸汽腔的扩展角较均质油藏更小,横向扩展速度更小。同时,受砾岩层热量耗散效应的影响,蒸汽腔到达油藏顶界的时间更长,产油速率更低。SAGD 生产至蒸汽腔前缘到达油藏边界时,开始向下扩展。

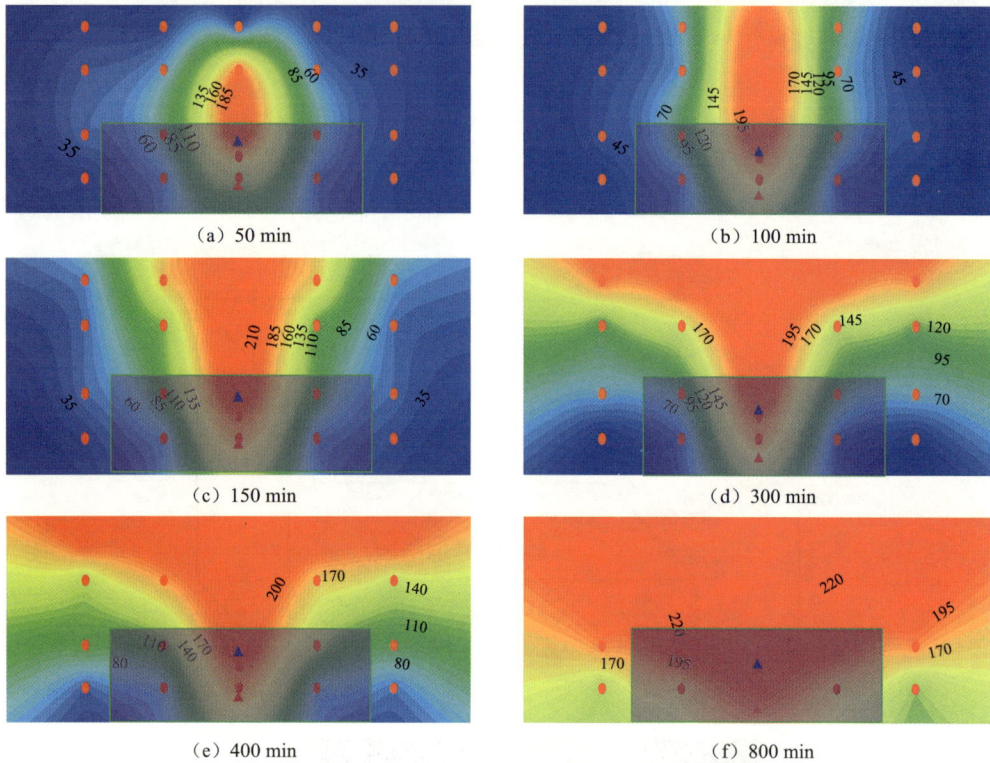

(a) 50 min

(b) 100 min

(c) 150 min

(d) 300 min

(e) 400 min

(f) 800 min

图 3-4-4 夹杂砾岩层超稠油油藏 SAGD 过程不同时刻下的温度场发育特征(单位:℃)

图 3-4-5 所示为夹杂砾岩层超稠油油藏与均质油藏 SAGD 相似比例物理模拟实验结果对比。与均质油藏相比,砾岩层的存在降低了 SAGD 横向扩展期的产油速率,延长了横向扩展期持续时间。在 SAGD 开发后期(>600 min),由于油藏加热范围扩大,砾岩层对渗流通道的阻碍作用减弱,产油速率不断上升;待蒸汽腔到达油藏边界后,开始向下扩展,瞬时汽油比和含水率明显上升。

3.4.2 砾岩层影响下的 SAGD 蒸汽腔发育模式

对比均质油藏及夹杂砾岩层超稠油油藏 SAGD 开发的产油速率,如图 3-4-6 所示。砾岩层的存在主要影响了横向扩展期的产油速率与持续时间,但模式上并没有大的变化,夹杂砾岩层超稠油油藏 SAGD 的蒸汽腔发育模式仍为 3 个阶段:上升期、横向扩展期、衰竭期。在横向扩展期后段,砾岩层的影响逐渐减弱,产油速率略有上升。

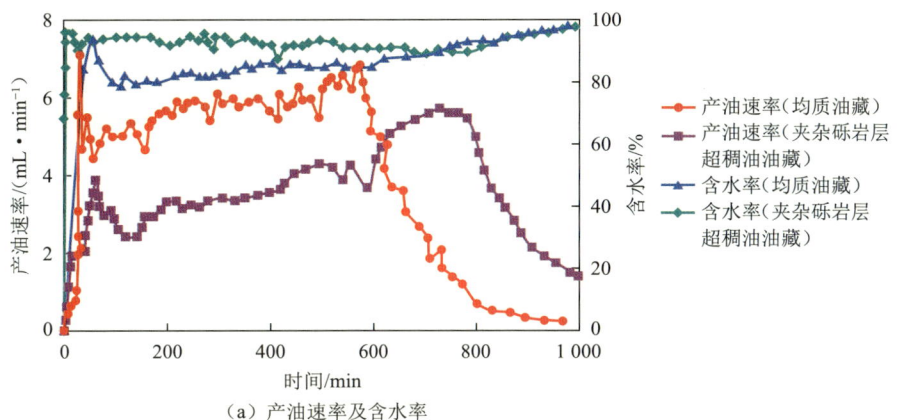

（a）产油速率及含水率

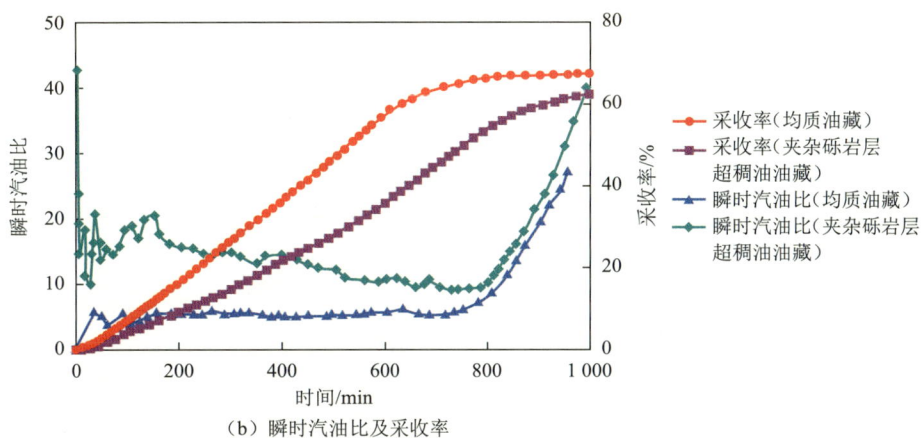

（b）瞬时汽油比及采收率

图 3-4-5　夹杂砾岩层超稠油油藏与均质油藏 SAGD 相似比例物理模拟实验结果对比

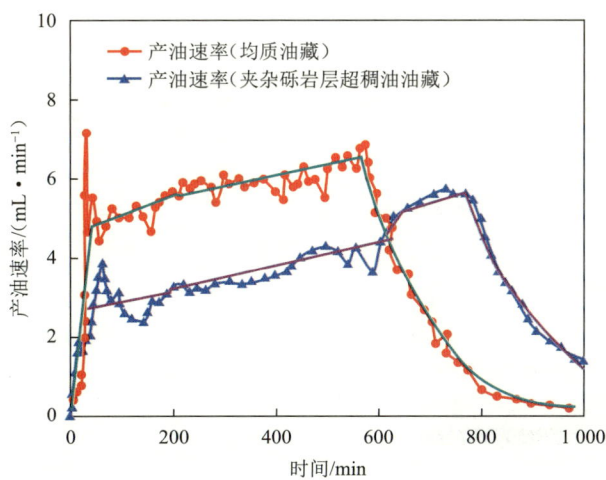

图 3-4-6　均质油藏及夹杂砾岩层超稠油油藏的 SAGD 开发产油速率对比

3.5 多渗流屏障超稠油油藏 SAGD 适应性

基于上述不同屏障条件下的 SAGD 蒸汽腔发育模式结果,各不同渗流屏障对 SAGD 横向扩展期的生产特征影响显著,包括横向扩展期持续时间和横向扩展期产油速率两个方面,而该阶段往往是 SAGD 产能的主要贡献阶段,占 SAGD 全过程产量的 $1/3 \sim 1/2$。因此,准确表征各渗流屏障对 SAGD 横向扩展期的综合影响极为重要。在上述蒸汽腔发育模式的基础上,采用 3.1 节的 SAGD 数值实验反演方法,开展多渗流屏障的超稠油油藏 SAGD 适应性研究,以期为实际矿场的超稠油油藏 SAGD 应用提供指导。

3.5.1 多渗流屏障超稠油油藏 SAGD 适应性评价方法

为有效评价带有渗流屏障的超稠油油藏 SAGD 开发特征,在评价指标方面,结合上述物理模拟实验结果,提出采用以下两个无因次物理量评价渗流屏障对 SAGD 开发效果的影响:优质储层体积比 α 和蒸汽腔横向扩展比 β。其中,优质储层体积比为超稠油油藏中优质储量所占的比例,是 SAGD 横向扩展期峰值产量的决定因素,与注入井-渗流屏障间的垂向距离直接相关;蒸汽腔横向扩展比为考虑渗流屏障影响下的蒸汽腔横向扩展程度与优质储层中的蒸汽腔横向扩展程度之比,与渗流屏障的厚度及具体属性直接相关。考虑隔夹层、水体及砾岩层等不同类型渗流屏障的差异性,其优质储层体积比和蒸汽腔横向扩展比的表达式会有所差别,见表 3-5-1。因此,基于这两个无因次参数,筛选合适的评价指标,如横向扩展期结束的采出程度和汽油比,即可有效评价渗流屏障影响下的超稠油油藏 SAGD 开发规律。

表 3-5-1　不同渗流屏障超稠油油藏 SAGD 开发适应性评价指标

序　号	屏障类型	模式图例	优质储层体积比 $\alpha = V_{pv}/V_{ev}$	蒸汽腔横向扩展比 $\beta = T_{hb}/T_{he}$
1	顶水层		$\alpha = LB\delta\phi S_{oi}/(LBH\phi S_{oi})$ $= \delta/H$	$\beta = LhK_b S_{wb}/(LBK_o S_{wi})$ $= hS_{wb}/(BS_{wi})$
2	高含水层		$\alpha = LB\delta\phi S_{oi}/(LBH\phi S_{oi})$ $= \delta/H$	$\beta = LhK_b S_{wb}/(LBK_o S_{wi})$ $= hS_{wb}/(BS_{wi})$

序　号	屏障类型	模式图例	优质储层体积比 $\alpha = V_{pv}/V_{ev}$	蒸汽腔横向扩展比 $\beta = T_{hb}/T_{he}$
3	不渗透性夹层		$\alpha = LB\delta\phi S_{oi}/(LBH\phi S_{oi})$ $= \delta/H$	$\beta = L(B-b)K_b S_{wb}/(LBK_o S_{wi})$ $= (B-b)/B$
4	渗透性夹层		$\alpha = LB\delta\phi S_{oi}/(LBH\phi S_{oi})$ $= \delta/H$	$\beta = LhK_b S_{wb}/(LBK_o S_{wi})$ $= hK_b/(BK_o)$
5	砾岩层		$\alpha = LB\delta\phi S_{oi}/(LBH\phi S_{oi})$ $= \delta/H$	$\beta = LhK_b S_{wb}/(LBK_o S_{wi})$ $= hK_b/(BK_o)$

注：V_{pv} 为优质储层体积，V_{ev} 为总储层体积，T_{hb} 为渗流屏障影响下的蒸汽腔横向扩展程度，T_{he} 为优质储层中蒸汽腔横向扩展程度，L 为水平井长，B 为油藏宽度，b 为不渗透性夹层宽度，H 为总油藏厚度，h 为渗流屏障层厚度，δ 为注入井与屏障层间的垂向距离，ϕ 为孔隙度，K_o 为油藏渗透率，K_b 为夹层渗透率，S_{wb} 为高含水层的含水饱和度，S_{wi} 为油藏原始含水饱和度，S_{oi} 为油藏原始含油饱和度。

3.5.2　带不渗透性夹层油藏 SAGD 适应性

1）数值反演模型建立

采用与相似比例物理模拟实验相同的参数设置，建立实验室尺度下夹层超稠油油藏 SAGD 相似模型的数值反演模型。模型外围为不渗透网格，热物性参数按模型外壳（钢铁）设计；模型内部为真实油层，油层内部有夹层，按实验参数设计，如图 3-5-1 所示。其中，蓝色区域为数字化模型的不锈钢外壳部分，油层与外壳之间为泥质顶底层和隔热层，这两部分为不渗透的无效网格。

2）数值反演模型结果

根据 3.2 节带不渗透性夹层油藏 SAGD 的相似比例物理模拟实验结果，通过调整相对渗透率曲线、井筒参数（井指数、表皮系数等）及 subcool（生产井井底温度与饱和蒸汽温度之差）等，对建立的数值反演模型进行历史拟合，结果如图 3-5-2 所示。可以看出，反演结果与实验结果基本一致，代表该实验室尺度下的数值模拟结果可以反映真实的实验结果。

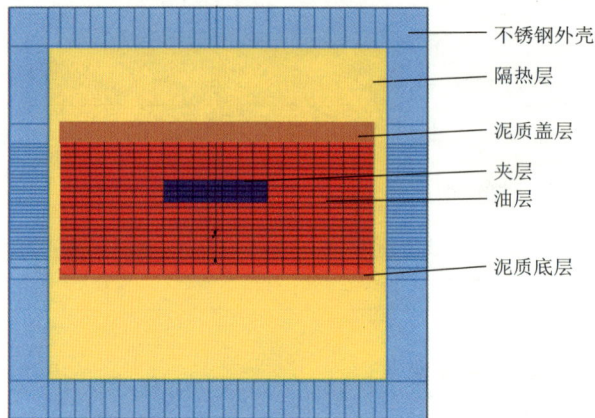

图 3-5-1　带不渗透性夹层油藏相似比例 SAGD 数值反演模型示意图

不锈钢外壳
隔热层
泥质盖层
夹层
油层
泥质底层

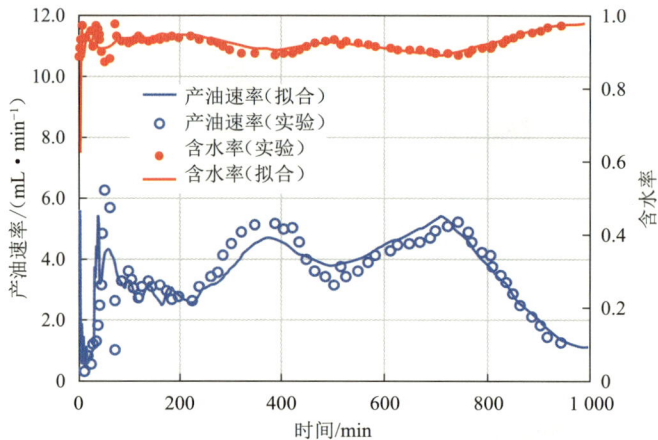

图 3-5-2　带不渗透性夹层油藏物理模拟实验结果拟合

图 3-5-3 所示为相似比例物理模拟实验及反演模型获取的温度场分布对比。由图可以看出，温度场的反演结果与实验结果较为吻合，实验测取的蒸汽腔发育程度与数值反演模型的结果相差不大。在 SAGD 生产的后期，实验与反演结果均呈现出斜面泄油特征，相比较来说，反演得到的温度场下部发育较实验结果稍快。

3）适应性图版建立

利用上述拟合后的数值反演模型分别模拟分析不同 α 和 β 取值条件下的 SAGD 开发特征。基于各不同 SAGD 方案下横向扩展期结束的累积汽油比及阶段采出程度，绘制带不渗透性夹层油藏 SAGD 开发的效果评价图版，如图 3-5-4 所示。对于该图版，基于目标油层的典型物性，α 取值 0.45～1.00，β 取值 0～0.7，图版中红色区域代表影响显著，黄色区域代表有一定影响，绿色区域代表影响不大。在 β 取值一定时，随 α 取值增大，横向扩展期结束的累积汽油比逐渐降低，阶段采出程度逐渐增大。α 增大代表了优质储层的占比升高，而优质的纯油砂储层厚度越大，SAGD 开发效果越好。同时，图中标注了 3.2 节所开

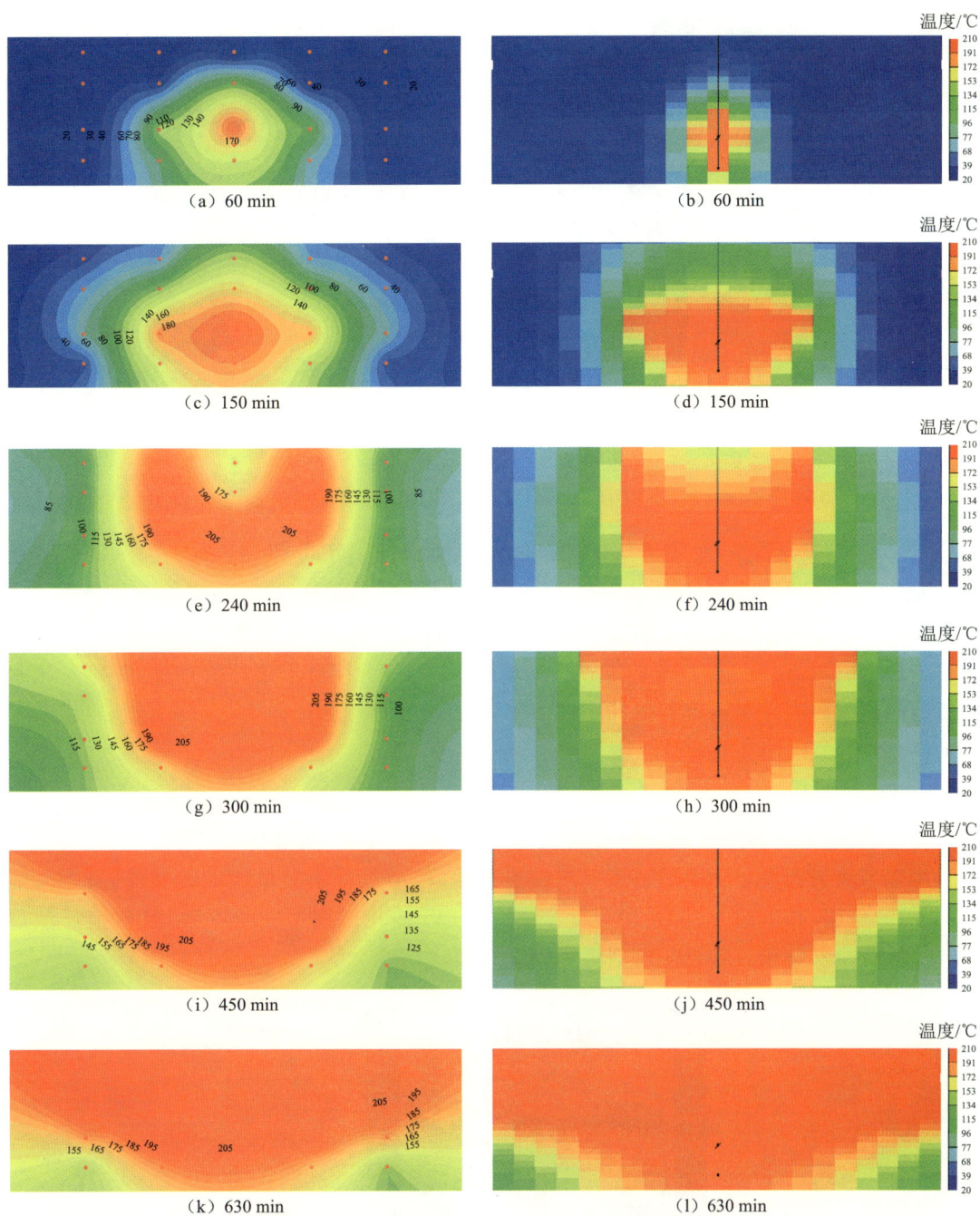

图 3-5-3　实验及数值反演的温度场分布对比结果

(a),(c),(e),(g),(i),(k)为物理模拟实验结果,图中数据单位为℃;(b),(d),(f),(h),(j),(l)为数值反演结果

展的带不渗透性夹层油藏 SAGD 相似比例物理模拟实验的结果($\alpha=0.45,\beta=0.7$)。利用该图版,将实际生产数据以及实验数据代入,可以得到夹层渗流屏障对超稠油油藏 SAGD 开发效果的影响。

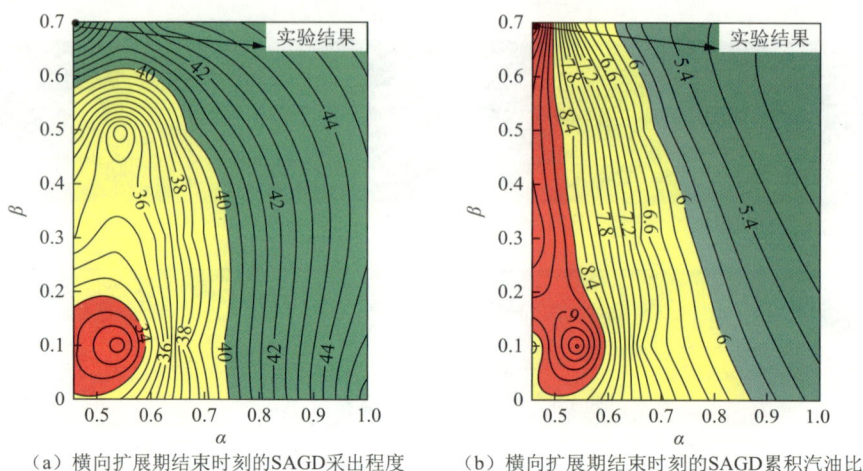

（a）横向扩展期结束时刻的 SAGD 采出程度　　　（b）横向扩展期结束时刻的 SAGD 累积汽油比

图 3-5-4　带不渗透性夹层油藏 SAGD 开发界限图版

3.5.3　不同水体类型超稠油油藏 SAGD 适应性

基于 3.3 节中不同水体类型影响下的超稠油油藏 SAGD 开发蒸汽腔扩展模式，顶水层和高含水层对 SAGD 蒸汽腔扩展模式影响较大。为此，结合上述评价指标，分别对顶水层超稠油油藏和高含水层超稠油油藏的 SAGD 适应性进行表征。

1）顶水层超稠油油藏

（1）数值反演模型建立。

类似地，建立实验室尺度下的顶水层超稠油油藏 SAGD 数值反演模型，如图 3-5-5 所示。与带不渗透性夹层油藏的数值反演模型类似，模型设置依次包括不锈钢外壳部分、隔热层、泥质盖层、顶水层、油层及泥质底层等，与实际的相似模型完全一致，且数值反演模型的流体物性参数设置等也与相似模型完全一致。

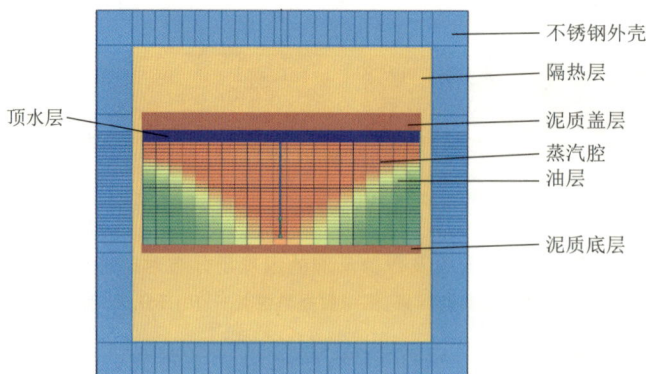

图 3-5-5　顶水层超稠油油藏 SAGD 数值反演模型示意图

（2）数值反演模型结果。

通过调整相对渗透率曲线、井筒参数（井指数、表皮系数等）及 subcool 等，对建立的数值反演模型进行历史拟合，结果如图 3-5-6 所示。可以看出，反演结果与实验结果基本一致，代表该实验室尺度下的数值模拟结果可以反映真实的实验结果。

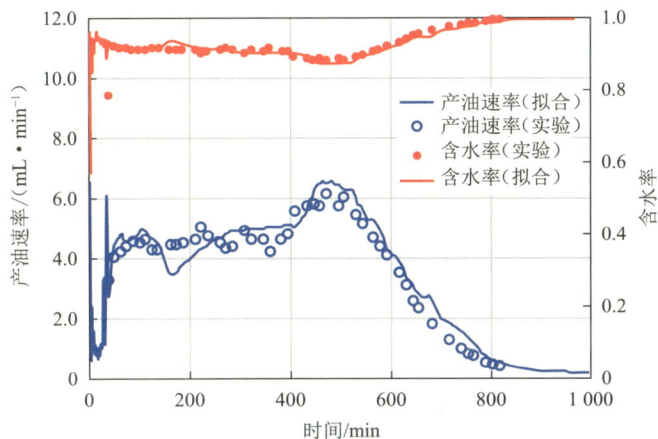

图 3-5-6　顶水层超稠油油藏 SAGD 相似比例物理模拟实验结果拟合

（3）适应性图版建立。

类似地，分别模拟分析不同 α 和 β 取值条件下的顶水层超稠油油藏 SAGD 开发特征。基于各不同 SAGD 方案下横向扩展期结束的累积汽油比及阶段采出程度，绘制顶水层超稠油油藏 SAGD 开发的效果评价图版，如图 3-5-7 所示。对于该图版，基于目标油层的典型物性，α 取值 $0.75\sim1.00$，β 取值 $0\sim0.55$。在顶水层含水饱和度一定条件下，β 取值越

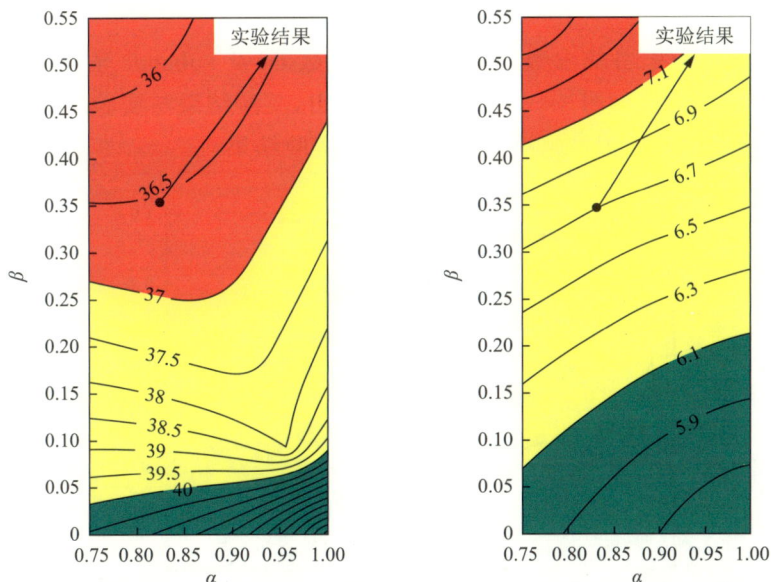

（a）横向扩展期结束时刻的 SAGD 采出程度　　（b）横向扩展期结束时刻的 SAGD 累积汽油比

图 3-5-7　顶水层超稠油油藏 SAGD 开发界限图版

大,顶水层越厚。由图 3-5-7 可知,随 β 取值增大,累积汽油比逐渐增大,阶段采出程度逐渐降低。这主要是由于蒸汽腔到顶后,蒸汽携带的热量大部分用于消耗顶水,此时蒸汽腔扩展程度较差,待顶水大部分被采出后,蒸汽腔扩展恢复正常。利用该图版,将实际生产数据以及实验数据代入,可以得到顶水层屏障对超稠油油藏 SAGD 开发效果的影响。

2) 高含水层超稠油油藏

(1) 数值反演模型建立。

建立实验室尺度下的高含水层超稠油油藏 SAGD 数值反演模型,如图 3-5-8 所示。数值反演模型设置依次包括不锈钢外壳部分、隔热层、泥质盖层、油层、高含水层及泥质底层等,与实际的相似模型完全一致,且数值反演模型的流体物性参数设置等也与相似模型完全一致。

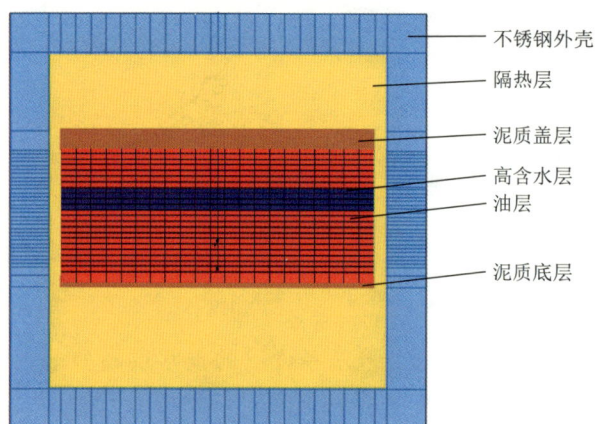

图 3-5-8　高含水层超稠油油藏 SAGD 数值反演模型示意图

(2) 数值反演模型结果。

调整相对渗透率曲线、井筒参数(井指数、表皮系数等)及 subcool 等,对建立的数值反演模型进行历史拟合,结果如图 3-5-9 所示。可以看出,反演结果与实验结果基本一致,代表该实验室尺度下的数值模拟结果可以反映真实的实验结果。

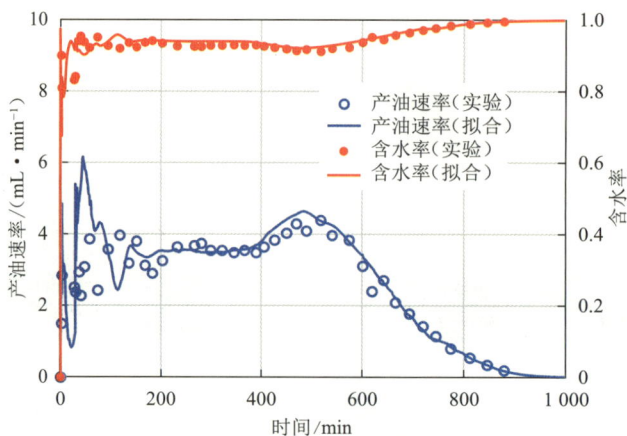

图 3-5-9　高含水层超稠油油藏 SAGD 相似比例物理模拟实验结果拟合

（3）适应性图版建立。

图 3-5-10 所示为不同 α 和 β 取值条件下的高含水层超稠油油藏 SAGD 开发评价图版，α 取值范围为 0.45～1.00，分别对应高含水层与注汽井的距离占总油层厚度的 45%（约位于油层中部）～100%（油层顶部）；β 取值范围为 0～0.4，端点值 0 和 0.4 分别对应均质油层（$S_{wb}=S_{wi}$）和高含水饱和度层（$S_{wb}=4S_{wi}$）。在 β 取值一定时，随 α 取值增大，横向扩展期结束的累积汽油比逐渐降低，阶段采出程度也逐渐增大。在 α 取值一定，随 β 取值增大，横向扩展期结束的累积汽油比逐渐升高，阶段采出程度逐渐降低，即效果变差。分析其原因可知，α 增大代表优质储层的占比升高，因此优质的纯油砂储层厚度增大，SAGD 开发效果变好。相反，β 升高则代表高含水层对 SAGD 蒸汽腔的横向扩展影响更显著，因此 SAGD 开发效果变差。对于典型超稠油油藏，通过计算该油层所对应的 α 和 β 取值，查取图版，可以实现对 SAGD 开发效果的有效预测。

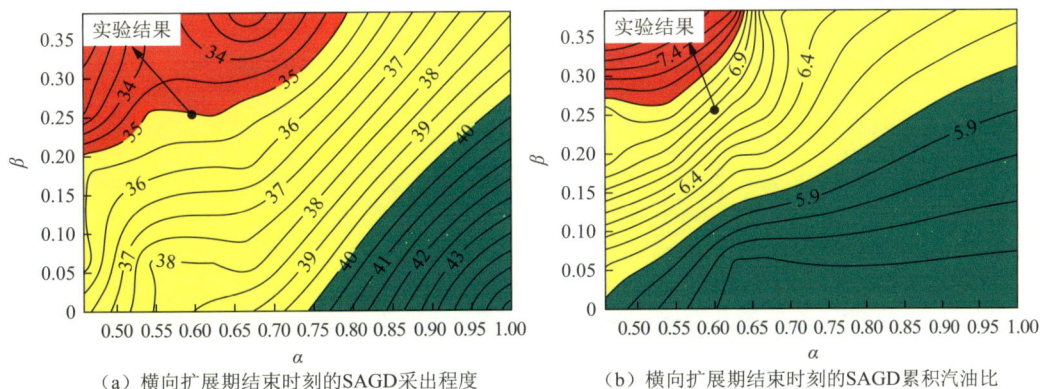

（a）横向扩展期结束时刻的 SAGD 采出程度　　（b）横向扩展期结束时刻的 SAGD 累积汽油比

图 3-5-10　高含水层超稠油油藏 SAGD 开发界限图版

3.5.4　夹杂砾岩层超稠油油藏 SAGD 适应性

1）数值反演模型建立

采用与相似比例物理模拟实验相同的参数设置，建立实验室尺度下夹杂砾岩层超稠油油藏 SAGD 数值反演模型，如图 3-5-11 所示。同样地，该反演模型共设置两层砾岩夹层，注采井对设置于砾岩夹层内部。

2）数值反演模型结果

通过调整相对渗透率曲线、井筒参数（井指数、表皮系数等）及 subcool 等，对建立的数值反演模型进行历史拟合，结果如图 3-5-12 所示。可以看出，反演结果与实验结果基本一致，代表该实验室尺度下的数值模拟结果可以反映真实的实验结果。

3）适应性图版建立

砾岩层平均渗透率对 SAGD 蒸汽腔的上升期持续时间有较大影响，砾岩层渗透率越小，泄油阻力越大，原油下泄的时间越长。夹杂砾岩层超稠油油藏 SAGD 的开发效果主要

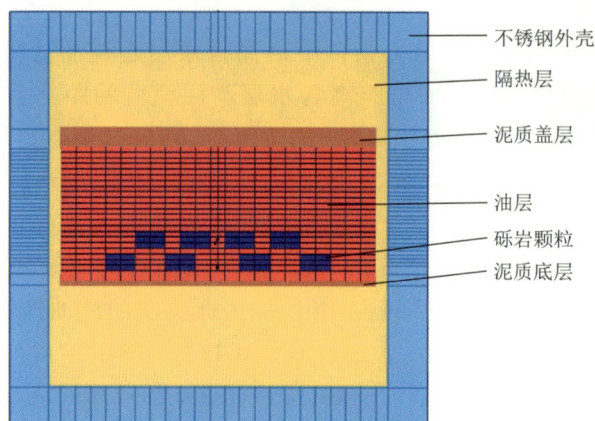

图 3-5-11　夹杂砾岩层油藏 SAGD 数值反演模型示意图

不锈钢外壳
隔热层
泥质盖层
油层
砾岩颗粒
泥质底层

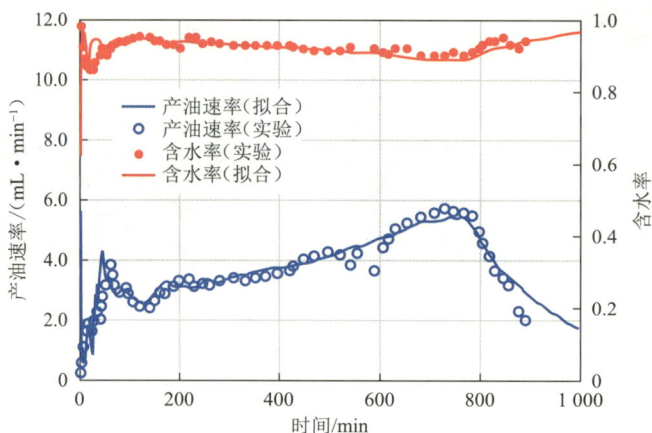

图 3-5-12　夹杂砾岩层超稠油油藏相似比例物理模拟实验结果拟合

受砾岩层厚度以及距离生产井高度的影响，当砾岩层渗透性较低，夹层厚度较大时，开发效果明显变差。基于上述数值反演模型，可建立夹杂砾岩层超稠油油藏 SAGD 开发界限图版，如图 3-5-13 所示，图中红色区域代表开发效果差，黄色区域代表过渡区，表示开发效果变差，绿色区域代表开发效果良好。同样地，根据该图版，代入实际的 SAGD 井对生产数据或实验数据，得到 α 和 β 取值，即可预测夹杂砾岩层超稠油油藏 SAGD 的开发效果。

3.5.5　图版的适应性校验

结合所建立的超稠油油藏 SAGD 开发界限评价标准，将某实际超稠油油藏不同油藏模式的 SAGD 生产数据代入，得到 α 和 β 取值，在此基础上采用上述图版，可预测相应条件下的累积汽油比，结果见表 3-5-2。该实际超稠油油藏共有 37 个 SAGD 井对，其中部分井对已进入 SAGD 生产的横向扩展期，但多数尚未到达横向扩展期。对于未到达横向扩展期的井对，将通过理论模拟手段预测得到的累积汽油比作为对比依据，验证该 SAGD 开

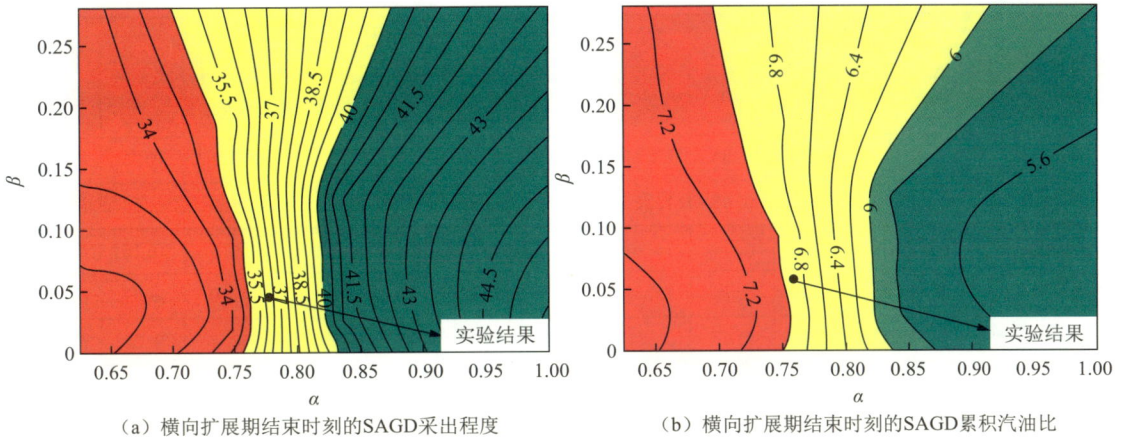

（a）横向扩展期结束时刻的SAGD采出程度　　　（b）横向扩展期结束时刻的SAGD累积汽油比

图 3-5-13　夹杂砾岩层超稠油油藏 SAGD 开发界限图版

发界限图版的准确性。可以看出,高含水层、不渗透性夹层及顶水层超稠油油藏的 SAGD 开发累积汽油比(CSOR)与图版预测结果吻合度较高,37 个 SAGD 井对中,共有 32 个预测结果误差控制在 20% 以内。

表 3-5-2　理论预测 CSOR 与现场数据比对表

类　型		井对名称	α	β	采出程度/%	实际CSOR	生产时间/a	界限图版预测CSOR	误　差	理论模拟预测CSOR	误　差	符合与否
高含水层	到达横向扩展期	P1	0.57	0.19	30.79	3.7	6.93	6.7	0.45			
		P2	0.55	0.10	32.41	3.7	4.42	6.0	0.38			
		P3	0.49	0.18	20.01	4.3	4.92	6.5	0.34			
	未到达横向扩展期	P4	0.48	0.24	2.21	5.6	2.00	6.9		5.6	0.19	符　合
		P5	0.74	0.26	4.67	3.4	1.92	6.3		5.3	0.16	符　合
		P6	0.63	0.27	11.69	2.1	6.67	5.6		5.6	0.19	符　合
		P7	0.57	0.15	11.20	5.6	6.93	6.2		5.2	0.16	符　合
		P8	0.53	0.12	1.26	4.0	4.34	6.3		5.4	0.14	符　合
		P9	0.52	0.11	19.98	3.1	5.34	6.3		5.4	0.14	符　合
		P10	0.57	0.18	3.29	5.4	4.84	6.6		5.4	0.18	符　合
		P11	0.43	0.16	1.03	6.5	4.59	6.5		5.8	0.12	符　合
		P12	0.59	0.18	2.02	3.1	4.76	6.5		5.3	0.18	符　合
不渗透性夹层	到达横向扩展期	P13	0.58	0.65	43.26	6.6	7.17	7.2	0.08			符　合
		P14	0.63	0.67	36.35	5.2	6.34	6.5	0.20			符　合
		P15	0.96	0.53	33.24	6.0	4.92	5.0	−0.2			符　合

类 型		井对名称	α	β	采出程度/%	实际CSOR	生产时间/a	界限图版预测CSOR	误 差	理论模拟预测CSOR	误 差	符合与否
不渗透性夹层	未到达横向扩展期	P16	0.58	0.64	16.12	5.1	7.59	7.2		6.1	0.15	符 合
		P17	0.54	0.65	12.85	5.3	7.84	7.3		6.3	0.14	符 合
		P18	0.54	0.64	15.82	4.4	7.17	7.4		6.3	0.15	符 合
		P19	0.59	0.70	15.83	6.5	7.92	6.8		6.2	0.09	符 合
		P20	0.52	0.69	7.64	5.8	7.34	8.0		6.4	0.20	符 合
		P21	0.68	0.60	2.09	6.7	9.17	6.0		6.0	0.00	符 合
顶水层	到达横向扩展期	P22	0.73	0.33	21.10	3.4	4.42	6.7	0.49			
	未到达横向扩展期	P23	0.73	0.51	2.76	7.2	3.67	7.5		6.4	0.15	符 合
		P24	0.76	0.40	11.07	4.9	3.75	6.9		6.0	0.13	符 合
		P25	0.73	0.55	8.07	2.2	3.33	7.5		6.2	0.17	符 合
		P26	0.74	0.53	11.29	3.3	3.17	7.5		6.2	0.17	符 合
		P27	0.74	0.53	16.07	3.2	3.00	7.5		6.2	0.17	符 合
		P28	0.73	0.54	5.20	2.1	2.93	7.5		6.2	0.17	符 合
		P29	0.75	0.51	6.59	3.5	3.00	7.5		5.9	0.21	
		P30	0.76	0.47	5.88	3.3	3.51	7.3		5.9	0.19	符 合
		P31	0.8	0.38	6.85	1.9	3.58	6.7		5.5	0.18	符 合
		P32	0.83	0.28	6.46	2.9	3.42	6.6		5.5	0.17	符 合
		P33	0.96	0.10	5.91	2.6	4.58	5.6		5.0	0.11	符 合
		P34	0.93	0.15	5.32	1.5	4.25	5.9		5.2	0.12	符 合
		P35	0.93	0.17	3.11	2.3	4.08	6.0		5.2	0.13	符 合
		P36	0.94	0.14	2.53	4.0	4.17	6.0		5.0	0.17	符 合
		P37	0.96	0.10	2.11	4.2	4.08	5.8		5.0	0.14	符 合

第 4 章
立体井网蒸汽辅助重力泄油技术

由前述多渗流屏障超稠油油藏 SAGD 相似比例物理模拟实验可以发现,稠油油藏中发育的渗流屏障,特别是隔夹层的存在,对于 SAGD 的开发动态及蒸汽腔发育特征具有较大的影响。而油田矿场中经常存在一些发育不规则的超稠油油藏,由于隔夹层和油藏边界的遮挡,单一的双水平井对 SAGD 开发难以获得较好的效果。本章通过考虑油藏中复杂渗流屏障对 SAGD 蒸汽腔扩展的影响,提出 3 种不同的稠油油藏 SAGD 立体开发井网形式,通过相似比例物理模拟及数值反演,开展立体井网 SAGD 适应性分析。

4.1　分支水平井 SAGD

随着稠油热采开发历程的持续,优质的稠油资源量逐渐减少,实际开发过程中所面临的油藏特征越来越复杂,开采难度越来越大,而稠油的 SAGD 开发也不再仅仅局限于双水平井组合,现阶段国内外的石油科技工作者发展了多种变形形式的 SAGD,使 SAGD 的适应性更强,应用效果更好。一种较为典型的稠油资源特征是在油藏边部位置发育一小部分难动用储量,但储量的规模又不适合重新布置 SAGD 井对,若采用常规的双水平井 SAGD 开发,蒸汽腔并不能有效扩展至油藏边部,使得整体开发效果较差,为此提出将 SAGD 与分支水平井技术相结合,利用分支水平井 SAGD 对此类油藏进行开发。

4.1.1　分支水平井 SAGD 技术原理

分支水平井技术是现阶段石油工业的主要技术之一,可实现不同类型油气藏的高效开发,提高采收率,目前已在一些低渗和稠油油藏中成功应用。随着分支水平井技术的不断发展和完善,井下工具创新提升,分支水平井技术在油气田现场的开发实践中取得了很好的应用效果,几乎对于所有的油气藏都有积极作用。分支水平井以水平井为基础,将水平井作为主井筒,同时侧钻出一定长度和数量的分支井筒,虽然提高了成本,但分支井筒能够增大泄油面积,提高产量和油藏采收率。

对于部分有复杂构造的稠油油藏,在采用 SAGD 方式开发时,受蒸汽腔扩展倾角及前缘泄油的影响,部分边部的小范围未动用储量难以实现有效开发,如图 4-1-1 所示。为此,提出采用分支水平井代替 SAGD 方式中的水平井,构成分支水平井 SAGD。在分支井筒作用下,蒸汽腔向油藏边部的倾向性发育可在一定程度上实现,即"汽腔拖拽"作用,从而有效动用油藏边部的小范围储量,提高采收率。

在注汽/采液强度一定条件下,采用分支水平井替代 SAGD 水平井对中的注汽井或生产井可在一定程度上提高 SAGD 的蒸汽腔扩展范围,增大泄油面积,改善开发效果。具体可以分为以下 3 种情况:

(1) 水平井注、分支井采 SAGD,即上部注汽井为水平井,下部生产井为分支水平井;

(2) 分支井注、水平井采 SAGD,即上部注汽井为分支水平井,下部生产井仍然为水平井;

(3) 双分支井 SAGD,即 SAGD 井对中的注汽井和生产井均为分支水平井。

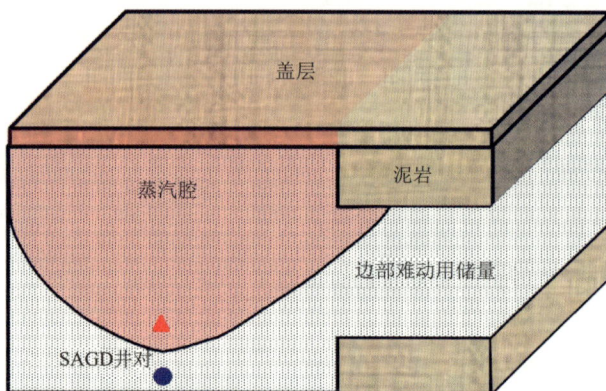

图 4-1-1　稠油油藏 SAGD 开发边部难动用储量示意图

4.1.2　分支水平井 SAGD 相似比例物理模拟

1) 相似比例物理模拟实验方法

与第 3 章的双水平井 SAGD 相似比例物理模拟方法类似,分支水平井 SAGD 需要额外考虑分支个数、长度、分布位置及夹角等参数与实际油藏的相似关系。考虑到分支水平井 SAGD 目标油藏与双水平井 SAGD 目标油藏的差异性,共开展上述 3 种不同情况下的分支水平井 SAGD 相似比例物理模拟及双水平井 SAGD 的对比实验,实验方案如图 4-1-2 所示。

图 4-1-3 所示是实验过程中所采用的装置,由 3 个主要部分组成。

(1) 注入系统:包括平流泵、蒸汽发生器、泄压出口及加热带等。为了弥补沿程热损失,可在注入管线上缠绕加热带,保证注入蒸汽满足实验要求。

(2) 模型系统:三维高温高压物理模型长 100 cm、宽 30 cm、高 20 cm,耐压 20 MPa,耐温 350 ℃,模型内可布置一定数量的温度、压力测点,以完成不同条件下的 SAGD 相似比

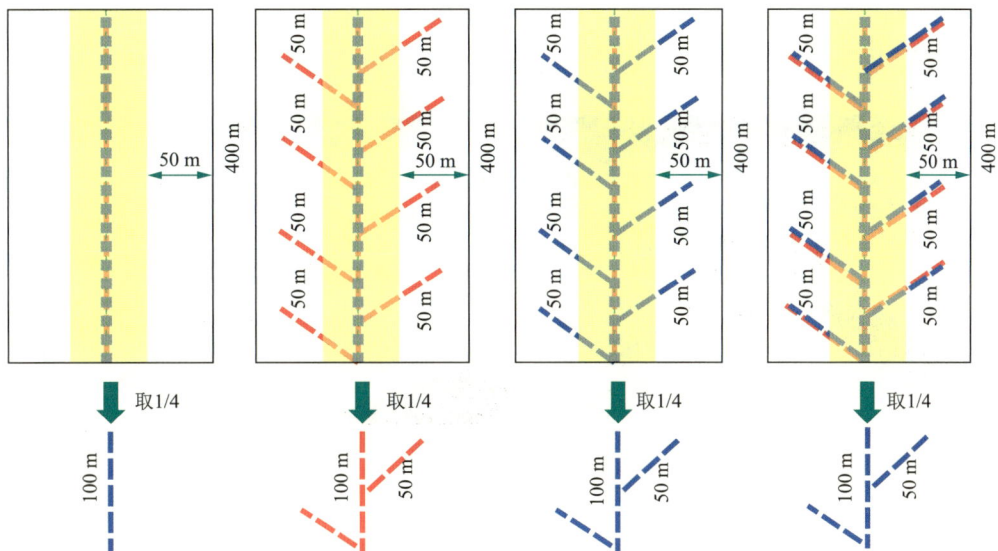

图 4-1-2　实验方案设计图

例物理模拟实验。实验过程中,模型放入恒温箱,以弥补边界热损失。

(3)监测系统:主要包括手摇泵、压力表、耐高温回压阀、量筒、温度采集箱和计算机等。温度采集箱通过温度传感器与计算机相连,可以实时监测模型内各温度测点的变化。

此外,实验过程中需要一些辅助装置,主要包括用于模型封装的天车、计时秒表、蒸馏水制造装置及干燥箱、黏度计、中间容器等。

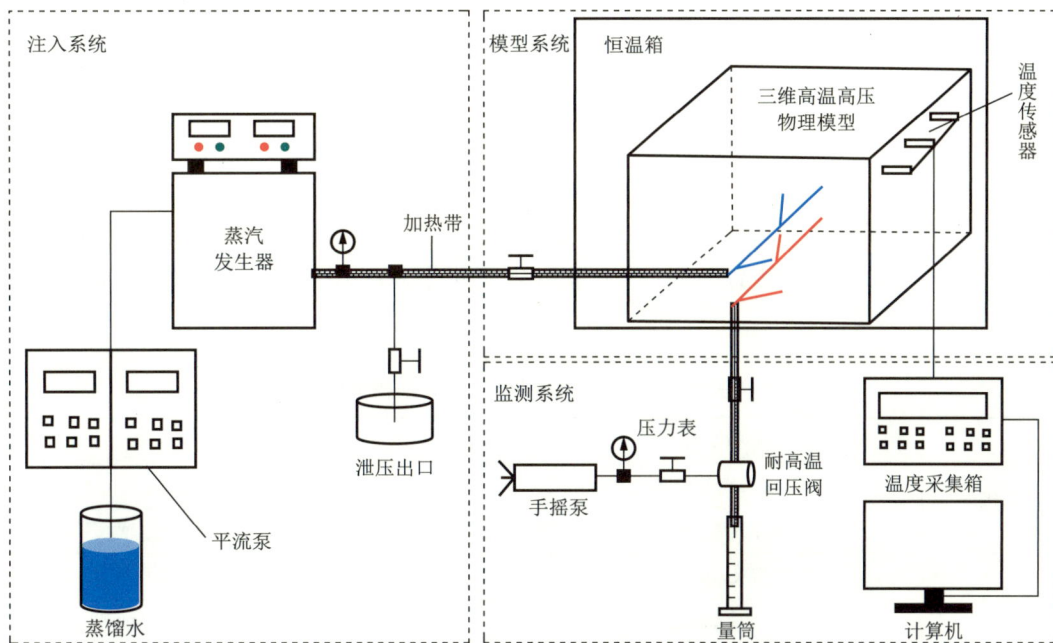

图 4-1-3　SAGD 相似比例物理模拟实验流程

图 4-1-4 所示为实验过程中采用的分支井筒模型。主井筒两侧分别设置 2 个分支井筒，分支井筒长 15 cm，主井筒长 30 cm，分支井筒与主井筒的夹角为 45°。

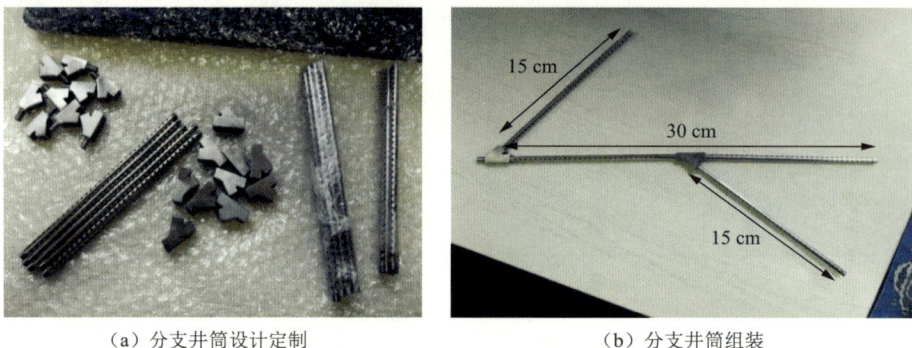

（a）分支井筒设计定制   （b）分支井筒组装

图 4-1-4 分支井筒模型

图 4-1-5 所示为分支水平井 SAGD 实验过程中模型内部的温度测点平面分布情况。通过实时监测实验过程中油藏模型内部的温度场发育特征，可以有效表征不同方案下 SAGD 实验过程中的蒸汽腔扩展规律。

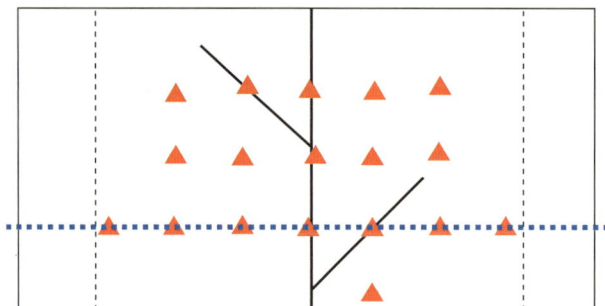

图 4-1-5 温度测点位置分布及观测剖面

表 4-1-1 所示为基于第 3 章相似设计方法得到的分支水平井 SAGD 相似比例物理模拟实验参数，考虑分支井筒的影响，对于采用分支井作为注入井的模拟方案，其注汽速度较双水平井下的高。

表 4-1-1 分支水平井 SAGD 相似比例物理模拟实验参数表

阶　段	参数名称	油藏原型	实验模型
基本参数	生产井与油层底部距离/m(cm)	3	0.9
	注采井间距/m(cm)	5	1.5（模型 2）
	井直径/m(cm)	0.1	0.6
	水平井/主井筒长度/m(cm)	400	120（实际 30）
	分支井长度/m(cm)	50（8 个）	15（8 个）（实际为 2 个 15 cm 分支井）
	排距/m(cm)	140	42

阶　段	参数名称	油藏原型	实验模型
基本参数	等效排距/m(cm)	100	30
	油层厚度/m(cm)	30	9
	孔隙度/%	33	33
	初始含油饱和度/%	80	80
	绝对渗透率/μm^2	4	40
	油藏温度下的原油黏度/(mPa·s)	100×10^4	100×10^4
	地层温度/℃	20	20
	注入蒸汽温度/℃	225	225
	蒸汽干度	0.9	0.9
	原始地层压力/MPa	2.5	2.5
SAGD 阶段	出口压力/MPa	2.0~2.5	2.0~2.5
	生产时间/a(min)	1	42.5
	蒸汽注入速度/(t·d^{-1})[(mL·min^{-1})]	150(+75)	20(+10)

2) 相似比例物理模拟实验结果

分别开展水平井注、分支井采,分支井注、水平井采及双分支井 SAGD 的相似比例物理模拟实验,并与相同条件下的双水平井 SAGD 相似比例物理模拟实验结果进行对比分析。

(1) 水平井注、分支井采 SAGD 相似比例物理模拟实验。

水平井注、分支井采 SAGD 相似比例物理模拟实验是将双水平井 SAGD 实验中的水平生产井换成分支井,产液速率增大,实验装置流程及其他条件保持一致。实验过程中,物理模型内部累积饱和油量 3 350 mL,累积产油量 2 480 mL,最终采出程度 74.0%。图 4-1-6 所示为水平井注、分支井采 SAGD 温度场变化图,图 4-1-7 所示为水平井注、分支井采与双水平井 SAGD 注采动态曲线对比。基于温度场演化结果,并结合产油速率、含水率、瞬时汽油比、采收率等实验数据,分析真实的 SAGD 开发过程,将水平井注、分支井采 SAGD 实验过程划分为 3 个生产阶段。

① 蒸汽腔向上发育阶段:如图 4-1-6(a)所示,此阶段蒸汽超覆向油藏上方发育,产油速率和含水率与双水平井 SAGD 实验相差不大;至 135 min,含水率下降至 71.8%,蒸汽腔发育到油藏顶界,该阶段采出程度约为 16.7%。

② 蒸汽腔横向扩展阶段:如图 4-1-6(b)所示,此阶段蒸汽腔形状近似倒三角形,沿油藏顶界横向扩展,并逐渐向分支方向偏移,变成倒梯形,分支一侧加热范围更大。与双水平井 SAGD 实验相比,产油速率增大,含水率降低,但二者变化趋势一致。该阶段瞬时汽油比约为 4.3,至 405 min,蒸汽腔前缘横向扩展到油藏边界,瞬时汽油比增大,该阶段采出程度为 37.8%。

③ 蒸汽腔向下扩展阶段:如图 4-1-6(c)和(d)所示,此阶段蒸汽腔形状保持倒梯形,沿油藏边界开始缓慢向下扩展,产油速率呈递减趋势且一直高于双水平井 SAGD 实验,含水率呈增加趋势;至 955 min,实验结束,该阶段采出程度为 19.5%。

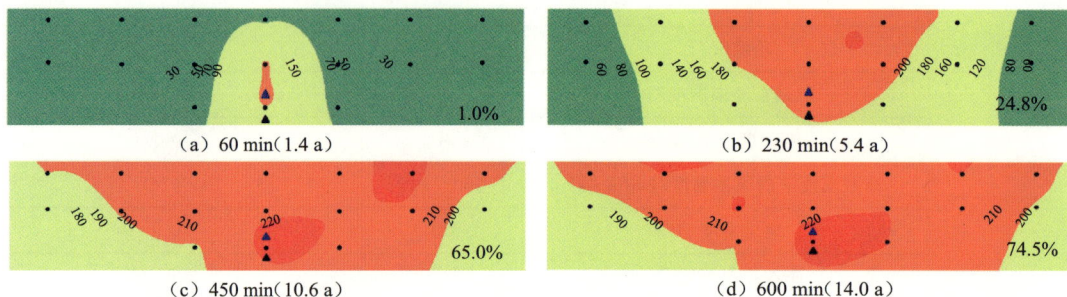

(a) 60 min(1.4 a)　　　　　　　　　(b) 230 min(5.4 a)

(c) 450 min(10.6 a)　　　　　　　　(d) 600 min(14.0 a)

图 4-1-6　水平井注、分支井采 SAGD 温度场变化图(单位:℃)

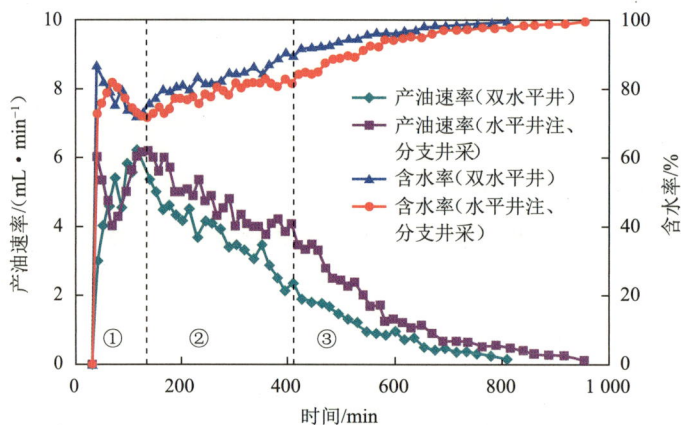

(a) 产油速率及含水率

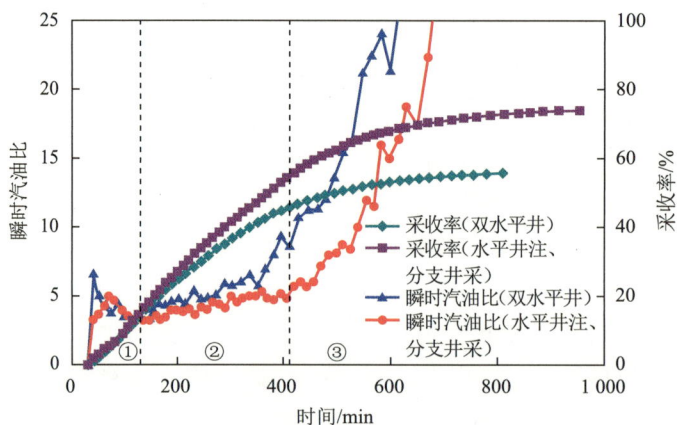

(b) 瞬时汽油比及采收率

图 4-1-7　水平井注、分支井采与双水平井 SAGD 注采动态曲线对比

（2）分支井注、水平井采 SAGD 相似比例物理模拟实验。

分支井注、水平井采 SAGD 相似比例物理模拟实验是将双水平井 SAGD 实验中的水平注入井换成分支井，注入速度增大，实验装置流程及其他条件保持一致。实验过程中，物理模型内部累积饱和油量 3 350 mL，累积产油量 2 430 mL，最终采出程度 72.5%。图 4-1-8 所示为分支井注、水平井采 SAGD 温度场变化图，图 4-1-9 所示为分支井注、水平井采与双水平井 SAGD 注采动态曲线对比。基于温度场演化结果，并结合产油速率、含水率、瞬时汽油比、采收率等实验数据，分析真实的 SAGD 开发过程，将分支井注、水平井采 SAGD 实验过程划分为 3 个生产阶段。

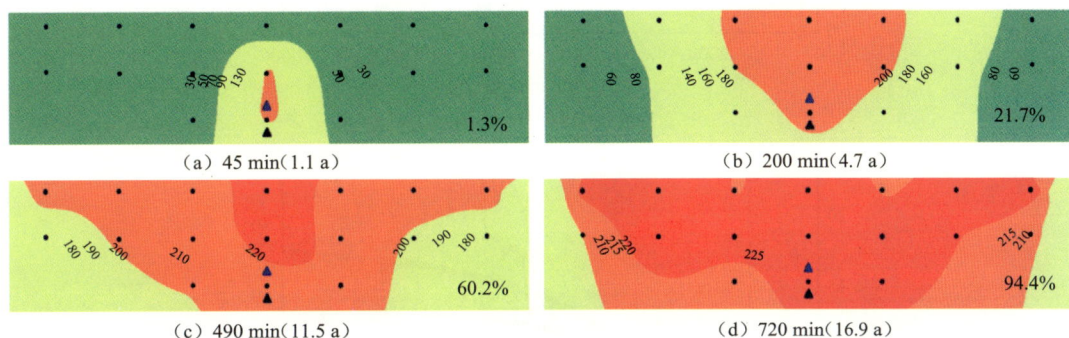

图 4-1-8　分支井注、水平井采 SAGD 温度场变化图（单位：℃）

① 蒸汽腔向上发育阶段：如图 4-1-8（a）所示，此阶段蒸汽超覆向油藏上方发育，与双水平井 SAGD 实验相比，产油速率相差不大，含水率较高，差异主要体现在注入速度的变化上；至 110 min，含水率下降至 80.3%，蒸汽腔发育到油藏顶界，该阶段采出程度为 14.3%。

② 蒸汽腔横向扩展阶段：如图 4-1-8（b）所示，此阶段蒸汽腔形状近似倒三角形，沿油藏顶界横向扩展，并逐渐向分支方向偏移，变成倒梯形，但向分支方向偏移程度很小，主井筒两侧加热范围相差不大。与双水平井 SAGD 实验相比，产油速率相差不大，含水率较高，但二者变化趋势一致。该阶段瞬时汽油比约为 7.0，至 380 min，蒸汽腔前缘横向扩展到油藏边界，瞬时汽油比增大，该阶段采出程度为 33.9%。

③ 蒸汽腔向下扩展阶段：如图 4-1-8（c）和（d）所示，此阶段蒸汽腔前缘沿油藏边界缓慢向下扩展，主井筒两侧加热均匀，产油速率呈递减趋势，含水率呈增加趋势；至 980 min，实验结束，该阶段采出程度为 24.3%。

（3）双分支井 SAGD 相似比例物理模拟实验。

双分支井 SAGD 相似比例物理模拟实验是将双水平井 SAGD 实验中的水平注入井和生产井都换成分支水平井，空间上分支注入井与分支生产井上下正对，注入速度增大，实验装置流程及其他条件保持一致。实验过程中，物理模型内部累积饱和油量 3 350 mL，累积产油量 2 540 mL，最终采出程度 75.8%。图 4-1-10 所示为双分支井 SAGD 温度场变化图，图 4-1-11 所示为双分支井与双水平井 SAGD 注采动态曲线对比。基于温度场演化结果，并结合产油速率、含水率、瞬时汽油化、采收率等实验数据，分析真实的 SAGD 开发过

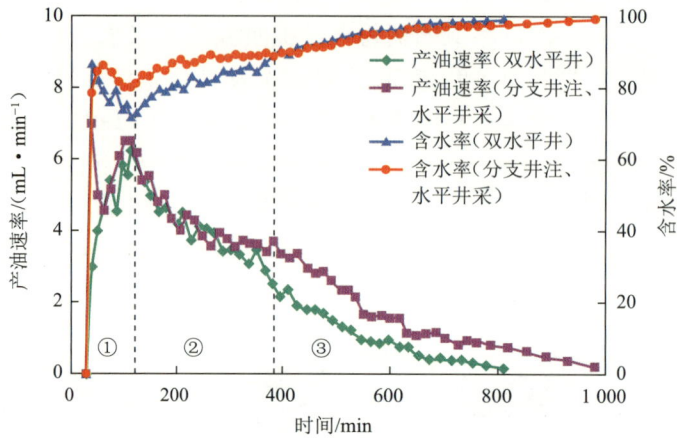

（a）产油速率及含水率

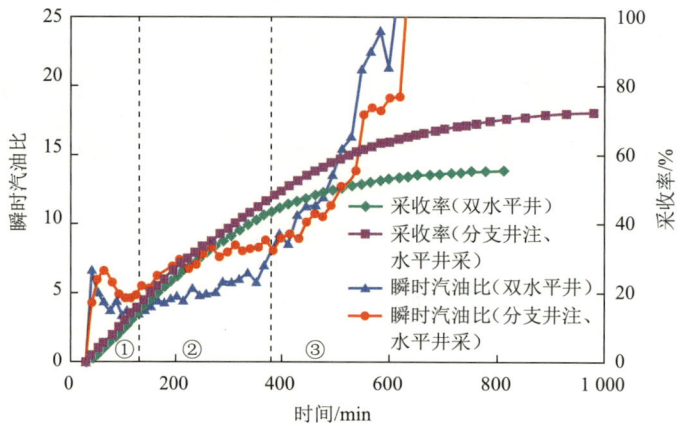

（b）瞬时汽油比及采收率

图 4-1-9　分支井注、水平井采与双水平井 SAGD 注采动态曲线对比

程,将双分支井 SAGD 实验过程划分为 3 个生产阶段。

① 蒸汽腔向上发育阶段:如图 4-1-10(a)所示,此阶段蒸汽超覆向油藏上方发育,蒸汽腔明显向分支一侧偏移,主井筒与分支井逐渐形成热连通,产油速率明显高于双水平井 SAGD 实验;至 110 min,含水率下降至 73.8%,蒸汽腔发育到油藏顶界,该阶段采出程度为 18.0%。

② 蒸汽腔横向扩展阶段:如图 4-1-10(b)所示,此阶段蒸汽腔形状近似倒等腰梯形,沿油藏顶界横向扩展,分支一侧加热范围更大。主井筒与分支井蒸汽腔实现完全热连通后继续横向扩展,分支一侧蒸汽腔前缘优先到达储层边界。与双水平井 SAGD 实验相比,产油速率更高,含水率更低,变化趋势一致。该阶段瞬时汽油比约为 4.7,至 280 min,蒸汽腔前缘横向扩展到油藏边界,瞬时汽油比增大,该阶段采出程度为 35.2%。

③ 蒸汽腔向下扩展阶段:如图 4-1-10(c)和(d)所示,此阶段蒸汽腔沿油藏边界缓慢向下扩展,产油速率迅速递减,含水率迅速增加;至 700 min,实验结束,该阶段采出程度为 22.8%。

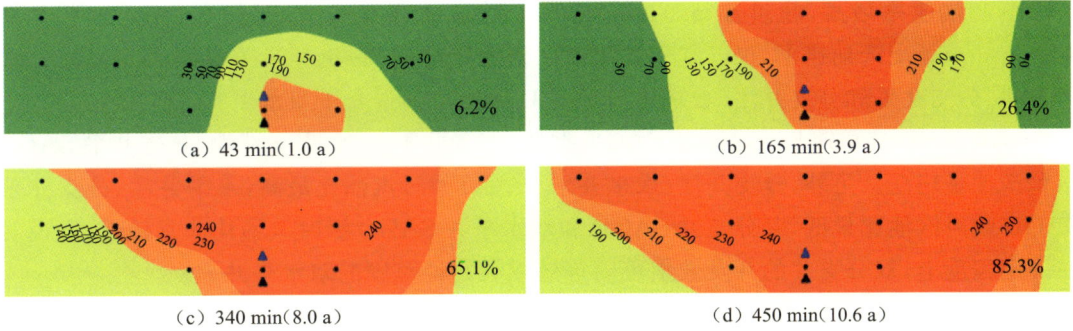

（a）43 min（1.0 a）　　　　　　　　　（b）165 min（3.9 a）

（c）340 min（8.0 a）　　　　　　　　　（d）450 min（10.6 a）

图 4-1-10　双分支井 SAGD 温度场变化图（单位：℃）

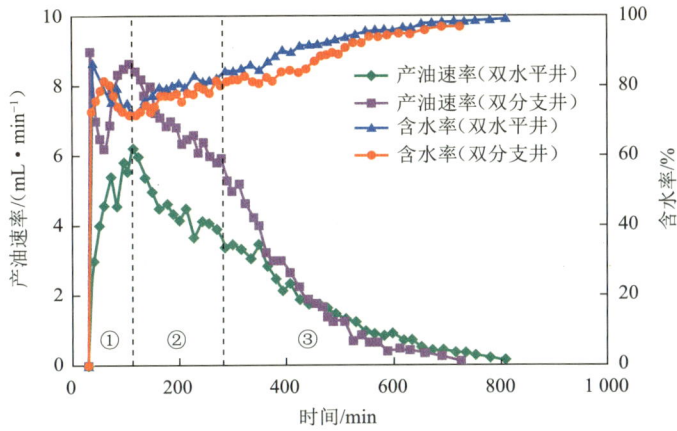

（a）产油速率与含水率

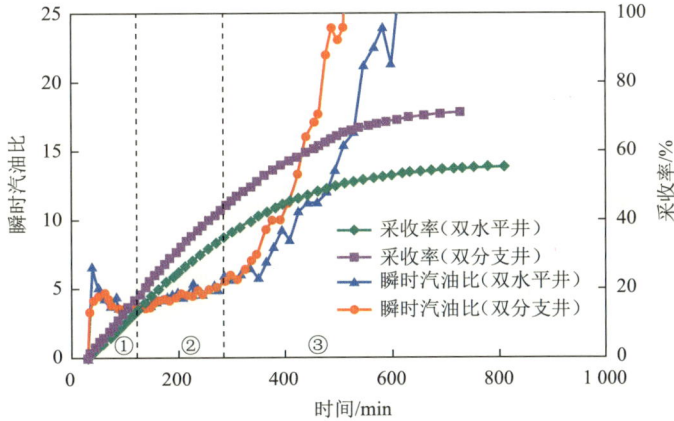

（b）瞬时汽油比与采收率

图 4-1-11　双分支井与双水平井 SAGD 动态曲线对比

3）注采动态特征

图 4-1-12 给出了不同井型条件下的 SAGD 实验动态监测结果。可以看出，与双水平井 SAGD 实验相比，分支水平井 SAGD 开发可显著提高产量，不同的井组合形式累积产油量差异较小。水平井注、分支井采和双分支井 SAGD 都提高了产油速率，双分支井 SAGD

的峰值产油速率最高,超过 8 mL/min,缩短了储层的开发时间;而分支井注、水平井采 SAGD 并未提高产油速率,仅仅是延长了横向扩展期的时间,也延长了储层开发时间。水平井注、分支井采和分支井注、水平井采 SAGD 累积产油量介于双水平井 SAGD 和双分支井 SAGD 之间,其早期与双水平井 SAGD 类似,二者差距很小,水平井注、分支井采 SAGD 累积产油量略高。另外,分支井注、水平井采 SAGD 瞬时汽油比最高,水平井注、分支井采 SAGD 瞬时汽油比最低,双分支井 SAGD 和双水平井 SAGD 瞬时汽油比非常接近,这说明在一定程度上,双分支井的开发效果可以等效成大井径范围的双水平井。

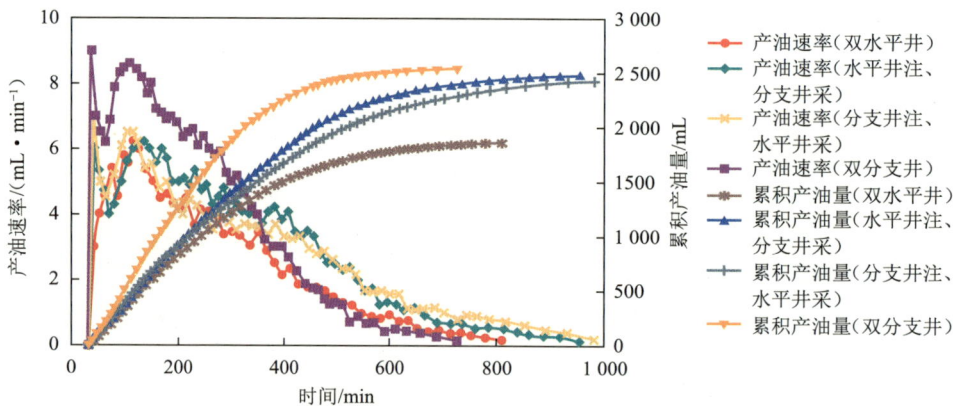

（a）产油速率及累积产油量

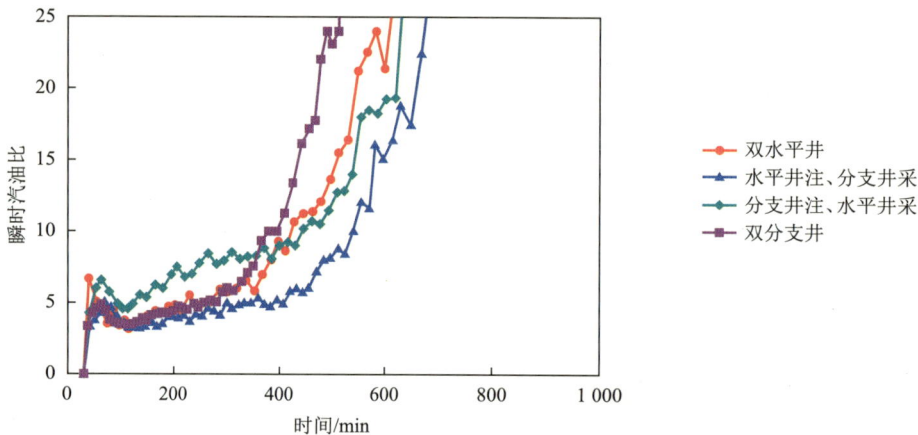

（b）瞬时汽油比

图 4-1-12　不同井型条件下的 SAGD 动态曲线对比

对同一储层进行分支水平井 SAGD 开发,不同的井组合形式开发效果不同。对比上述不同方案的注采动态特征,发现分支井单独应用在注入井或生产井上也能够提高单井对产能,但同时延长了油藏的开发时间。分支注入井浪费了大量的蒸汽,开发效果差;分支生产井提高了产油速率,开发效果较好;双分支井大大提高了产油速率,缩短了储层开采时间,产量最高,可显著改善 SAGD 开发效果。

4）蒸汽腔扩展规律

在 SAGD 开发过程中,排距的大小直接影响 SAGD 蒸汽腔扩展阶段的开采时间和开发效果,随着排距的增大,蒸汽腔扩展到井对边界所需的时间明显增加。Bulter 的重力泄油理论表明,1/2 排距与油层厚度之比一般为 1.0～2.0。对于常规的 SAGD 储层开发,30 m 油层厚度的排距应为 60～120 m,而油田矿场排距为 140 m。与常规双水平井 SAGD 储层相比,分支井 SAGD 储层的排距较大,利用双水平井开发时,蒸汽腔很难扩展到储层边界,波及范围小,开发效果差。

根据 4 种不同注采井组合形式的相似比例物理模拟实验的温度场发育状况,进一步得到 SAGD 的蒸汽腔范围,即温度高于 200 ℃(实验操作压力下的饱和蒸汽温度)。下面通过观察蒸汽腔范围的变化来分析分支水平井对 SAGD 开发的影响。图 4-1-13 所示为 4 种井组合形式相似比例物理模拟实验在不同时刻下的蒸汽腔比例变化。结合图 4-1-12 可以看出,双水平井 SAGD 蒸汽腔发育均匀,扩展速度缓慢,体积最小,产量最低;而分支井注、水平井采,水平井注、分支井采和双分支井 SAGD 蒸汽腔体积明显更大,扩展速度更快,产量也更高。相同时间内,双分支井 SAGD 的蒸汽腔范围最大;水平井注、分支井采和分支井注、水平井采 SAGD 的蒸汽腔范围介于双水平井和双分支井之间,且在 300 min 之内二者非常接近,300 min 后,分支井注、水平井采 SAGD 的蒸汽腔继续均匀扩展,而水平井注、分支井采 SAGD 的蒸汽腔扩展先快后慢,直到 600 min,二者蒸汽腔体积相同,之后分支井注、水平井采 SAGD 的蒸汽腔范围继续增大,但产量增加不明显。总体来说,水平井注、分支井采 SAGD 的蒸汽腔扩展速度稍快于分支井注、水平井采的情况,水平井注、分支井采比分支井注、水平井采更具优势。双分支井综合了以上优点,蒸汽腔扩展范围大,速度快,也比较均匀,开发效果最好。

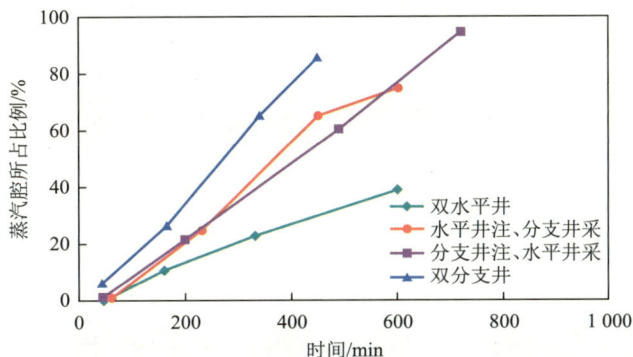

图 4-1-13　不同井组合形式相似比例物理模拟实验在不同时刻下的蒸汽腔所占比例变化

5）剩余油分布规律

通过对相似比例物理模拟实验结束后模型内部的图像进行采集,在图像处理和油砂取样分析的基础上进一步对 SAGD 开发后的剩余油分布规律进行表征。图 4-1-14 给出了双水平井 SAGD 开发的剩余油动用效果。从油砂颜色上可以初步判断,模型的边部位置存在大量的剩余油。对于该相似比例物理模拟实验,由于排距较大,在利用双水平井 SAGD 开发时,后期蒸汽腔难以扩展到储层边界,波及不到的边部区域原油温度较低,黏度大,不具有流动性,可动用范围小。

(a) 原始分布 　　　　　　　(b) 剩余油分布

图 4-1-14　双水平井 SAGD 开发剩余油动用效果

对比之下,对于双分支井 SAGD 开发,由于存在分支井筒,剩余油的分布情况会更加复杂。为了更加充分地了解剩余油的分布情况,在模型的拆卸过程中,取同一平面不同位置的适量油砂样本进行测量分析。图 4-1-15 给出了双分支井 SAGD 开发的剩余油分布,图 4-1-16 所示为不同位置的油砂样本。

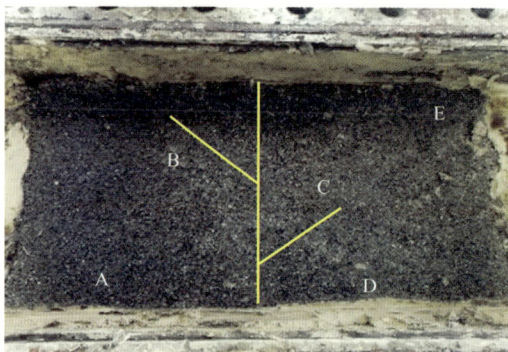

图 4-1-15　双分支井 SAGD 开发剩余油分布

图 4-1-16　不同位置油砂样本

通过溶剂萃取方式,测量不同油砂样品的含油量,进而得到不同位置的含油饱和度,见表 4-1-2。可以看出,5 个取样位置的含油饱和度分布为:A＞E＞D＞B＞C,其中 D 位置凝析水含量稍高。这是因为 A 位置远离分支井,动用程度差,含油饱和度最高;E 位置靠近储层边界;D 位置靠近模型边界;B 和 C 位置靠近分支井。分支井筒伸入储层中间的一侧开发效果更好,分支井注、水平井采和水平井注、分支井采的 SAGD 开发在整体上与双分支井 SAGD 开发的情况类似。

表 4-1-2　不同位置的含油饱和度

位　置	颜　色	50 mL 油砂含油量/mL	近似含油饱和度/%
A	黑褐色	4.3	26.06
B	灰褐色	3.6	21.82
C	灰褐色	3.5	21.21
D	灰褐色	3.7	22.42
E	黑-灰褐色	3.9	23.64

4.1.3　分支水平井 SAGD 蒸汽腔扩展及开发特征分析

1）相似比例物理模拟数值反演

采用第 3 章的 SAGD 数值反演方法,建立分支水平井 SAGD 相似比例物理模拟实验的数值反演模型,并对反演模型进行实验结果的历史拟合。图 4-1-17 所示为最终的拟合结果。可以看出,整体上不同方案的相似比例物理模拟实验结果与数值反演模型结果匹配性较好,反演模型结果可以代表实际的相似比例物理模拟实验结果。

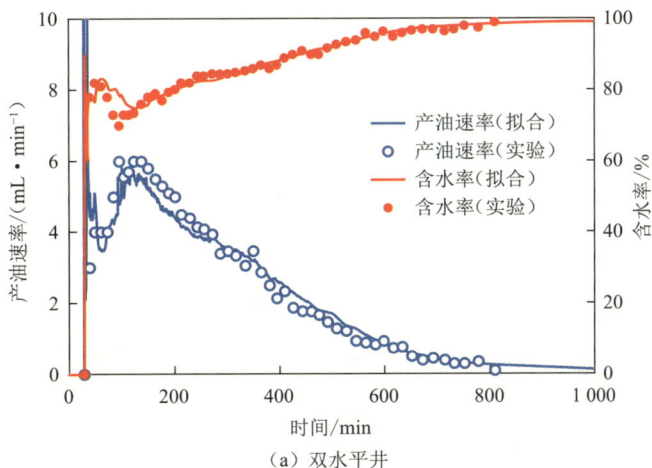

（a）双水平井

图 4-1-17　不同分支水平井 SAGD 相似比例物理模拟实验结果拟合

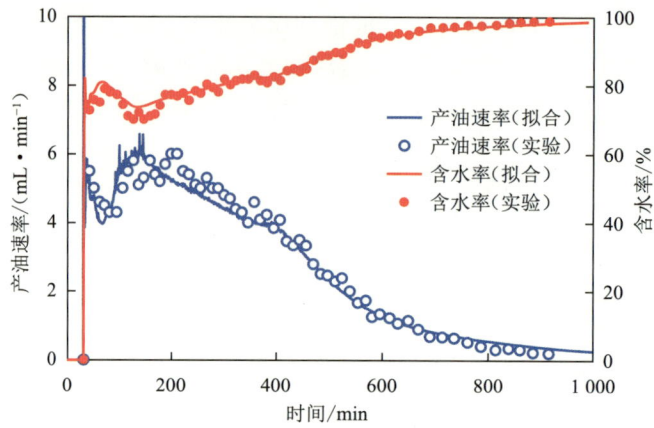

（b）水平井注、分支井采

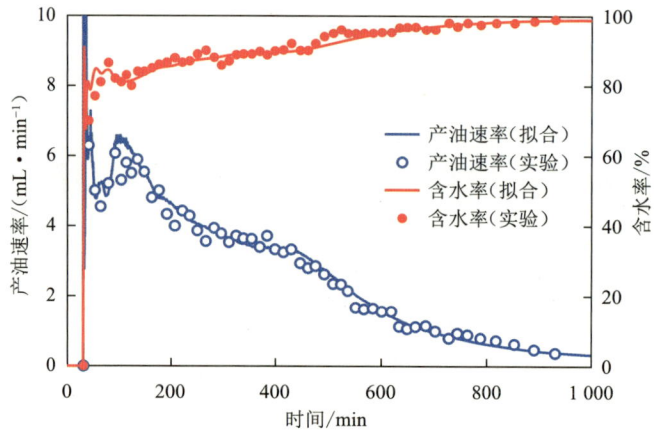

（c）分支井注、水平井采

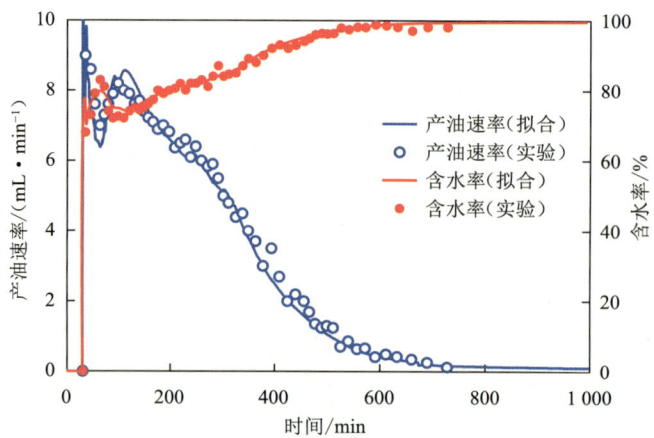

（d）双分支井

图 4-1-17(续)　不同分支水平井 SAGD 相似比例物理模拟实验结果拟合

2) 分支水平井 SAGD 蒸汽腔热连通分析

由于 SAGD 相似物理模型尺度较大,模型内温度测点分布范围有限,为进一步验证数值反演模型结果的准确性,对分支水平井 SAGD 不同井组合形式的物理模拟和数值反演结果进行对比分析,用以表征不同条件下 SAGD 开发的蒸汽腔发育特征。

（1）双水平井 SAGD 蒸汽腔发育特征。

图 4-1-18 所示为双水平井 SAGD 物理模拟和数值反演的温度场对比。可以发现,物理模拟与数值反演的蒸汽腔发育规律较接近,一致性高,数值反演结果可以代表真实的相似比例物理模拟实验结果。对于双水平井 SAGD,蒸汽腔扩展均匀,井左右两侧对称分布,横向扩展阶段的蒸汽腔近似倒三角形,后期两侧蒸汽腔不能到达储层边界。

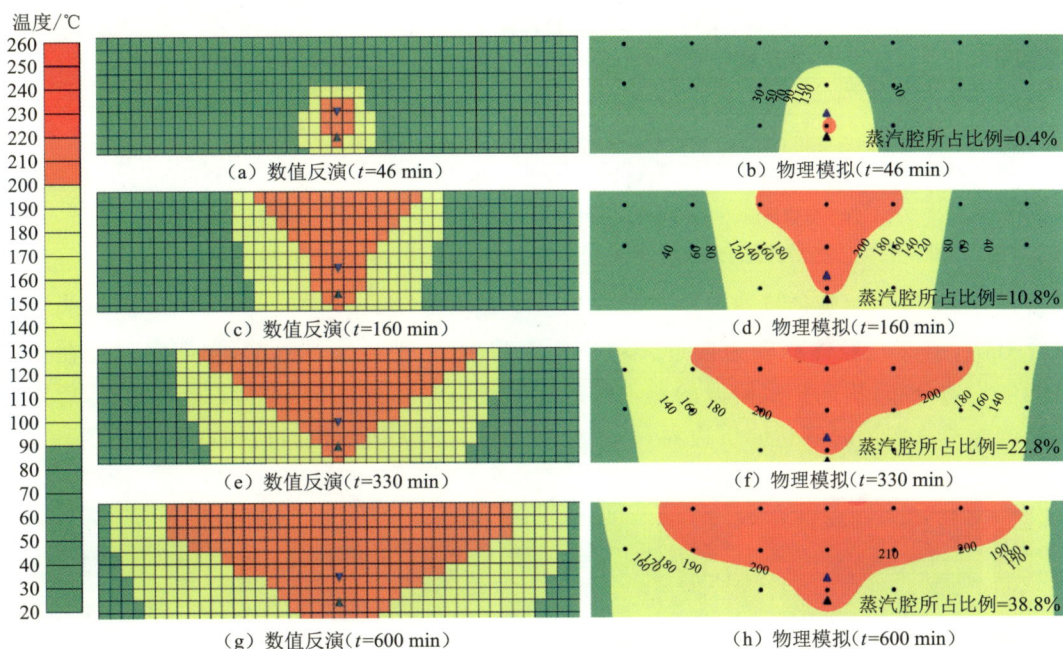

图 4-1-18　双水平井 SAGD 温度场对比(b,d,f,h 中的数据单位为℃)

（2）水平井注、分支井采 SAGD 蒸汽腔发育特征。

图 4-1-19 所示为水平井注、分支井采 SAGD 物理模拟和数值反演的温度场对比。可以发现,数值反演更加理想化,初始阶段的蒸汽腔范围更大,随后物理模拟与数值反演的蒸汽腔体积非常接近,但形状上稍有差别,数值反演的蒸汽腔更加均匀,这是物理模型温度测点分布不均造成的,并不影响对蒸汽腔发育特征的观察。

结合物理模拟与数值反演发现,对于水平井注、分支井采 SAGD,分支井一侧加热范围更大,蒸汽腔发育更快。在蒸汽腔向上发育阶段,分支井的影响很小,而在横向扩展阶段,分支井对蒸汽腔有一定的牵引作用,使得蒸汽腔由近似倒三角形逐渐向倒梯形过渡,向分支井一侧偏移,但偏移程度不大,后期靠近分支井的一侧蒸汽腔优先到达储层边界。

（3）分支井注、水平井采 SAGD 蒸汽腔发育特征。

图 4-1-20 所示为分支井注、水平井采 SAGD 物理模拟和数值反演的温度场对比。可

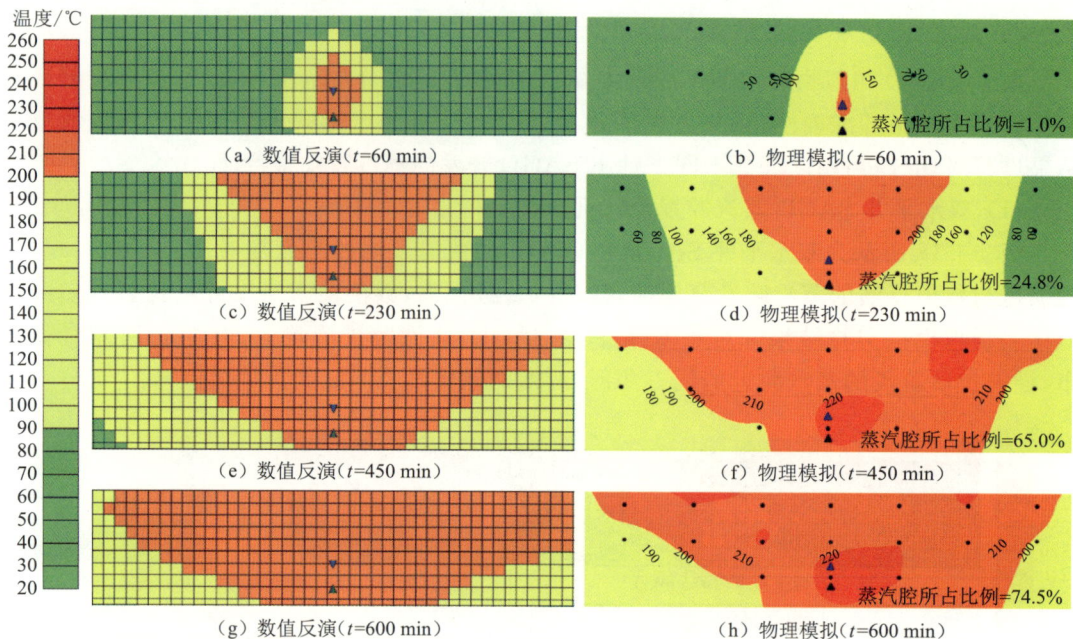

图 4-1-19　水平井注、分支井采 SAGD 温度场对比（b,d,f,h 中的数据单位为℃）

以发现,物理模拟与数值反演的蒸汽腔在形状上稍有差别,这主要是因为温度测点的分布位置有限,但蒸汽腔体积较为接近。对于分支井注、水平井采 SAGD,初期蒸汽腔在主井筒两侧均匀分布,横向扩展阶段的蒸汽腔以近似倒三角形逐渐向倒等腰梯形过渡,后期主井筒两侧蒸汽腔同时到达储层边界,可见分支井显著增大了蒸汽腔的横向扩展范围。

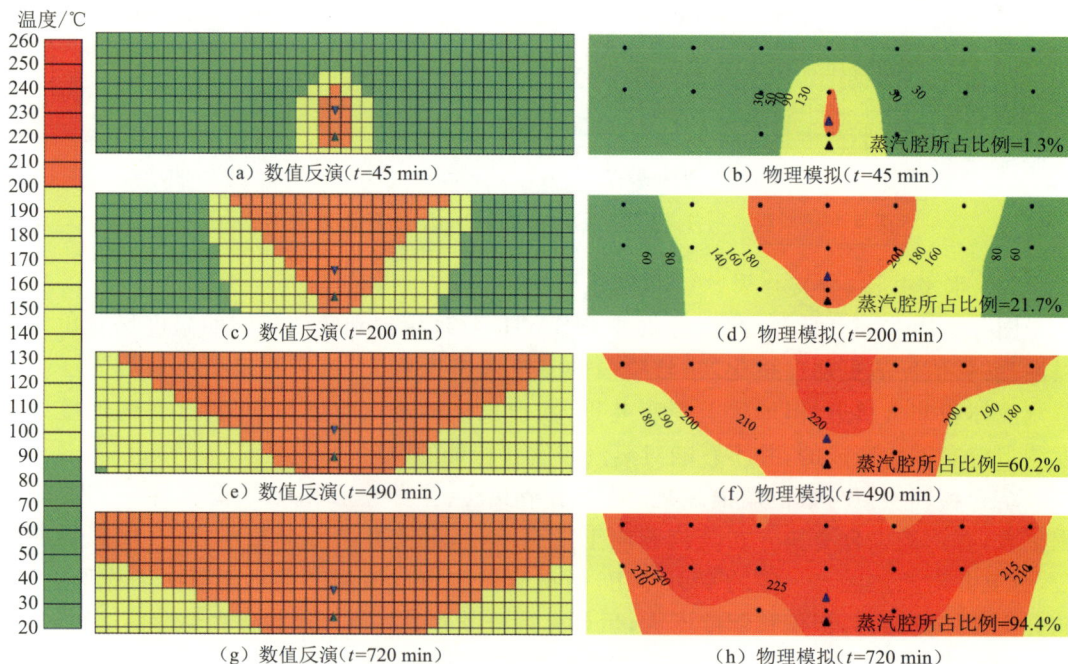

图 4-1-20　分支井注、水平井采 SAGD 温度场对比（b,d,f,h 中的数据单位为℃）

（4）双分支井 SAGD 蒸汽腔发育特征。

图 4-1-21 所示为双分支井 SAGD 物理模拟和数值反演的温度场对比。可以发现，对于双分支井 SAGD，在蒸汽腔向上发育阶段，主井筒与分支井已经逐渐开始热连通，在横向扩展阶段，主井筒与分支井迅速实现完全热连通，蒸汽腔温度升高，以近似等腰梯形横向扩展，明显向分支井方向偏移，分支井一侧加热范围明显更大，后期靠近分支井的一侧优先到达储层边界。

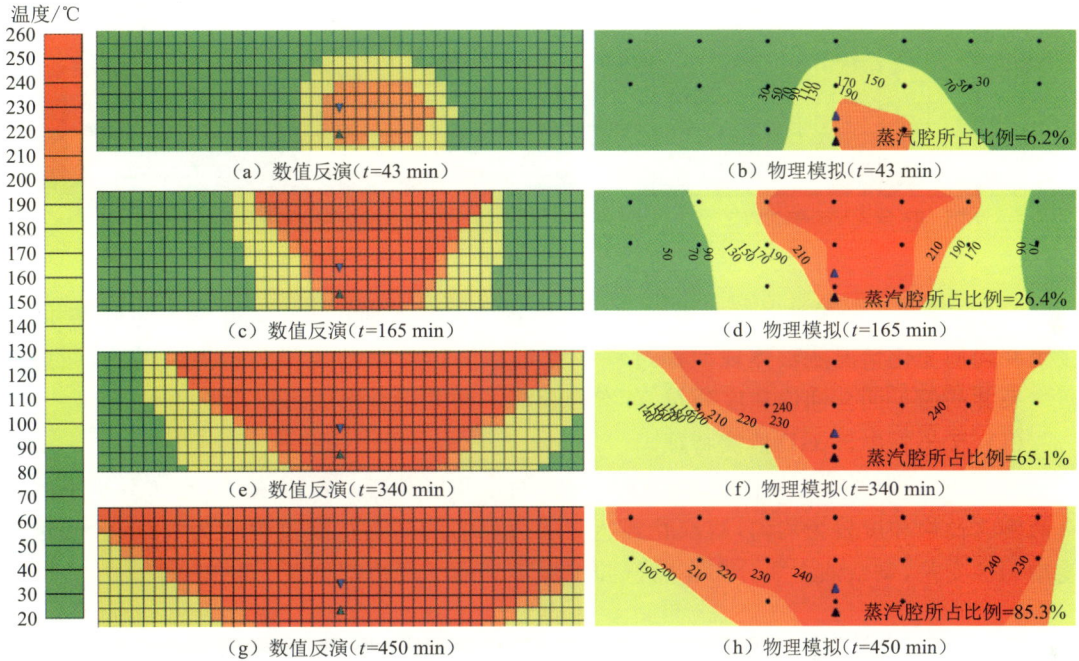

图 4-1-21　双分支井 SAGD 温度场对比（b,d,f,h 中的数据单位为℃）

为进一步表征分支井的影响，结合数值反演模型，观察分支井在主井筒沿程方向上的 SAGD 温度场变化，分析主井筒与分支井间的热连通效应。图 4-1-22 给出了不同井组合形式下的温度场变化。可以发现，当蒸汽腔横向扩展到该层时，不同井组合形式下的蒸汽腔形状存在差异：双水平井蒸汽腔向下均匀扩展；水平井注、分支井产的蒸汽腔受到分支井的牵引作用，向分支井眼方向偏移；分支井注、水平井产的蒸汽腔扩展比较均匀，受分支井的影响较小；双分支井的主井筒与分支井迅速形成热连通，温度更高，蒸汽腔范围更大。双水平井，水平井注、分支井产和分支井注、水平井产的蒸汽腔自上向下发育，主井筒与分支井间不存在热连通效应，分支井的影响主要在蒸汽腔横向扩展阶段；而双分支井蒸汽腔先向上发育，再向下发育，主井筒与分支井间存在着很强的热连通效应，且速度很快，所以在早期产油速率很高，开发效果最好。

3）分支水平井 SAGD 泄流特征分析

基于上述分支水平井 SAGD 数值反演模型，对比不同时刻下的含油饱和度分布，可有效分析稠油油藏 SAGD 开发过程中油藏内部的流体泄流特征。为此，进行如下含油饱和度 S_o 划分：油藏内 $S_o \leqslant 0.3$ 的区域定义为波及区，$0.3 < S_o < 0.6$ 的区域定义为动用区，S_o

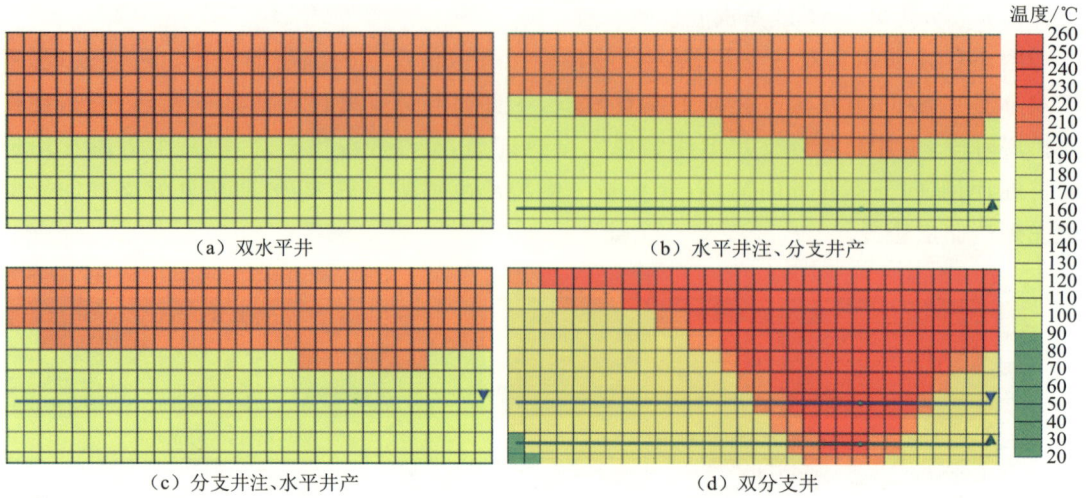

图 4-1-22　不同井组合形式下的 SAGD 温度场变化

≥0.6 的区域定义为未波及区。不同井组合形式的主要区别在于注采井是否为分支井,而注采井间的变化情况能够体现泄油过程中蒸汽和流体流动的规律和特点。因此,通过观察注采井间的平面含油饱和度分布,可有效分析不同井组合形式 SAGD 的泄流特征。

（1）双水平井 SAGD 泄流特征。

图 4-1-23 所示为双水平井 SAGD 井间含油饱和度分布。可以发现,起初双水平井左右两侧含油饱和度较为均匀,蒸汽腔到达储层边界前的向下扩展过程较为复杂,含油饱和度均匀性变差,剩余油主要分布在蒸汽腔扩展不到的油层边部位置。

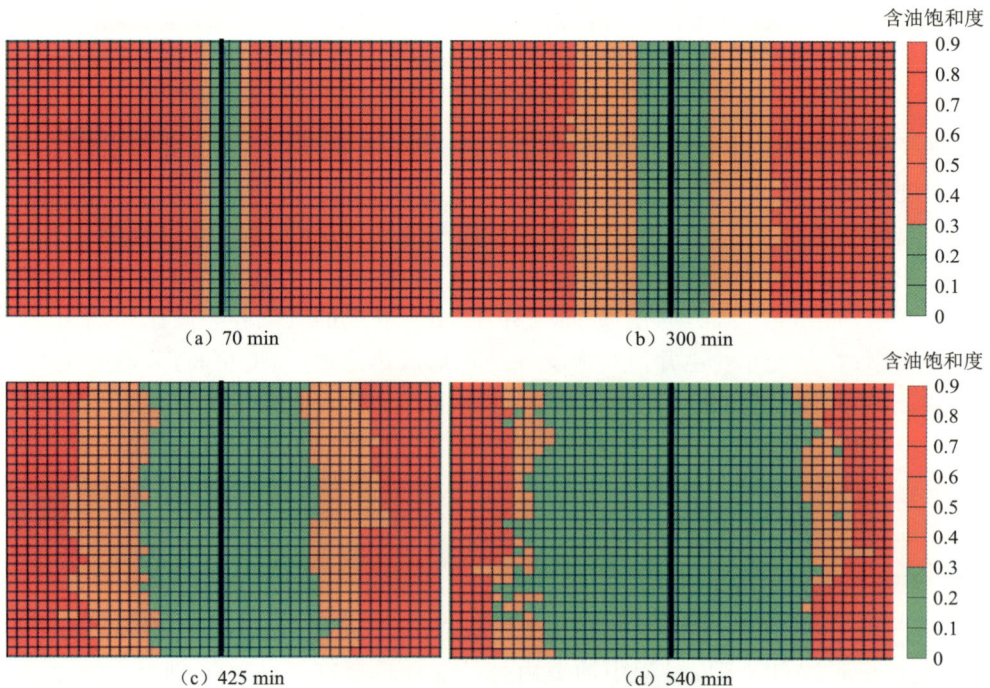

图 4-1-23　双水平井 SAGD 井间含油饱和度分布

（2）水平井注、分支井采 SAGD 泄流特征。

图 4-1-24 所示为水平井注、分支井采 SAGD 井间含油饱和度分布。可以发现，70 min 时，分支井与主井筒连接点附近的含油饱和度迅速降低，但整体上的分布与双水平井类似，井左右两侧含油饱和度比较均匀；随着开发的进行，由于分支生产井的牵引作用，井筒间含油饱和度较低，但分支作用较弱；直到 415 min，主井筒两侧含油饱和度变得比较均匀；之后蒸汽腔继续扩展，逐渐接近油层边界，流体流动距离增大，此时分支井的优势明显地体现出来，越靠近分支生产井的分支端点，流体流动距离越小，蒸汽腔扩展越快，含油饱和度越低。

水平井注、分支井采 SGAD 主要提高了产油速率，同时对蒸汽腔的发育有一定的牵引作用，但前期分支作用并不明显。随着蒸汽腔前缘距离主井筒越来越远，流体流动距离越大，分支生产井对蒸汽腔的牵引作用增强，蒸汽腔可以扩展到储层边界，明显增大了波及范围，提高了动用程度，分支生产井的作用主要体现在开发中后期。

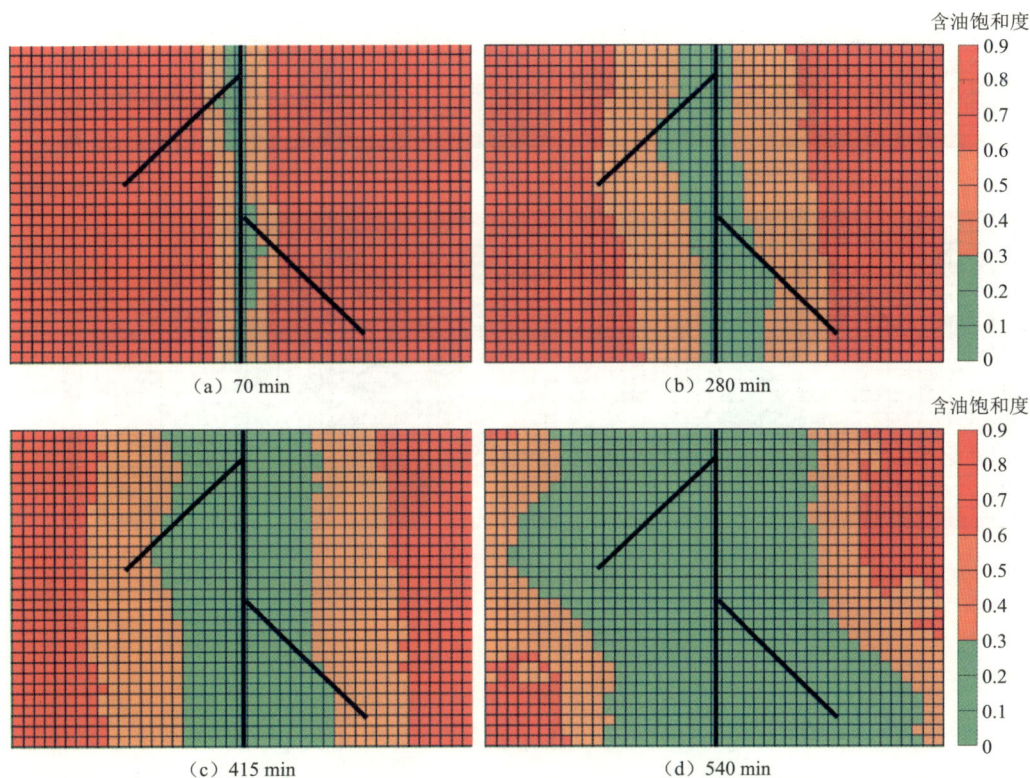

(a) 70 min　　　(b) 280 min

(c) 415 min　　　(d) 540 min

图 4-1-24　水平井注、分支井采 SAGD 井间含油饱和度分布

（3）分支井注、水平井采 SAGD 泄流特征。

图 4-1-25 所示为分支井注、水平井采 SAGD 井间含油饱和度分布。可以发现，70 min 时，主井筒两侧含油饱和度较均匀，与双水平井 SAGD 类似；290 min 时，除连接点附近含油饱和度略有增加外，含油饱和度场接近均匀发育，此后的一段时间内一直如此；直到分支井段结束，蒸汽腔逐渐接近油层边界，流体流动距离增大，此时分支注入井的优势明显体现出

来,越靠近分支端点,流体流动距离越小,蒸汽腔扩展越快,含油饱和度越低;585 min 时,左侧分支端点深入储层中间,右侧分支端点靠近模型边界,导致左侧动用范围略大于右侧。

对于分支井注、水平井采 SAGD,前期蒸汽腔一直均匀扩展,直到逐渐接近储层边界,流体流动距离增大,分支注入井的存在使得蒸汽腔能够扩展到油层边界,从开发效果上与分支生产井比较接近。分支注入井从两方面改善了蒸汽腔的扩展:一方面分支注入井缩短了流体流动距离,另一方面注入速度的增加提高了蒸汽腔的能量。虽然分支注入井没有提高产油速率,但是它增大了蒸汽腔的波及范围,延长了油藏的开发时间。

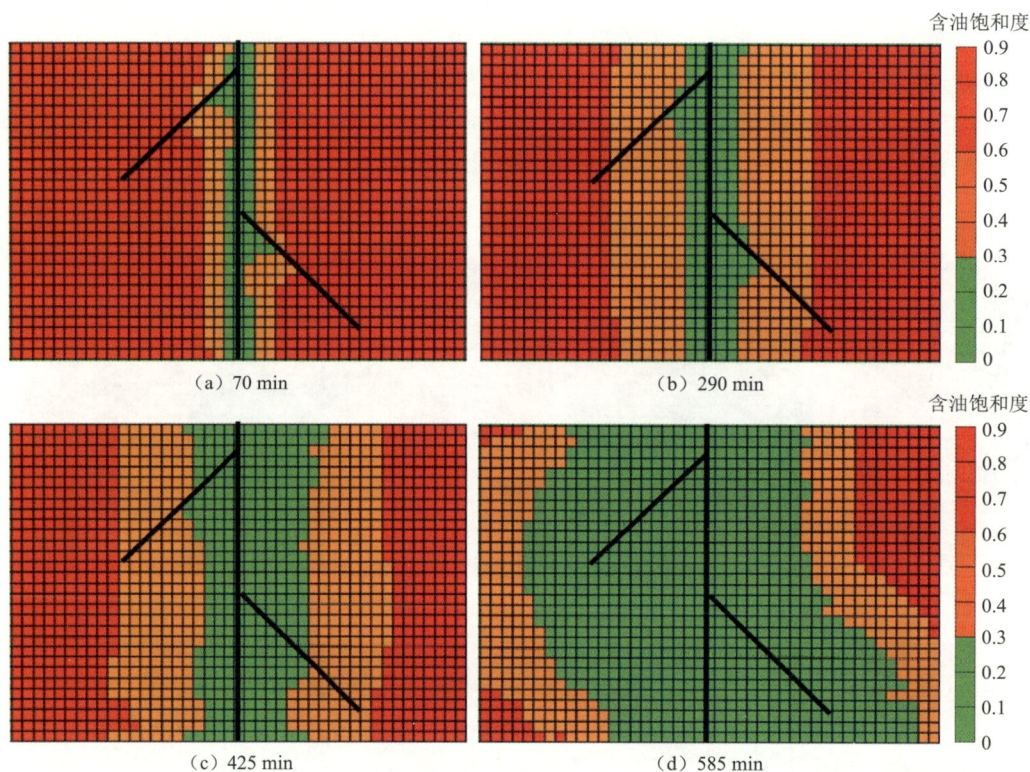

(a) 70 min   (b) 290 min

(c) 425 min   (d) 585 min

图 4-1-25　分支井注、水平井采 SAGD 井间含油饱和度分布

(4) 双分支井 SAGD 泄流特征。

图 4-1-26 所示为双分支井 SAGD 井间含油饱和度分布。可以发现,70 min 时,分支井与主井筒间逐渐开始实现热连通,分支作用明显,自分支井与主井筒的连接点开始,向井筒间辐射扩展,含油饱和度迅速降低;130 min 时,蒸汽腔的扩展以热连通为主;直到 230 min,蒸汽腔的横向扩展与热连通逐渐叠加,整体上含油饱和度场近似平行四边形,达到完全热连通,分支井与主井筒可视为大井径的双水平井继续扩展,越靠近分支端点,流体流动距离越小,蒸汽腔扩展越快,开发效果越好。

对于双分支井 SAGD,蒸汽腔前期主要以热连通的方式扩展,分支井与主井筒间的热连通速度快,效果好,在很短的时间内就可以达到完全热连通。分支注采井大大提高了前期的产油速率,缩短了开发时间,同时达到了非常好的动用效果。分支注采井结合了分支注入井和分支生产井的优势,增大了蒸汽腔的波及范围,缩短了流体流动距离。同时,双分支井 SAGD 既具有分支注入井对蒸汽腔的扩展作用,又具有分支生产井的牵引作用。双分支井 SAGD 的作用主要体现在开发早期和中期,开发效果最佳,其次为水平井注、分支井采 SAGD,分支井注、开发井采 SAGD 开发效果最差。

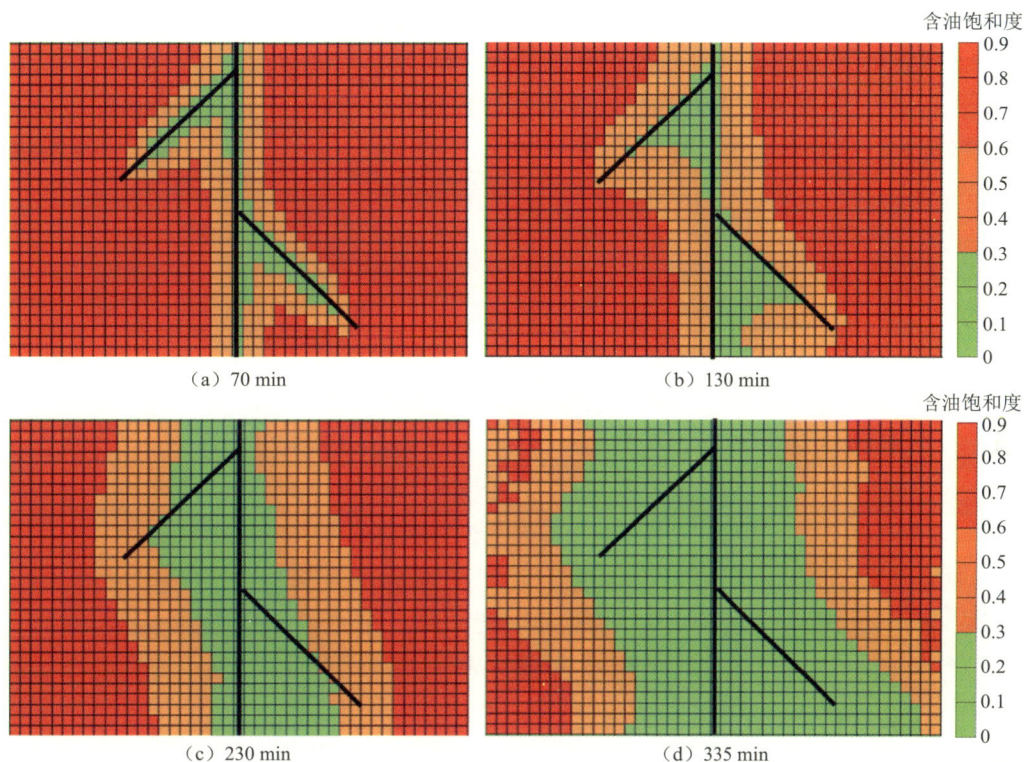

(a) 70 min   (b) 130 min

(c) 230 min   (d) 335 min

图 4-1-26 双分支井 SAGD 井间含油饱和度分布

4) 分支井筒参数的影响

(1) 分支长度的影响。

对于分支水平井,分支长度是影响开发效果的一个重要因素。利用双分支井 SAGD 数值反演模型建立不同分支长度扩展模型,模型中除分支长度外,其他参数均保持一致,设定分支数量为 2,分支角度为 45°,纵向上注入井和生产井的分支井筒位置正对,注入速度为 30 mL/min,选取分支长度分别为 5 cm,10 cm,15 cm,20 cm。图 4-1-27 所示为不同分支长度的模型示意图。

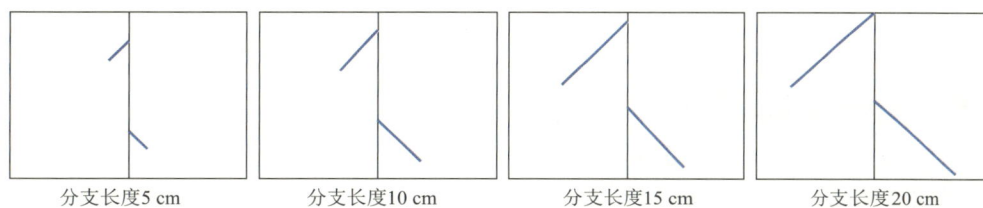

分支长度5 cm   分支长度10 cm   分支长度15 cm   分支长度20 cm

图 4-1-27 不同分支长度的模型示意图

图 4-1-28 和图 4-1-29 所示为不同分支长度下的 SAGD 模拟结果。可以看出,在相同模拟时间内,分支井筒长度越长,SAGD 早期的产油速率越大,采收率也越高。当分支长度小于 10 cm 时,随分支长度增加,采收率增加,瞬时汽油比达到 10 所需的时间延长,分支长度的影响较大;当分支长度大于 10 cm 时,油藏采收率和瞬时汽油比相差不大,瞬时汽油比达到 10 所需的时间能在一定程度上反映横向扩展期情况。随着分支长度的增加,分支长度对 SAGD 开发效果的影响逐渐减弱,过长的分支会导致流体的流动距离过长,造成较大的产量损失,可见分支井筒的长度并不是越长越好。同时,分支长度的增加也提高了油田现场的施工难度和成本。综合考虑,推荐分支长度控制在 10~15 cm,对应实际现场为 33~50 m。

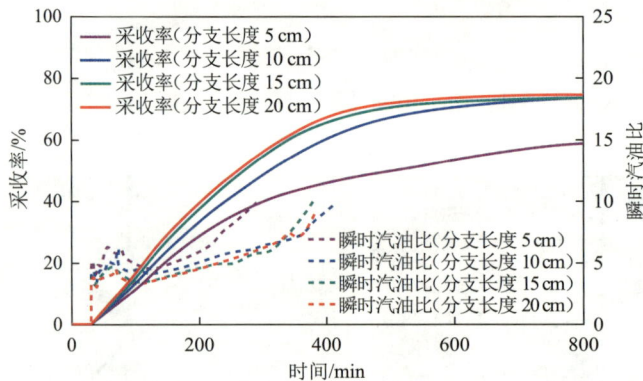

图 4-1-28　不同分支长度下的生产动态曲线

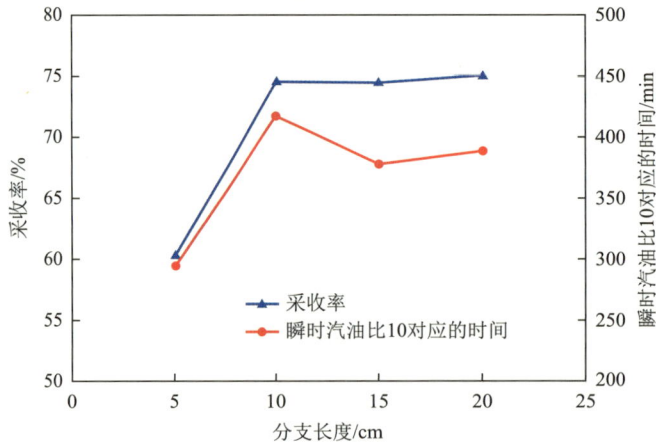

图 4-1-29　分支长度的影响

（2）分支数量的影响。

对于分支水平井,油田现场倾向于通过增加分支数量来提高泄油面积,进而提高增产效果。利用双分支井 SAGD 数值反演模型建立不同分支数量扩展模型,模型中除分支数量外,其他参数均保持一致,设定分支长度为 15 cm,分支角度为 45°,纵向上注入井和生产井的分支井筒位置正对,注入速度为 30 mL/min,选取分支数量分别为 1,2,3,4。图 4-1-30 所示为不同分支数量的模型示意图。

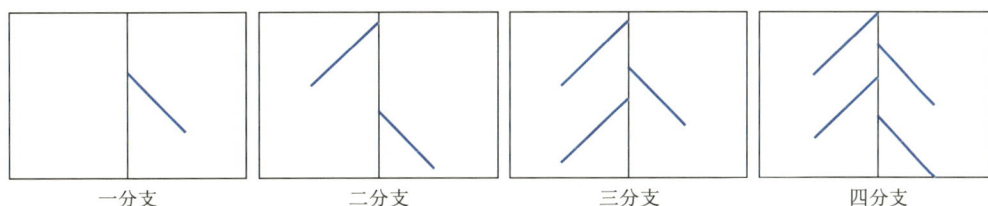

一分支　　　　　二分支　　　　　三分支　　　　　四分支

图 4-1-30　不同分支数量的模型示意图

图 4-1-31 和图 4-1-32 所示为不同分支数量下的 SAGD 模拟结果。可以看出,在相同模拟时间内,分支数量越多,SAGD 早期的产油速率越大,采收率越高。油藏的采收率随着分支数量的增加而增加,但增加的幅度越来越小,这表明分支的作用在逐渐减弱。整体上看,分支数量为 1 时的瞬时汽油比稍高,且不同分支数量模拟方案的瞬时汽油比达到 10 所需的时间相差不大,横向扩展期持续时间接近,说明分支数量对横向扩展期影响很小。这主要是由于不同分支数量下的等效排距一致,蒸汽腔横向扩展距离相同。分支数量超过 3 个后,曲线变化不大,开发效果相近,此时分支数量的影响可以忽略。随着分支数量的增加,分支数量对 SAGD 开发效果的影响逐渐减弱,并且分支数量的影响没有分支长度的影响显著。同时,分支数量的增加也增加了油田现场的工作量和成本。综合考虑,推荐分支数量为 3。

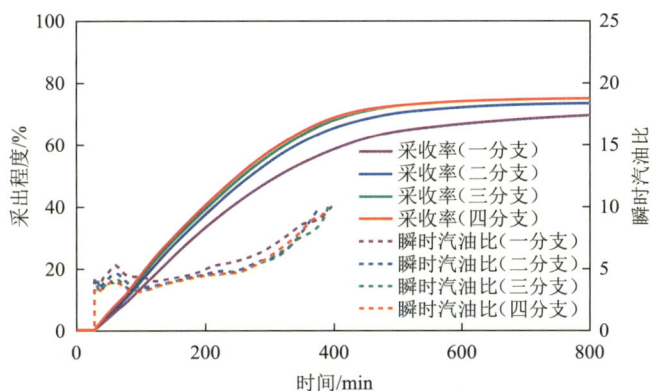

图 4-1-31　不同分支数量的下生产动态曲线

(3) 分支角度的影响。

对于多分支水平井,分支角度也是一个影响开发效果的重要因素。利用双分支井 SAGD 数值反演模型建立不同分支角度扩展模型,模型中除分支角度外,其他参数均保持一致,设定分支长度为 15 cm,分支数量为 2,纵向上注入井和生产井的分支井筒位置正对,注入速度为 30 mL/min,选取分支角度分别为 30°,45°,60°,90°。图 4-1-33 所示为不同分支角度的模型示意图。

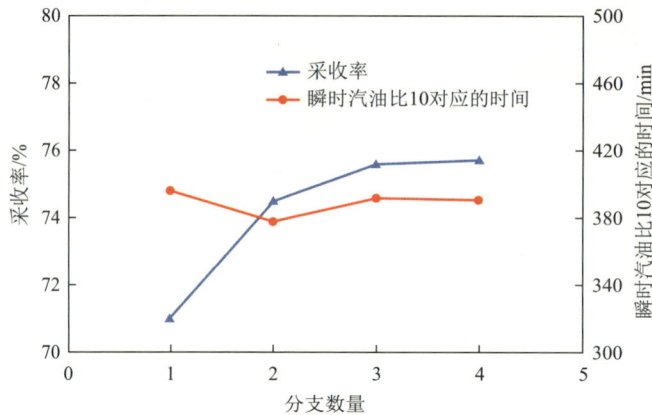

图 4-1-32　分支数量的影响

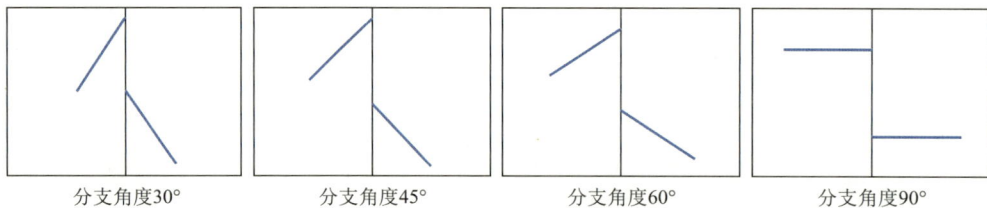

图 4-1-33　不同分支角度的模型示意图

　　图 4-1-34 和图 4-1-35 所示为不同分支角度下的 SAGD 模拟结果。可以看出,对于双分支井 SAGD,采出程度和瞬时汽油比的曲线都非常接近,尤其是当分支角度大于 45°时,动态曲线几乎完全重合。当分支井筒与主井筒的夹角发生变化时,油藏的最终采收率变化不大。当分支角度低于 45°时,瞬时汽油比达到 10 所需的时间稍长,横向扩展期持续时间稍长,这是因为当夹角较小时,等效排距较大,蒸汽腔横向扩展距离较大,同时分支井筒与主井筒间存在干扰现象,进而导致早期产油速率较低;当分支角度高于 45°时,瞬时汽油比达到 10 所需的时间几乎相同,这是因为随着分支角度的增大,控制面积增加,分支井筒与主井筒间的干扰减小;当分支角度为 45°时,分支井筒与主井筒间的干扰微乎其微,所以分支角度以 45°为临界值。总体来说,分支角度的影响没有分支长度和分支数量的影响显著,并且分支角度越大对于钻井技术的要求越高。

　　(4) 分支相对位置的影响。

　　同样地,利用双分支井 SAGD 数值反演模型建立不同分支相对位置扩展模型,相对位置指的是分支注入井与分支生产井的分支井筒上下正对、交错、交替 3 种布井方式。图 4-1-36 为不同分支位置的模型示意图,其中蓝色为分支注入井,红色为分支生产井。3 个模型除分支相对位置外,其他参数均保持一致,设定分支长度为 15 cm,分支数量为 2,分支角度为 45°,注入速度为 30 mL/min。

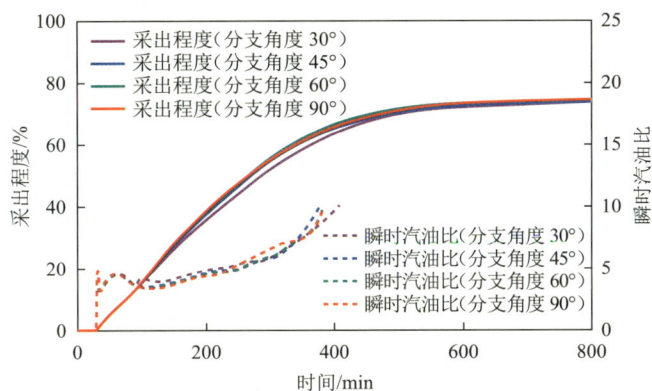

图 4-1-34　不同分支角度下生产动态曲线

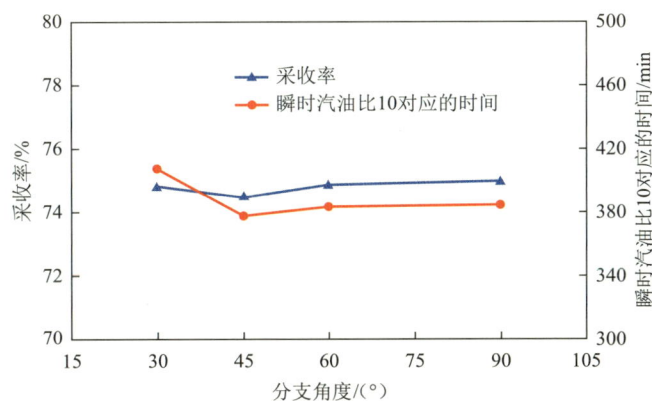

图 4-1-35　分支角度的影响

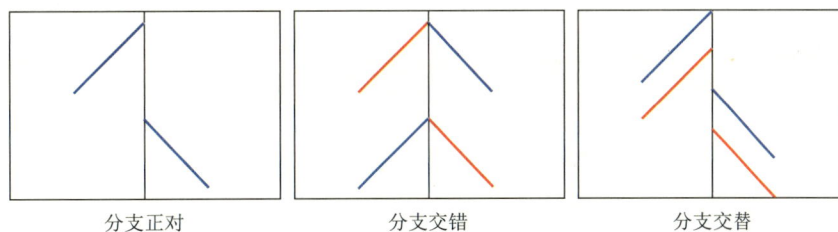

图 4-1-36　不同分支位置的模型示意图

　　图 4-1-37 所示为不同分支位置下的 SAGD 模拟结果。可以发现,分支正对、交错、交替 3 种不同的相对位置对于采收率影响不大。在 400 min 之前,分支正对的产油量高于分支交错和分支交替,早期产油速率高,这是因为分支注入井与分支生产井正对时流体流动距离小,泄油速度大,且分支交错和分支交替的采出程度和瞬时汽油比曲线几乎一致;400 min 以后,分支交错的产油速率超过分支交替。分支正对的瞬时汽油比达到 10 所需的时间最短,分支交错最长,分支交替介于二者之间;3 种分支位置下,分支正对达到相同采收率所

需时间最短,表明分支正对的开发效果最佳。

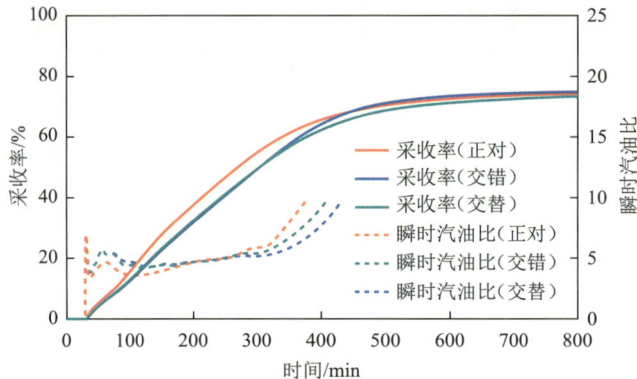

图 4-1-37 不同分支位置下的生产动态曲线

为进一步对不同分支位置的影响进行研究,将分支井间的温度场发育特征进行对比,如图 4-1-38 所示,图中黑色为主井筒,蓝色为分支注入井,绿色为分支生产井。可以发现,此时蒸汽腔均已扩展到油层边界,当分支注入井和分支生产井正对时,注采井间温度明显更高,波及范围更广,分支作用从温度场形状上得到体现。分支交错和分支交替相比,温度和波及范围较接近,区别在于分支交替的温度场形状更能体现分支井的作用。综上,从分支位置的影响大小来说,分支正对＞分支交替＞分支交错,同样,流体流动距离也按此顺序依次增大,可以说分支位置的影响就是流体流动距离的影响。

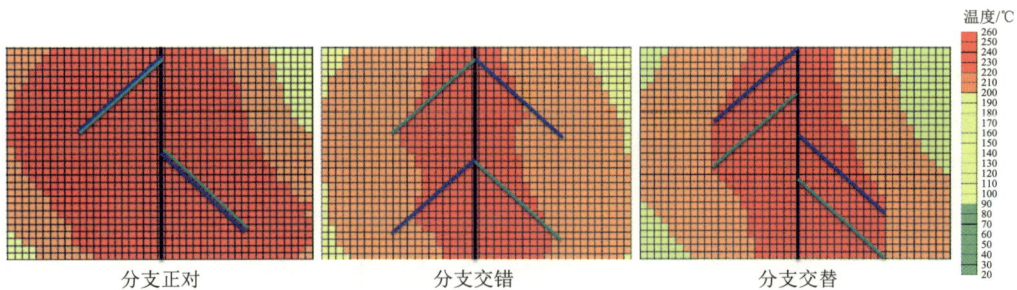

图 4-1-38 400 min 时不同分支位置的井间温度场发育特征

4.2 隔层遮挡型立体井网 SAGD

有一种典型的稠油资源是在油藏上部发育不渗透性或渗透性的隔层。稠油油藏中发育不渗透性隔层会导致在 SAGD 开发过程中蒸汽腔难以越过隔层动用顶部原油,使得油藏顶部存在大量的未动用储量;稠油油藏中发育渗透性隔层时,由于隔层渗透率较低,也会对正常的 SAGD 过程产生较大影响。尽管隔层的存在影响了正常的流体流动,但下部的 SAGD 高温蒸汽腔也会在导热的作用下对隔层及隔层上部的油层进行有效加热,从而改善顶部未动用原油的流动性。为此,在有效利用这部分热量的基础上,笔者提出一种综合发挥 SAGD 和常规热采方式的技术,即隔层遮挡型立体井网 SAGD。

4.2.1　隔层遮挡型立体井网 SAGD 技术原理

当油藏内部发育不渗透性隔层时,即意味着隔层的上部与下部具有两套水动力系统,二者互不影响。在 SAGD 开发过程中,下部的高温蒸汽难以穿过隔层进入上部油层,而上部的流体也难以穿过隔层流向下部。尽管流体难以穿过,但当下部 SAGD 开发的蒸汽腔接触隔层时,在导热的影响下,上部油层的温度逐渐升高,即上部油层内的原油流动性会逐渐得到改善,如图 4-2-1 所示。

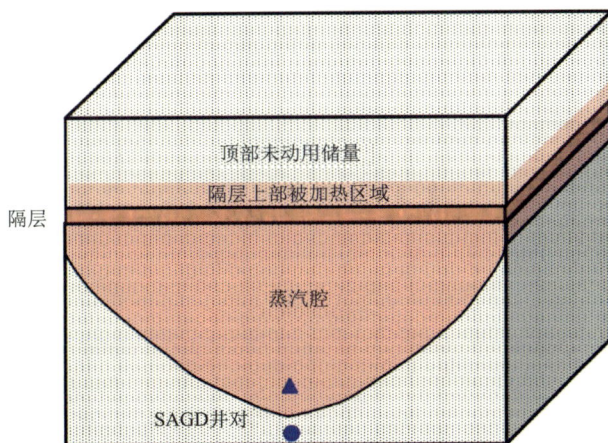

图 4-2-1　稠油油藏 SAGD 开发顶部未动用储量示意图

在有效利用下部蒸汽腔导热量的基础上,可考虑在上部油层重新布置一口或多口水平井或定向井,采用常规注蒸汽热采方式(如蒸汽吞吐、蒸汽驱)开发,以实现对油层顶部未动用储量的有效开发。在下部蒸汽腔导热的作用下,油层顶部温度已高于原始地层温度,从而顶部油层中的原油已具有一定流动性。因此,对于顶部重新布置的生产井,若采用蒸汽吞吐开发,则注入少量蒸汽就可获得较好的开发效果。但从经济角度考虑,顶部加密井热采所产生增油量的净现值需高于额外钻井、蒸汽等操作过程所带来的成本。

4.2.2　不渗透性隔层遮挡型立体井网 SAGD 相似比例物理模拟

1) 相似比例物理模拟实验设计

基于真实稠油油藏的隔层分布模式及油层构造特征,隔层上方的油层往往较薄(10 m 左右),因此一般不适合重新布置一个 SAGD 水平井对。基于此,考虑重新设置一口水平井,采取蒸汽吞吐的方式来辅助 SAGD 开发,而隔层下部的优质厚层稠油油层仍然采取常规 SAGD 方式开发,下部油层的 SAGD 开发相似比例物理模拟实验参数可直接采用第 3

章的相似参数设计方法设计。对于顶部加密水平井,选择 SAGD 蒸汽腔横向扩展阶段结束作为其开始蒸汽吞吐生产的时机,此时隔层上方油层已被充分加热。根据相似比例准则转换得到隔层上部加密吞吐井的参数,见表 4-2-1。

表 4-2-1　隔层上部加密吞吐井的参数设计表

参数名称	油藏原型	实验模型
吞吐井距油层底部距离/m(cm)	32	12.8
顶部油层厚度/m(cm)	10	4
隔层厚度/m(cm)	2.5	1
下部油层厚度/m(cm)	30	12
采注比	1.2	1.2
周期注入量/t(cm³)	1 000	20
周期数	5	5

结合相似实验需要,为更直观、准确地观察实验过程中油层内温度场的演化规律及 SAGD 蒸汽腔扩展规律,SAGD 隔层水平井蒸汽吞吐实验选取剖面的温度测点位置分布如图 4-2-2 所示。

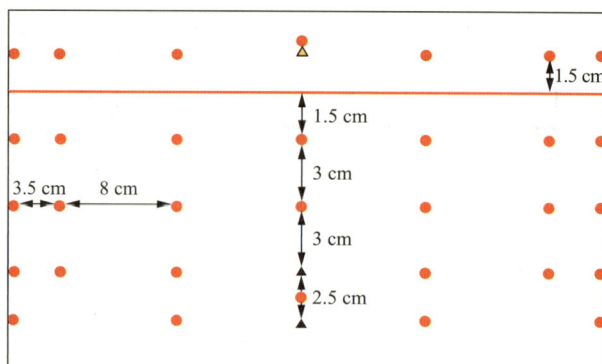

图 4-2-2　温度测点位置分布

2)实验结果

(1)隔层下部优质稠油油层的正常 SAGD 开发。

下部油层采用正常的 SAGD 开发,实验过程中,下部油层累积饱和油量 5 712 mL,累积产油量 4 087 mL,计算可得下部油层的采收率约 71.55%。图 4-2-3 所示为隔层下部优质稠油油层 SAGD 过程不同时刻下的温度场发育特征,图 4-2-4 所示为隔层下部 SAGD 井对的生产动态曲线。根据实验结果,将 SAGD 隔层水平井蒸汽吞吐实验的生产过程划分为 3 个阶段:产油速率上升阶段、稳产期、蒸汽吞吐阶段。对应 SAGD 蒸汽腔剖面的 3 个扩展阶段,即蒸汽腔向上扩展阶段、蒸汽腔横向扩展阶段、蒸汽腔向下扩展阶段。可以发现,待下部油层的 SAGD 蒸汽腔扩展至油藏边界时,隔层上方温度基本超过 100 ℃,此时上方加密的水平井可开始蒸汽吞吐生产。

① 蒸汽腔向上扩展阶段。

预热阶段结束后,开井瞬间产油速率出现一个峰值,之后迅速降低,蒸汽腔小范围向上发育,产油速率逐渐增加;约 240 min 时,产油速率和瞬时汽油比开始稳定,此时蒸汽腔已到达隔层。该阶段瞬时汽油比在 4.6 左右,采出程度约 20%。

② 蒸汽腔横向扩展阶段。

蒸汽腔向上扩展至隔层后,沿隔层继续横向发育并逐步到达油层边界,约 500 min 时,蒸汽腔横向扩展阶段结束。该阶段产油速率和瞬时汽油比先保持稳定,之后产油速率略有下降,瞬时汽油比缓慢升高,对应蒸汽腔到达油层边界。该阶段瞬时汽油比在 4.1 左右,采出程度从 20% 上升到 37%,提高了约 17%。

③ 蒸汽腔向下扩展阶段。

SAGD 正常生产 500 min,蒸汽腔到达边界后开始向下扩展,该阶段隔层上方水平井开始进行蒸汽吞吐。吞吐井生产后,下部油层的产油速率和瞬时油汽比先有所上升,之后开始下降;随上部吞吐井吞吐轮次的转换,产油速率交替出现增加和下降过程。该阶段吞吐井含水率持续增加,从较低水平增加至 64%,瞬时汽油比相对稳定。

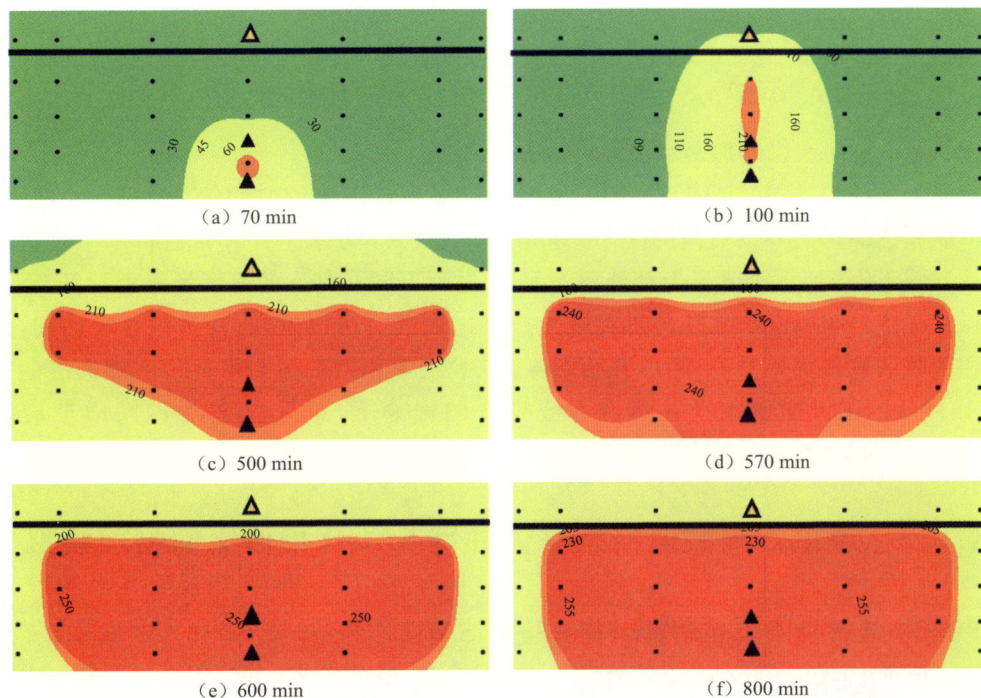

图 4-2-3　隔层下部优质稠油油层 SAGD 过程不同时刻下的温度场发育特征(单位:℃)

（a）产油速率及含水率

（b）瞬时汽油比及采收率

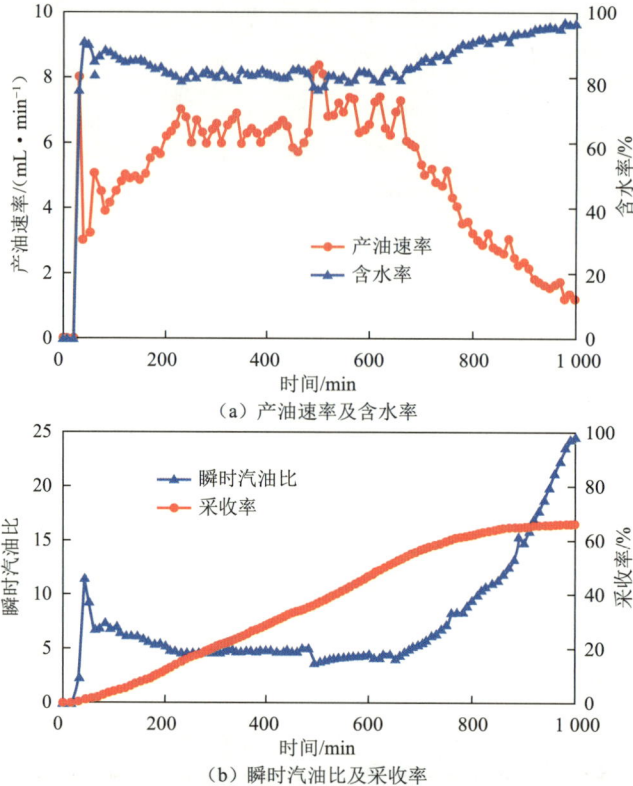

图 4-2-4　隔层下部 SAGD 井对的生产动态曲线

（2）隔层上部油层的加密水平井蒸汽吞吐开发。

对于下部油层的 SAGD 开发，蒸汽腔向上扩展到达隔层的时间约为 240 min，蒸汽腔横向扩展到达油层边界的时间约为 500 min，此时隔层上方水平井开始进行 5 个轮次的蒸汽吞吐。图 4-2-5 所示为隔层上部油层 SAGD 过程不同时刻下的温度场发育特征，图 4-2-6 所示为隔层上部加密水平井蒸汽吞吐生产动态曲线。可以发现，在蒸汽吞吐初期，产油速率和瞬时油汽比大幅升高，随后开始下降。5 轮次累积产油量 851 mL，上部油层的采收率为 44.7%。在该加密水平井蒸汽吞吐生产的影响下，总采收率由 37% 增至最终的 64%，提高了约 27%。

4.2.3　渗透性隔层遮挡型立体井网 SAGD 相似比例物理模拟

1）低渗透性隔层上部加密调整井辅助 SAGD

（1）相似比例物理模拟实验设计。

针对稠油油藏顶部发育低渗透性隔层的情况，可在隔层上部设置一口水平生产井，利用 SAGD 的蒸汽上窜以及加热作用来辅助开发顶部的未动用储量。结合相似比例准则，计算得到低渗透性隔层上部加密调整井参数，见表 4-2-2。相似模型内部的温度测点分布采用与不渗透性隔层实验方案相同的设置，如图 4-2-2 所示。

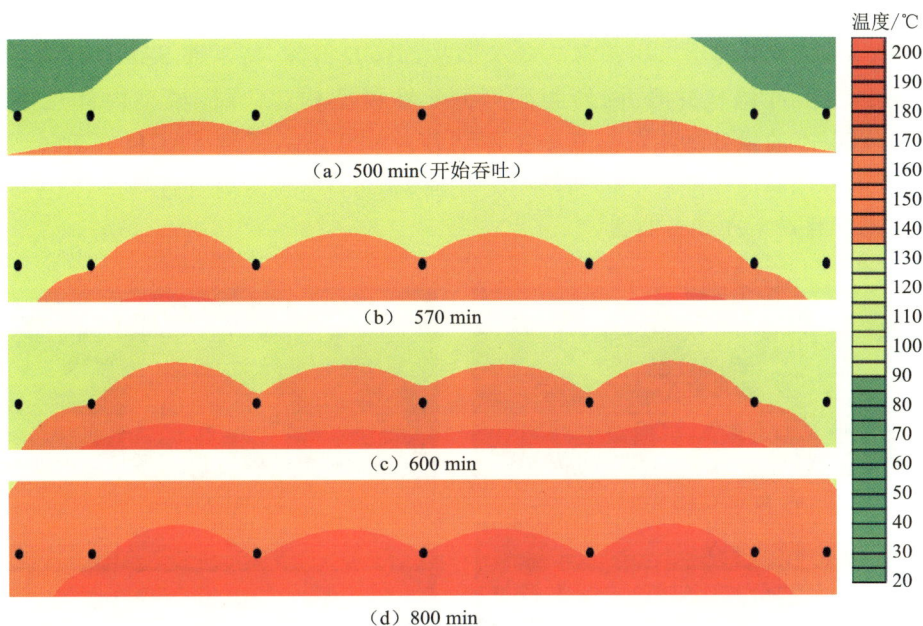

图 4-2-5　隔层上部油层 SAGD 过程不同时刻下的温度场发育特征

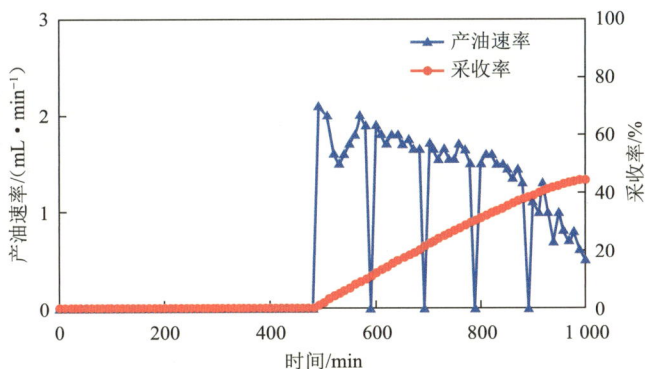

图 4-2-6　隔层上部加密水平井蒸汽吞吐生产动态曲线

表 4-2-2　低渗透性隔层上部加密调整井的参数设计表

参数名称	油藏原型	实验模型
上部调整井距油层底部距离/m(cm)	32	12.8
上部油层厚度/m(cm)	10	4
下部油层厚度/m(cm)	30	12
隔层厚度/m(cm)	2.5	1
采注比	1.2	1.2
隔层渗透率/(10^{-3} μm^2)	50	500

（2）实验结果。

实验过程中，下部油层采用正常的双水平井 SAGD 开发，待下部 SAGD 井对的蒸汽腔扩展至隔层后，上部调整井开井，转为生产井。在模型构建阶段，模型内部总饱和油量 7 616 mL，累积产油量 5 029 mL，其中上部调整井 920 mL，下部 SAGD 井对 4 109 mL。图 4-2-7 所示为低渗透性隔层上部加密调整井辅助 SAGD 温度场发育特征，图 4-2-8 所示为下部 SAGD 井对生产动态曲线。

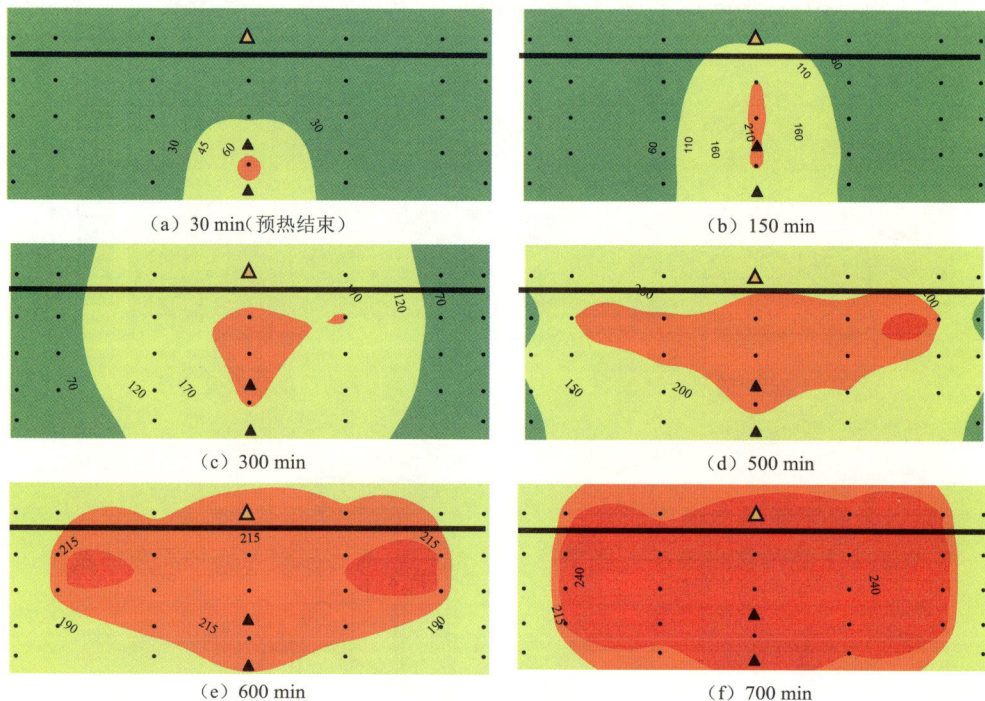

（a）30 min（预热结束）   （b）150 min

（c）300 min   （d）500 min

（e）600 min   （f）700 min

图 4-2-7　低渗透性隔层上部加密调整井辅助 SAGD 温度场发育特征（单位：℃）

① 蒸汽腔向上扩展阶段。

预热阶段结束后，开井瞬间产油速率出现一个峰值，之后迅速降低；约 190 min 时，调整井有少量原油采出（图 4-2-8a），这主要是由于此时下部 SAGD 的蒸汽腔扩展至隔层，在导热的作用下顶部油层热膨胀引起的。该阶段的产油速率呈上升趋势，约 260 min 时进入 SAGD 横向扩展期，此时采出程度约 19%。

② 蒸汽腔横向扩展阶段。

蒸汽腔向上扩展至隔层后，沿隔层横向发育并逐步到达油层边界。该阶段产油速率和瞬时汽油比先保持稳定，之后产油速率略有下降，瞬时汽油比缓慢升高；至约 640 min 时，上部调整井产油速率升高，并随着隔层上方压力的降低而降低。该阶段采出程度由 19% 增至 49.7%。

③ 蒸汽腔向下扩展阶段。

SAGD 正常生产 720 min 后，蒸汽腔到达边界后开始向下扩展。该阶段 SAGD 生产

（a）产油速率及含水率

（b）瞬时汽油比及采出率

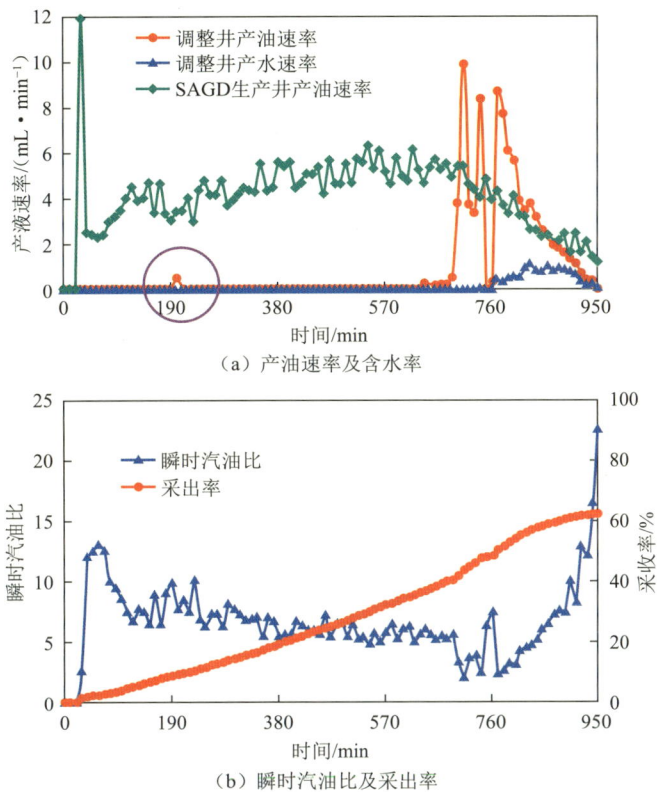

图 4-2-8　下部 SAGD 井对生产动态曲线

井产油速率从最高的 5.5 mL/min 降至 1.9 mL/min，调整井产油速率从 0 上升到约 10 mL/min 后再下降到 0。该阶段采出程度由 49.7% 增至 65%，提高了 15.3%。

　　上部调整井附近温度升至约 90 ℃后开井，前期几乎没有原油采出，此时隔层上下难以产生压差，下方蒸汽腔难以突破隔层；600 min 左右时，温度升高到 200 ℃以上，调整井开始产油，随着上方压力降低，调整井产油速率降低，此时下方蒸汽腔突破隔层，给隔层上方补充能量，调整井产油速率随之升高，并伴随水产出；由于注入井工作制度保持不变，随着两口生产井开采的进行，油藏压力逐渐减小，调整井产油速率降低。

　　2）低渗透性隔层直井蒸汽驱辅助 SAGD

　　（1）相似比例物理模拟实验设计。

　　当储层内的低渗透性隔层位于油层中间位置时，隔层上部和下部的厚度均较小。对于这类薄层油藏，笔者提出采用直井蒸汽驱辅助 SAGD 的开发方式，井网布置如图 4-2-9 所示。对于含有大范围低渗透性隔层的薄层稠油油藏，该方式具有一定的潜力。

　　同样地，根据相似比例准则计算得到低渗透性隔层直井蒸汽驱辅助 SAGD 方式的物理模拟参数，见表 4-2-3。

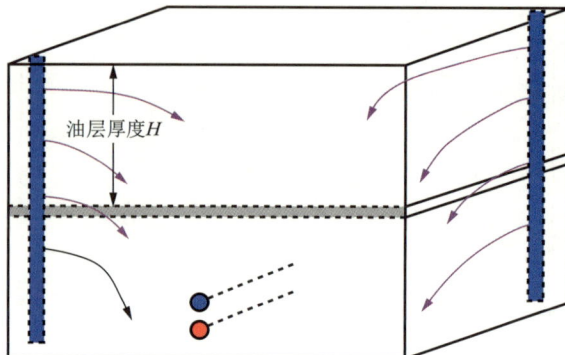

图 4-2-9　直井蒸汽驱辅助 SAGD 示意图

表 4-2-3　低渗透性隔层直井蒸汽驱辅助 SAGD 实验的参数设计表

参数名称	油藏原型	实验模型
直井井距/m(cm)	100	40
上部厚度/m(cm)	15	6
下部厚度/m(cm)	15	6
注汽速度/(t·d⁻¹)[(mL·min⁻¹)]	180	18
生产井井底流压/MPa	2.2	2.2
采注比	1.16	1.16
隔层渗透率/($10^{-3} \mu m^2$)	50	500
直井注汽时间/min	350	350

　　由于该方案的目的油藏为薄层油藏,且涉及直井注汽,为了更直观地了解模型内部温度变化和蒸汽腔扩展规律,选取 3 个模型剖面绘制温度场图,模型内部温度测点位置分布如图 4-2-10 所示。

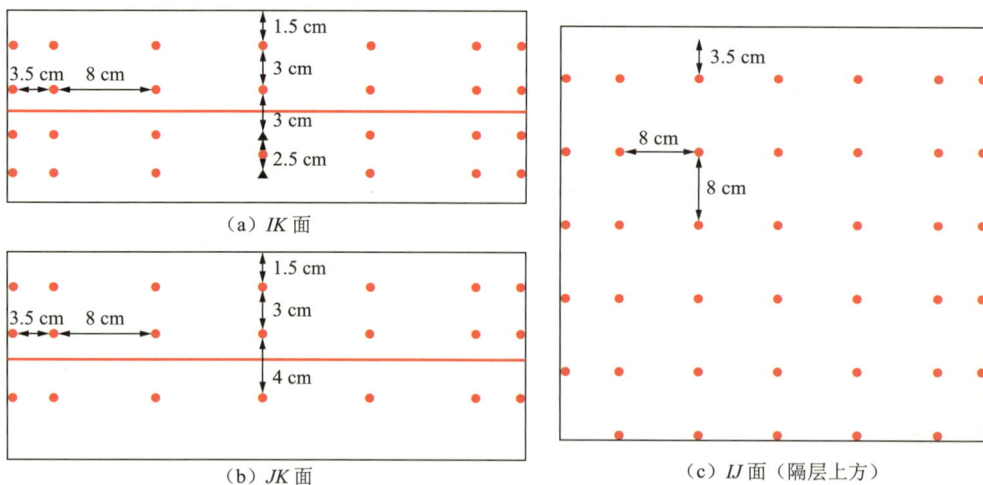

（a）IK 面

（b）JK 面

（c）IJ 面（隔层上方）

图 4-2-10　模型内部温度测点位置分布

（2）实验结果。

实验过程中,下部油层采用正常的双水平井 SAGD 开发,待下部 SAGD 井对的蒸汽腔扩展至油层边界后,打开隔层上部的两口直井,将其转为注汽井,下部 SAGD 井对中的注汽井关闭。在模型构建阶段,模型内部总饱和油量 5 778 mL,累积产油量 3 779 mL,采收率约为 65.4％。图 4-2-11 所示为低渗透性隔层上部直井蒸汽驱辅助 SAGD 温度场发育特征,图 4-2-12 所示为下部 SAGD 井对生产动态曲线。

① 正常的 SAGD 开采阶段。

由于油层较薄,预热阶段结束后,产油速率和瞬时汽油比很快达到稳定,主要体现在预热后蒸汽腔很快到达隔层;随后蒸汽腔沿着隔层继续横向发育,约 350 min 时到达模型边界。该阶段的瞬时汽油比在 5.5 左右,采出程度为 17.4％。

② 蒸汽驱辅助 SAGD 开采阶段。

蒸汽腔到达边界后,下部 SAGD 井对的注汽井关闭,渗透性隔层上部交错分布的直井开始注汽,此时产油速率瞬间降为 0。随着直井注汽,附近的地层被加热,使得产油速率迅速升高到 9.5 mL/min,之后逐渐下降;注入的蒸汽穿过隔层进入下部蒸汽腔,产油速率稳定在 4 mL/min 左右,瞬时汽油比为 5.2;稳定生产 700 min 左右后,两口直井形成的蒸汽腔连通。该阶段采出程度由 17.4％增至 52.4％,提高了 35％。

③ 衰竭阶段。

两口直井形成的蒸汽腔连通后,产油速率逐渐降低,进入衰竭阶段。该阶段产油速率降至 3 mL/min,含水率和瞬时汽油比上升,采出程度由 52.4％增至 65.4％,提高了 13％。

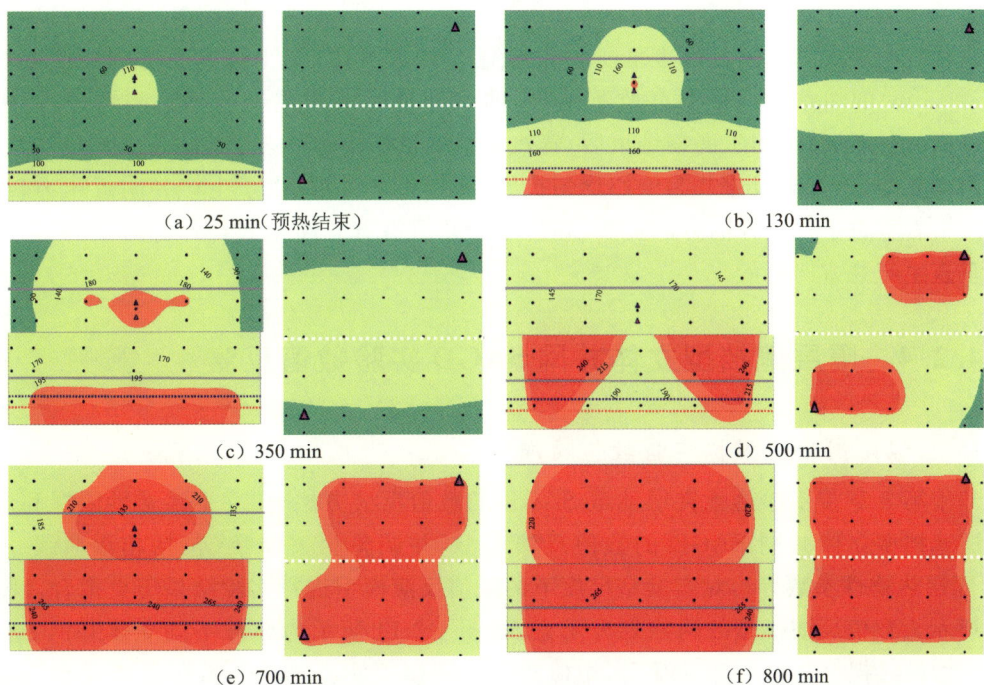

（a）25 min（预热结束）　　　　　　　　　（b）130 min

（c）350 min　　　　　　　　　（d）500 min

（e）700 min　　　　　　　　　（f）800 min

图 4-2-11　低渗透性隔层上部直井蒸汽驱辅助 SAGD 温度场发育特征（单位:℃）

（a）产油速率及含水率

（b）瞬时汽油比及采收率

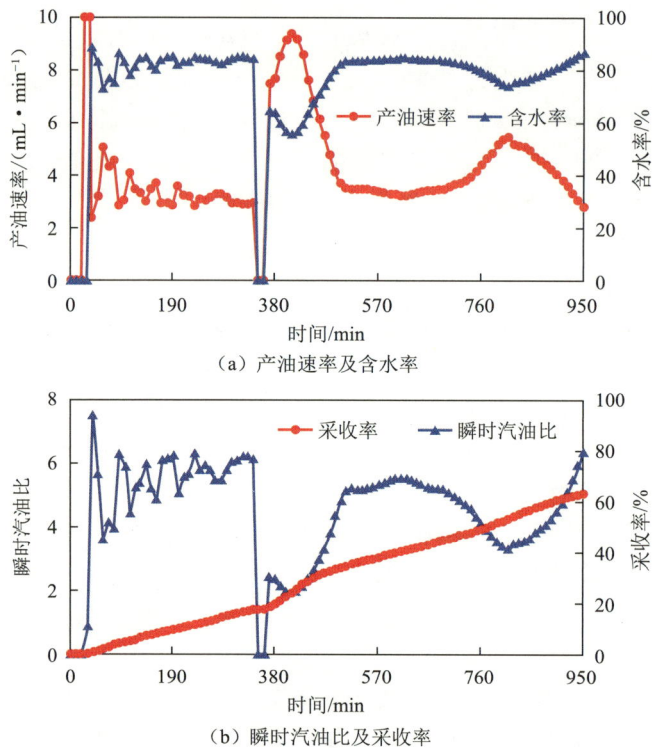

图 4-2-12　下部 SAGD 井对实验生产动态曲线

这种生产模式的对象是厚度低于正常 SAGD 厚度界限（如上部和下部油层厚度均横向扩展 15 m）的油藏。根据温度监测结果，油藏开采后蒸汽腔迅速到达隔层，从而进入 SAGD 横向扩展期；横向扩展期结束后，蒸汽腔扩展至油层边界，此时关闭 SAGD 注汽井，打开两口直井，蒸汽腔以直井为中心均匀扩展；靠近生产井后，由于生产井附近压力较低，蒸汽腔沿着垂直于生产井的方向扩展，到达生产井后沿着井筒扩展，两个蒸汽腔汇合后继续沿垂直生产井方向扩展。

4.2.4　隔层遮挡型立体井网 SAGD 实验数值反演

1）相似比例物理模拟实验数值反演

基于第 3 章带不渗透性夹层油藏 SAGD 的数值反演方法，建立不渗透性隔层和渗透性隔层遮挡型立体井网 SAGD 的数值反演模型，并调整相关参数（包括相渗曲线、subcool、隔层热物性参数等），对实验室尺度下的数值反演模型进行实验结果历史拟合。图 4-2-13 所示为数值反演模型的网格划分示意图，图 4-2-14 所示为 3 种不同立体井网 SAGD 模式下的最终拟合结果。可以看出，相似比例物理模拟实验结果与数值反演模型拟合一致性较好，数值反演模型的模拟结果可以代表真实的相似比例物理模拟实验结果。

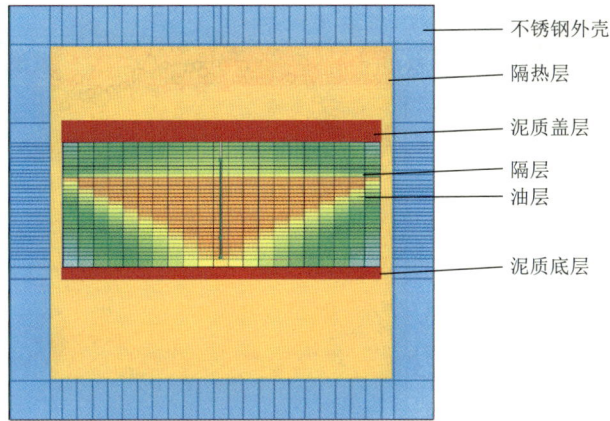

图 4-2-13　SAGD 隔层实验网格划分示意图

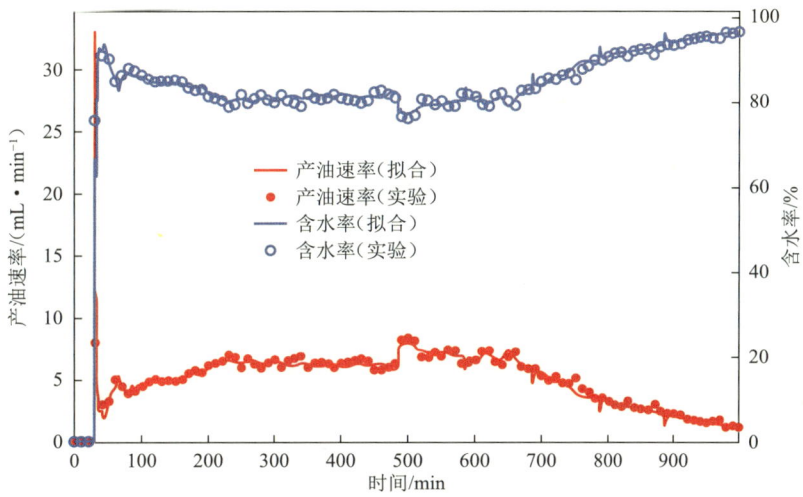

（a）不渗透性隔层加密水平井蒸汽吞吐SAGD

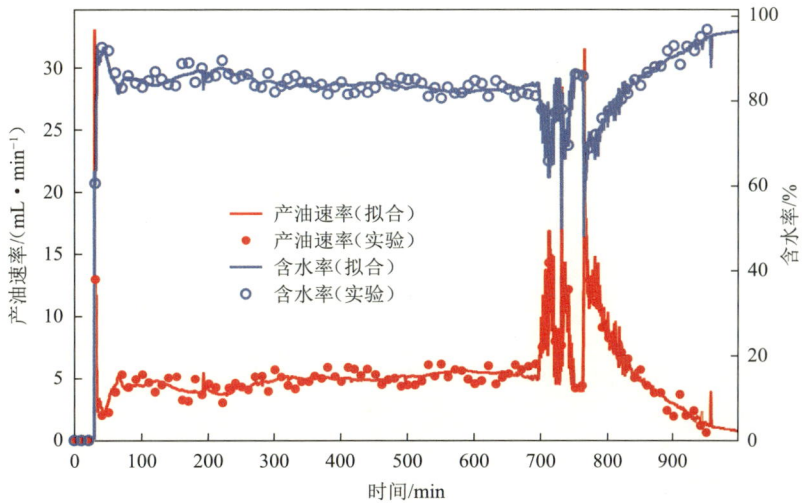

（b）渗透性隔层上部加密调整井辅助SAGD

图 4-2-14　隔层遮挡型立体井网 SAGD 相似比例物理模拟实验结果拟合

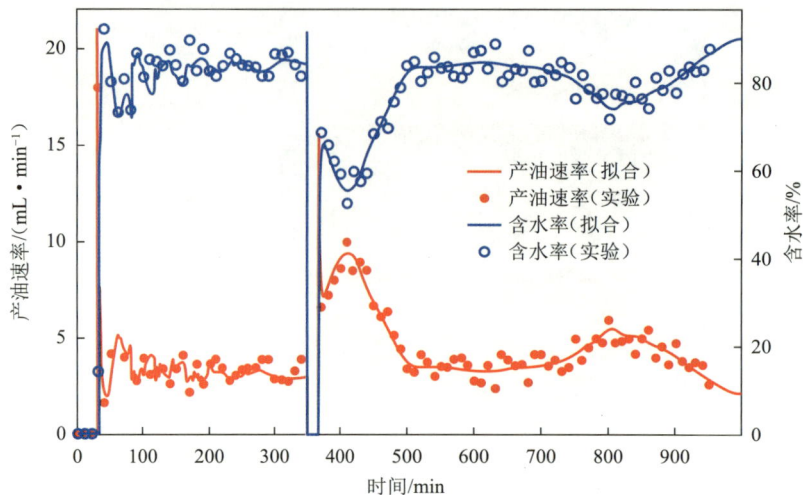

（c）渗透性隔层直井蒸汽驱辅助SAGD

图 4-2-14(续)　隔层遮挡型立体井网 SAGD 相似比例物理模拟实验结果拟合

2）不同井型的立体井网模式研究

（1）隔层上部油层的加密直井蒸汽吞吐模式。

采用上述拟合后的数值反演模型,将隔层上部的加密水平井替换为加密直井,并采用与加密水平井相同的参数（包括注汽速度、产液速率等）设置,在同一时机下,进行 5 轮次的蒸汽吞吐,模拟结果如图 4-2-15 所示。可以看出,直井吞吐的产油速率呈先降低后上升的趋势,最终隔层上部的采收率为 32.6％,与加密水平井蒸汽吞吐方式相比,降低了 12.1％。这主要是由于在采用相同的注采参数条件下,直井与油层的接触面积小,加热范围有限,泄油半径较小,因此加密直井蒸汽吞吐模式不适合薄层稠油油藏开发。

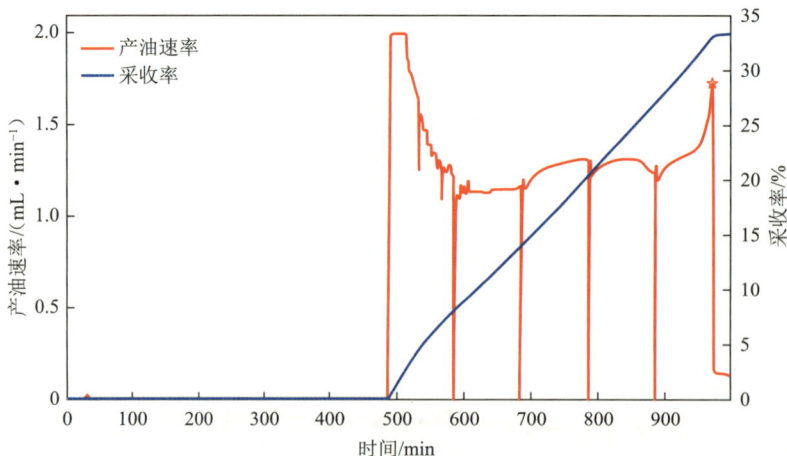

图 4-2-15　隔层上部加密直井蒸汽吞吐数值反演实验结果

（2）隔层上部油层双直井蒸汽驱模式。

考虑到单直井蒸汽吞吐开发的效果较差,改为在隔层上部油层的对角线位置布置两口直井,采用蒸汽驱方式开发。为与加密水平井吞吐方式的开发效果进行对比,同样在下部油藏 SAGD 开发的蒸汽腔到达油层边界(500 min)时开始转驱,模拟结果如图 4-2-16 所示。可以看出,在该开发模式下,上部油层的采收率约为 53.4%,较加密水平井蒸汽吞吐模式提高了 8.7%,动用效果显著。

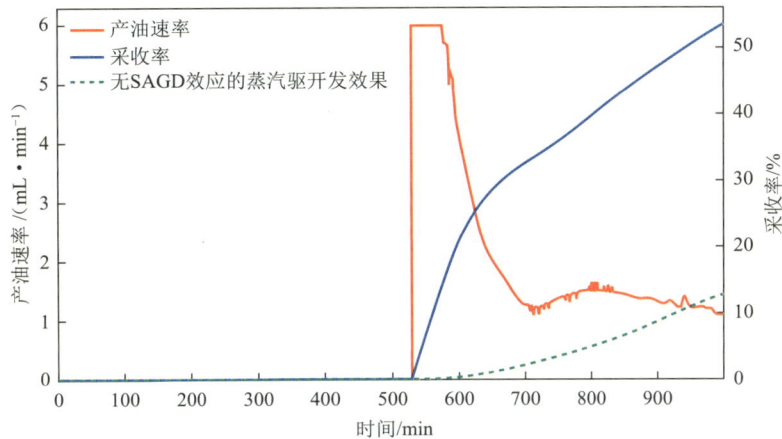

图 4-2-16 隔层上部双直井蒸汽驱数值反演实验结果

3) 渗流屏障不连续程度研究

实际稠油油藏内分布的隔层往往存在发育程度不连续的属性,为此在不改变其他参数设置的基础上,通过改变隔层中具有渗透性的层段比例(以下称漏点比例)来有效模拟这种情况。另外,调整漏点比例和漏点渗透率即可获得不同漏点比例和渗透率条件下的SAGD 开发界限图版。

利用上述数值反演模型,分别设置 10%,50%,100% 的漏点比例,渗透性层段与水平井对的关系如图 4-2-17 所示。图 4-2-18 所示为稠油油藏 SAGD 采收率与漏点比例、渗透率的关系。可以看出,当漏点比例一定时,采收率与漏点渗透率成正比,当漏点渗透率小于一定数值时,漏点渗透率的变化对采收率的影响不大;当漏点渗透率大于某一数值后,采收率趋于稳定。而当漏点渗透率相同时,随漏点比例的增大,采收率逐渐增大;当漏点渗透率大于一定数值后,采收率与漏点比例无关。当漏点比例为 10% 时,临界漏点渗透率取值为 $100 \times 10^{-3} \ \mu m^2$,当漏点比例为 50%,100% 时,临界渗透率取值分别为 $200 \times 10^{-3} \ \mu m^2$ 和 $500 \times 10^{-3} \ \mu m^2$。

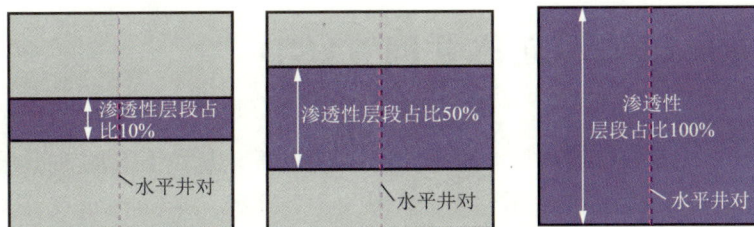

图 4-2-17 10%,50%,100% 的漏点比例下渗透性层段与水平井对关系

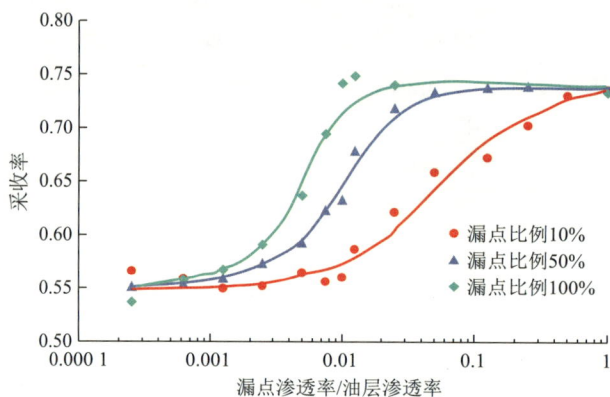

图 4-2-18　稠油油藏 SAGD 采收率与漏点比例、渗透率的关系图版

　　为了表征不同渗透率的隔层对 SAGD 开发效果的影响,保持其他参数不变,只改变低渗透性隔层的渗透率(K),模拟结果如图 4-2-19 所示。可以看出,在实验室条件下,当隔层渗透率小于 $500\times10^{-3}\ \mu m^2$ 时,采收率随着渗透率的增加而增加;而当隔层渗透率大于 $500\times10^{-3}\ \mu m^2$ 后,此时流体可以顺利通过隔层,隔层对油气流动的渗流阻碍作用减小,影响减弱。

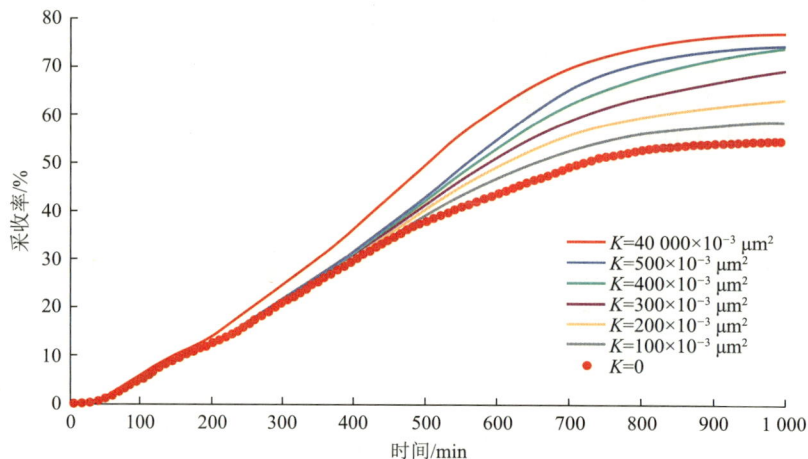

图 4-2-19　不同隔层渗透率的采收率曲线

4.3　夹层阻挡型立体井网 SAGD

　　当油层内发育的泥岩渗流屏障连续性较差时,屏障上方和下方的油层没有被完全分隔开,即表现为夹层阻挡型难动用储量,如图 4-3-1 所示。在这种情况下,对于正常的 SAGD 开发过程,蒸汽腔向上扩展至夹层后会沿夹层向两侧横向扩展,直至扩展到夹层边

缘,随后将绕过夹层继续向上扩展。此时,由于蒸汽腔扩展角限制,尽管夹层正上方的原油储量已受热而具有流动性,但并不能有效流入生产井。为此,需要重新进行布井,采用立体井网方式实现对上部夹层阻挡型难动用储量的有效开发。

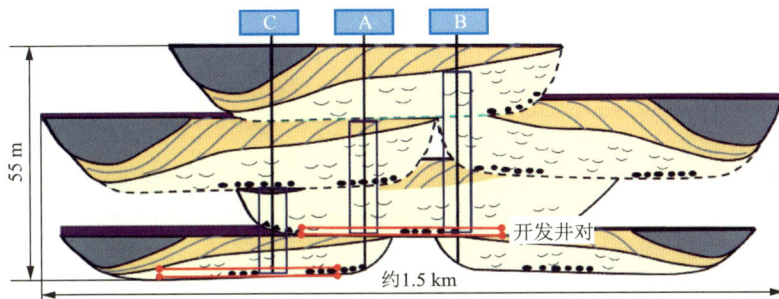

图 4-3-1　典型的夹层分布模式

4.3.1　夹层阻挡型立体井网 SAGD 技术原理

在小尺寸夹层的影响下,夹层正上方的原油难以有效流动至下部生产井,产生了难动用储量,如图 4-3-2 所示。为实现这部分储量的有效动用,研究人员提出在夹层上部重新布置一口水平井作为注汽井,形成从油层顶部到底部的立体式蒸汽驱模式,以实现有效开发,如图 4-3-3 所示。这种立体式的蒸汽驱不会对下部的 SAGD 井对重力泄油模式造成影响,因此可称为稠油油藏的立体式驱泄复合开发模式。除水平井外,也可考虑布置定向井或直井作为 SAGD 的辅助开发井,以实现立体式驱泄复合式开发,如图 4-2-9 所示。定向井或直井作为辅助开发井的开发模式既具有常规 SAGD 方式的重力泄油优势,以重力作为主要驱替动力,又发挥了蒸汽驱的驱替优势,实现了对 SAGD 蒸汽腔波及不到储量的有效动用,对于夹层较发育的厚层稠油油藏,该开发模式优势显著。目前,立体式驱泄复合开发模式已在国内新疆油田、辽河油田部分 SAGD 开发的超稠油油藏进行了矿场实践,增油效果明显。

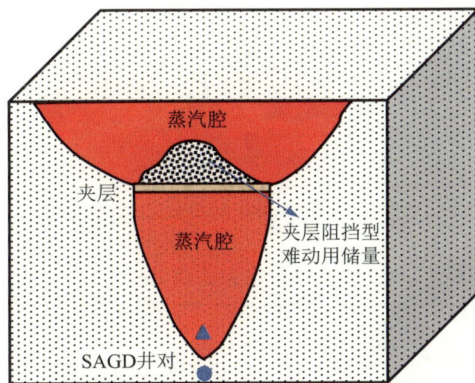

图 4-3-2　稠油油藏 SAGD 开发顶部难动用储量示意图

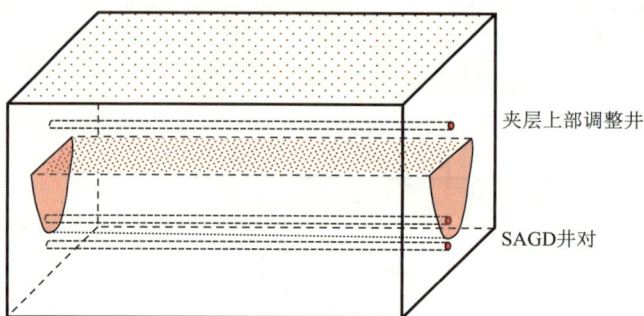

图 4-3-3　夹层阻挡型超稠油油藏立体井网 SAGD 示意图

4.3.2　夹层阻挡型立体井网 SAGD 相似比例物理模拟

1) 相似比例物理模拟实验设计

为对比夹层阻挡型难动用储量的动用特性,分别开展夹层阻挡型稠油油藏的双水平井 SAGD 相似比例物理模拟实验(以下简称 SAGD 对照组实验)及夹层上部带有水平井的蒸汽驱辅助 SAGD 相似比例物理模拟实验(以下简称蒸汽驱-SAGD 实验)。实验过程中,通过重点测取夹层上部加密水平井附近的温度变化,以及对比分析不同相似比例物理模拟实验下的产油特征差异来有效表征夹层上部加密水平井对阻挡型难动用储量的动用效率。图 4-3-4 所示为夹层阻挡型立体井网 SAGD 相似模型示意图,夹层宽度为油层总宽度的 1/2。相似比例物理模拟实验所采用的转换参数见表 4-3-1。

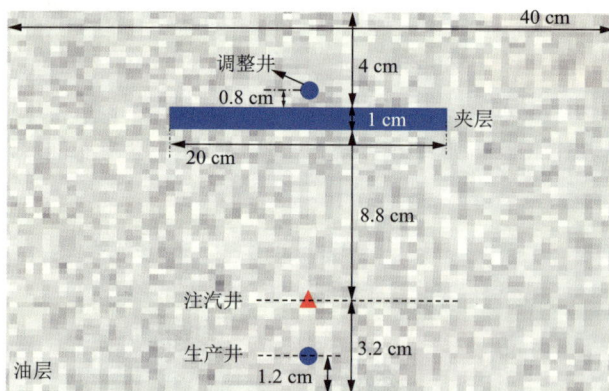

图 4-3-4　夹层阻挡型立体井网 SAGD 相似模型示意图

表 4-3-1　油藏原型与实验模型参数转换表

参数名称	油藏原型	实验模型
上部油层厚度/m(cm)	10	4
下部油层厚度/m(cm)	30	12

参数名称	油藏原型	实验模型
夹层厚度/m(cm)	2.5	1
调整井距夹层距离/m(cm)	2	0.8
采注比	1.2	1.2
夹层两侧渗透率/(10^{-3} μm^2)	50	500
水平井注汽速度/(t·d^{-1})[(mL·min^{-1})]	300	30

2）实验结果

实验过程中,下部油层采用正常的双水平井 SAGD 开发,待下部 SAGD 井对的蒸汽腔扩展至夹层边界时,夹层上部的加密水平井开始转注蒸汽,进行蒸汽驱-SAGD 实验。图 4-3-5 所示为带夹层稠油油藏的 SAGD 对照组实验及蒸汽驱-SAGD 实验的温度场监测结果,图 4-3-6 所示为夹层阻挡型立体井网 SAGD 对照组实验及蒸汽驱-SAGD 实验的生产动态曲线。实验过程中,模型累积饱和油量 7 616 mL,其中上部油层 1 904 mL,下部油层 5 712 mL。SAGD 对照组实验累积产油量 4 570 mL,最终采收率约 60％,较不含夹层的情况降低 4％;蒸汽驱-SAGD 实验累积产油 5 255 mL,最终采收率 69％,较 SAGD 方式提高 9％。

基于温度监测结果,并结合实验操作压力下的饱和蒸汽温度,可准确表征实验过程中的蒸汽腔变化规律。可以看出,夹层上部的加密水平井在转蒸汽驱之前,两个实验方案得到的蒸汽腔扩展程度基本一致。对于 SAGD 对照组实验,在实验过程中,蒸汽腔向上扩展,接触夹层后,开始沿着夹层横向扩展;蒸汽腔扩展至夹层边缘后绕过夹层,继续向上扩展。夹层上部的原油已有效受热,但难以克服夹层带来的泄油阻力,受热原油仍需绕过夹层后才可沿蒸汽腔前缘流向生产井。因此,SAGD 对照组实验结束后,夹层正上方仍然存在一定的难动用剩余储量。对于蒸汽驱-SAGD 实验,待下部 SAGD 蒸汽腔扩展至夹层边界时,上部的加密水平井转蒸汽驱,注入的蒸汽绕过夹层,进入下部双水平井的SAGD 蒸汽腔;同时在夹层上部加密水平井蒸汽驱作用下,上部的部分剩余油可有效开发。

在此之后,随夹层上部加密水平井的持续注汽,上部难动用储量中的可采部分已被有效采出,而有效期过后,产油速率逐渐降低,最终与 SAGD 对照组的纯 SAGD 开发产油速率差别不大。受夹层影响,夹层阻挡型稠油油藏的 SAGD 开发过程中,蒸汽腔到达夹层后会绕过夹层继续向上扩展,因此蒸汽腔到达油层顶部所需的时间较均质油藏更长。

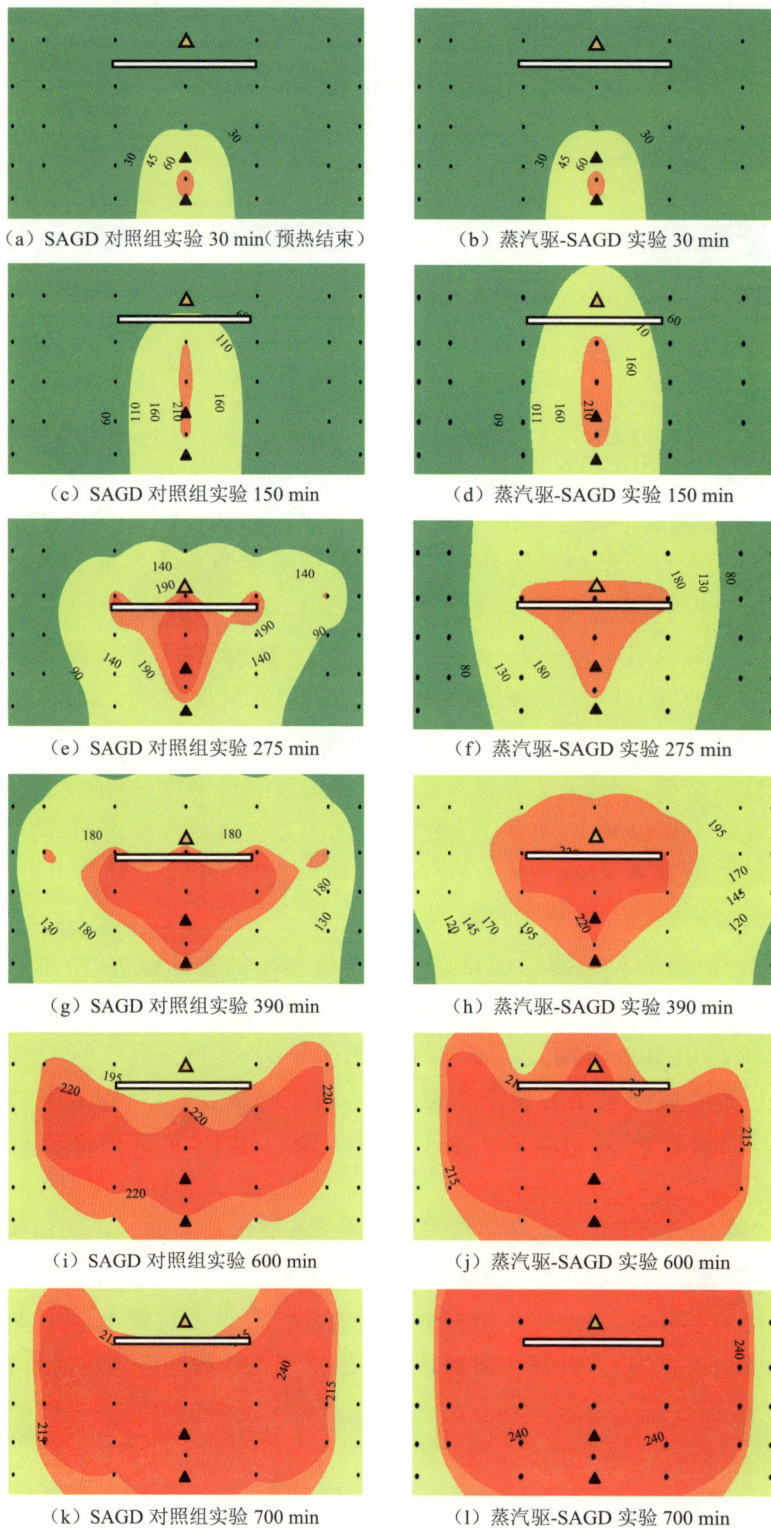

（a）SAGD 对照组实验 30 min（预热结束）　　　（b）蒸汽驱-SAGD 实验 30 min

（c）SAGD 对照组实验 150 min　　　　　　　（d）蒸汽驱-SAGD 实验 150 min

（e）SAGD 对照组实验 275 min　　　　　　　（f）蒸汽驱-SAGD 实验 275 min

（g）SAGD 对照组实验 390 min　　　　　　　（h）蒸汽驱-SAGD 实验 390 min

（i）SAGD 对照组实验 600 min　　　　　　　（j）蒸汽驱-SAGD 实验 600 min

（k）SAGD 对照组实验 700 min　　　　　　　（l）蒸汽驱-SAGD 实验 700 min

图 4-3-5　带夹层稠油油藏 SAGD 对照组实验及蒸汽驱-SAGD 实验温度场监测结果（单位：℃）

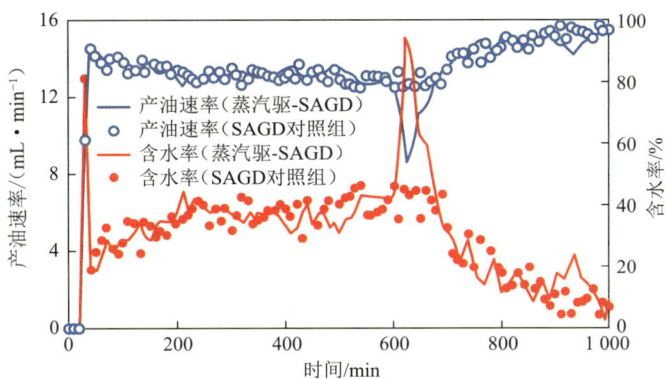

（a）产油速率及含水率

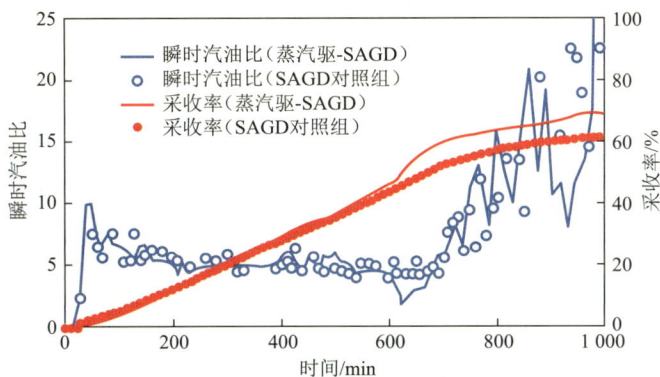

（b）瞬时汽油比及采收率

图 4-3-6　夹层阻挡型立体井网 SAGD 对照组实验及蒸汽驱-SAGD 实验生产动态曲线

3）夹层上部未动用储量的夹角计算

图 4-3-6(a)中正常 SAGD 和蒸汽驱-SAGD 方式的产油速率差异主要是受夹层上部加密水平井的影响，因此可采用几何手段，计算得到正常 SAGD 开发方式下的夹层上部难动用储量大小，结合 SAGD 对照组实验和蒸汽驱-SAGD 实验结果的差异特征，推导得到加密井导致的夹层上部难动用储量变化量 ΔQ_o，如图 4-3-7 所示。该变化量主要来自夹层上部的剩余储量夹角 θ 的减小量 $\Delta \theta$，如图 4-3-8 所示。

导致产生增油量 ΔQ_o 的对应的油藏孔隙体积 ΔV 为：

$$\Delta V = \frac{\Delta Q_o}{\Delta S_o} \tag{4-3-1}$$

式中　ΔS_o——含油饱和度变化量。

假定加密水平井沿程的动用效果均匀一致，则得到孔隙体积 ΔV 对应的油藏剖面面积 ΔS 为：

$$\Delta S = \frac{\Delta V}{L} \tag{4-3-2}$$

式中　L——水平井长度。

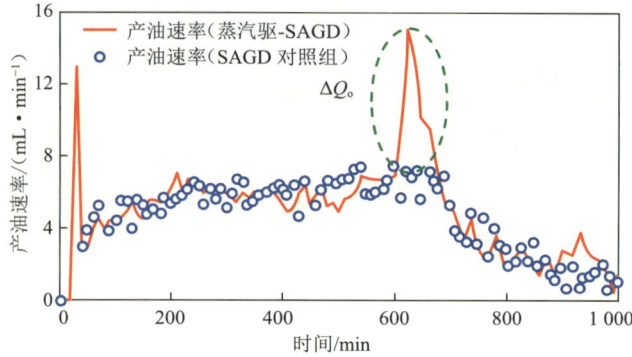

图 4-3-7　蒸汽驱-SAGD 实验较 SAGD 对照组实验的产油量变化

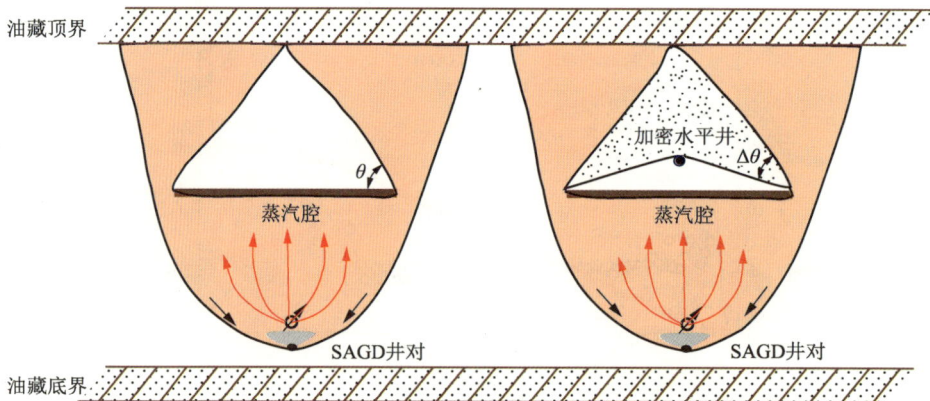

图 4-3-8　加密水平井对夹层上部难动用储量夹角的影响示意图

基于剖面面积的计算结果，结合几何手段，可以计算得到夹层上部加密水平井所导致的难动用储量夹角减小量为：

$$\Delta\theta = \arcsin \frac{\Delta S}{2\sqrt{(w/2)^2 + h^2} \times (w/2)/\cos\theta} \tag{4-3-3}$$

式中　w——夹层长度的一半；

　　　　h——夹层到油藏顶界的距离。

结合夹层阻挡型立体井网 SAGD 相似比例物理模拟的实验结果，可计算得到 $\Delta Q_{o} = 1\,632\ \text{mL}$，$\Delta S = 40.8\ \text{cm}^2$，进而得到 $\Delta\theta = 6°$。

4.3.3　夹层阻挡型立体井网 SAGD 实验数值反演

1）相似比例物理模拟实验数值反演

基于第 3 章带不渗透性夹层油藏 SAGD 数值反演方法，建立实验室尺度下的数值反演模型，对相似比例物理模拟实验结果进行数值反演和拟合。反演过程中，除调整相渗曲线、subcool 等参数外，隔热层的导热系数也可根据实验结果进行适当调整，最终的拟合结果如图 4-3-9 和图 4-3-10 所示。可以看出,相似比例物理模拟实验结果与数据反演模型拟合一致性较好,该数值反演模型可用于后续适应性数值扩展研究。

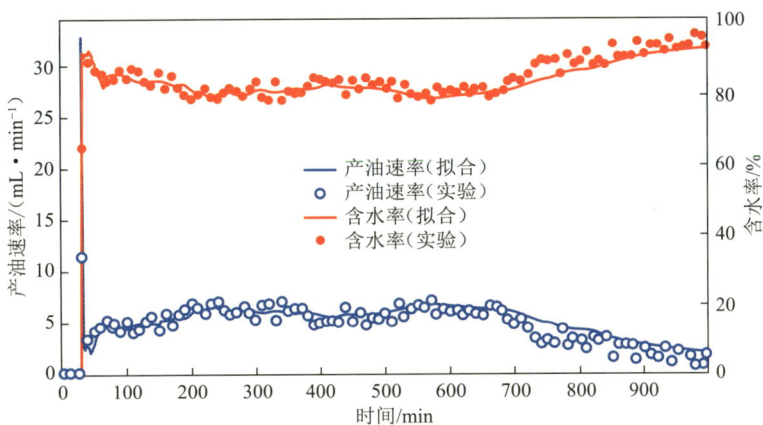

图 4-3-9　SAGD 对照组相似比例物理模拟实验拟合

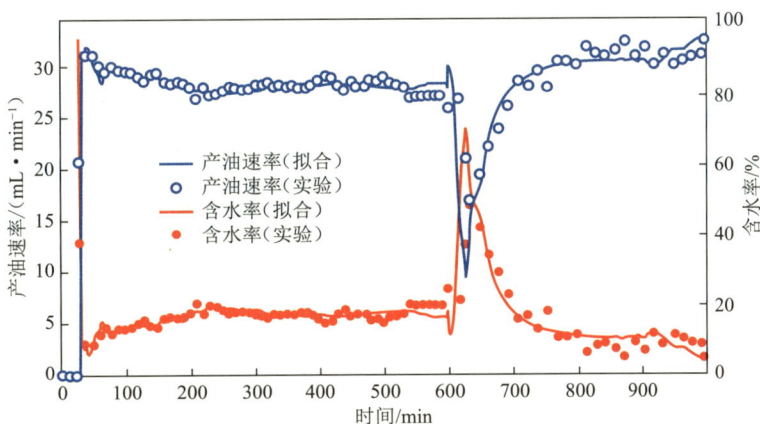

图 4-3-10　蒸汽驱-SAGD 相似比例物理模拟实验拟合

结合相似比例物理模拟实验及数值反演模型,对于含有夹层的稠油油藏 SAGD 开发,其蒸汽腔扩展模式与均质油藏不同,可以分为 5 个阶段:蒸汽腔一次向上扩展阶段(产油速率上升期)、蒸汽腔一次横向扩展阶段(产油速率变化相对平缓)、蒸汽腔绕过夹层二次向上扩展阶段(产油速率上升期)、蒸汽腔二次横向扩展阶段(产油速率变化相对平缓)以及蒸汽腔向下扩展阶段(产油速率下降期)。其中,蒸汽腔二次横向扩展阶段结束后,稠油油藏内部出现 3 个相互连通的倒三角形蒸汽腔,夹层正上方形成一个三角形的死油区,即夹层阻挡型难动用储量,如图 4-3-8 所示。

2) 夹层特征对 SAGD 开发效果的影响

对于带夹层超稠油油藏,油层内部发育的不渗透性夹层的属性(包括垂向位置及平面展布范围等)均会对正常 SAGD 开发产生较大影响。为此,在上述数值反演模型的基础上,以蒸汽腔扩展及动态特征作为依据,分析不同夹层因素对 SAGD 开发效果的影响。

（1）夹层垂向位置的影响。

基于上述数值反演模型,分别建立夹层与 SAGD 井对中生产井的间距为 4.5 cm,6 cm,8 cm,10 cm 的实验室尺度模型,模拟不同夹层垂向位置的 SAGD 开发特征。不同夹层垂向位置对应的产油速率如图 4-3-11 所示。由图可知,当夹层与生产井距离较近时,带夹层油藏 SAGD 的动态特征与正常 SAGD 生产特征的偏离较大,存在两个上升期、横向扩展期与下降期。这主要是由于夹层与油藏顶界距离较远,蒸汽腔绕过夹层后仍需要较长时间才能到达油藏顶界,产油速率出现先下降后上升的趋势。而随着夹层与生产井的距离增大,过渡时间(上升期至横向扩展期)变短,产油速率增大,此时产油速率接近正常的 SAGD 生产模式。

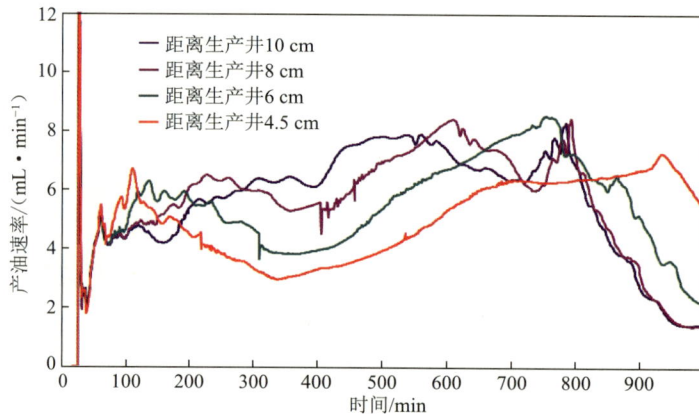

图 4-3-11　不同夹层垂向位置对应的产油速率曲线

图 4-3-12 所示为不同夹层垂向位置、不同时刻下的 SAGD 温度场分布。由图可知,夹层与 SAGD 井对的距离越近,对蒸汽腔扩展的影响越大,当蒸汽腔扩展结束时,夹层正上方的温度越低,剩余储量占比越高;而夹层与 SAGD 井对的距离越远,即与油藏顶界距离越近,下部优质储量的比例越高,从而对蒸汽腔扩展的影响越小,最终夹层正上方的温度越高,剩余储量占比越低。在同一操作条件下,蒸汽腔的总体积越大,SAGD 的开发效果越接近于不含夹层的稠油油藏。

图 4-3-13 所示为不同夹层垂向位置下稠油油藏 SAGD 开发的采收率模拟结果。由图可知,夹层与 SAGD 井对的垂向位置越远,采收率越高,但是采收率的提高幅度逐渐减小。

（2）夹层平面展布范围的影响。

类似地,在其他参数固定的条件下,分别建立夹层平面展布范围为 14 cm,22 cm,30 cm,38 cm 的数值反演模型(模型总宽度为 40 cm),其中夹层底面与 SAGD 生产井的垂向距离为 8 cm。不同夹层平面展布范围对应的产油速率如图 4-3-14 所示。由图可知,前 200 min 为蒸汽腔上升期,此时蒸汽腔还未扩展至夹层,因此 200 min 之前 4 组不同模拟条件下的产油速率较一致;200 min 后,蒸汽腔前缘到达夹层,开始沿夹层横向扩展,此时夹层的平面展布范围越小,产油速率越低(200～300 min);蒸汽腔越过夹层后,开始进入二次上升阶段,此时平面展布范围小的夹层产油速率显著上升;蒸汽腔上升至油藏顶界后,开始沿油藏顶界横向扩展,最终到达油藏边界,开始向下扩展。对于平面展布范围不同的带夹层稠油油藏,其蒸汽腔扩展阶段是类似的,但夹层平面展布范围会对各阶段出现的时机

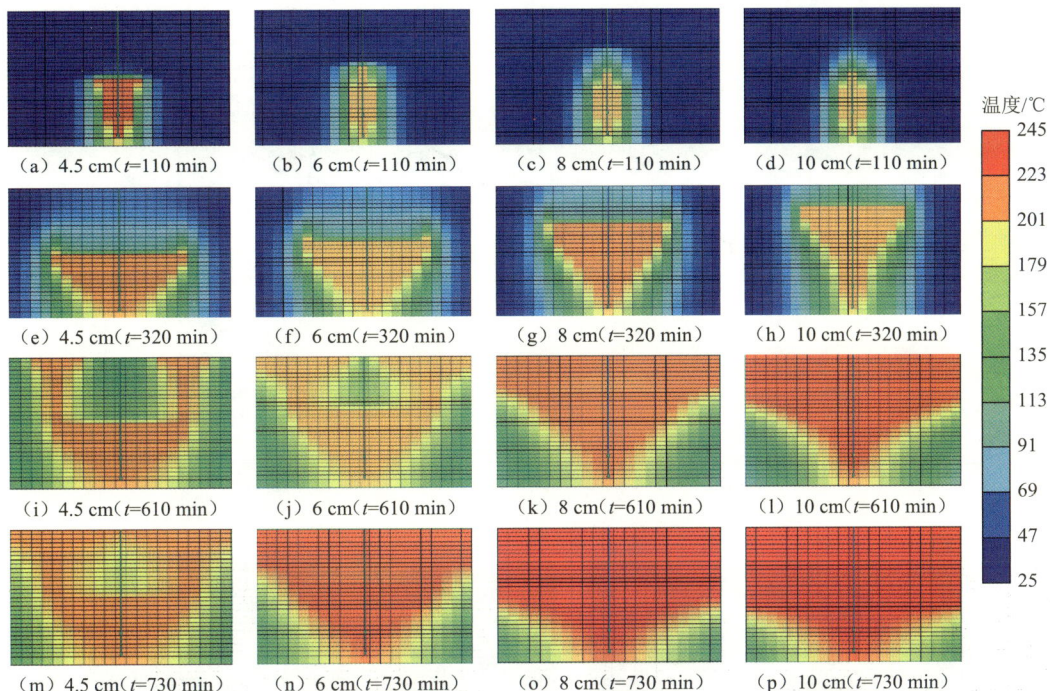

（a）4.5 cm（*t*=110 min）　（b）6 cm（*t*=110 min）　（c）8 cm（*t*=110 min）　（d）10 cm（*t*=110 min）

（e）4.5 cm（*t*=320 min）　（f）6 cm（*t*=320 min）　（g）8 cm（*t*=320 min）　（h）10 cm（*t*=320 min）

（i）4.5 cm（*t*=610 min）　（j）6 cm（*t*=610 min）　（k）8 cm（*t*=610 min）　（l）10 cm（*t*=610 min）

（m）4.5 cm（*t*=730 min）　（n）6 cm（*t*=730 min）　（o）8 cm（*t*=730 min）　（p）10 cm（*t*=730 min）

图 4-3-12　不同夹层垂向位置、不同时刻下的 SAGD 温度场分布

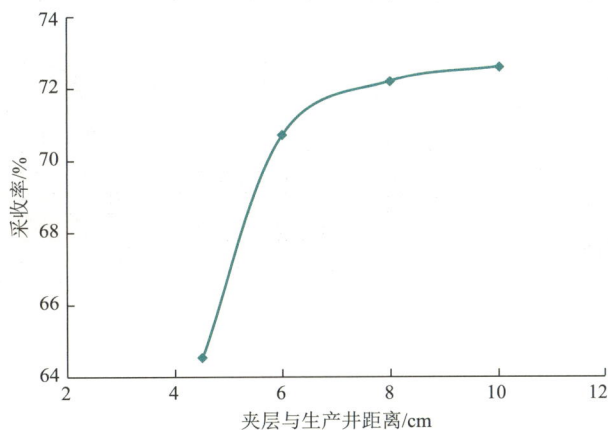

图 4-3-13　不同夹层垂向位置的 SAGD 开发采收率模拟结果

和持续时间有较大影响。

图 4-3-15 所示为不同夹层平面展布范围下的蒸汽腔二次横向扩展时形成的蒸汽腔形状。当夹层平面展布范围较小（14 cm）时，在夹层两侧所形成的两个二级蒸汽腔尚未结束横向扩展，随着横向扩展的继续，夹层正上方难动用储量区域的范围将逐渐缩小；而当夹层平面展布范围较大（22 cm，30 cm）时，在夹层两侧两个二级蒸汽腔形成的同时，横向扩展阶段已基本结束，此时蒸汽腔已经逐步进入向下扩展阶段，夹层正上方难动用储量区域相对较大；对于更大平面展布范围（38 cm）的夹层，当蒸汽腔的向下扩展阶段结束时，夹层两侧的两个二级蒸汽腔依旧难以连通，有相当一部分的储量难以动用。

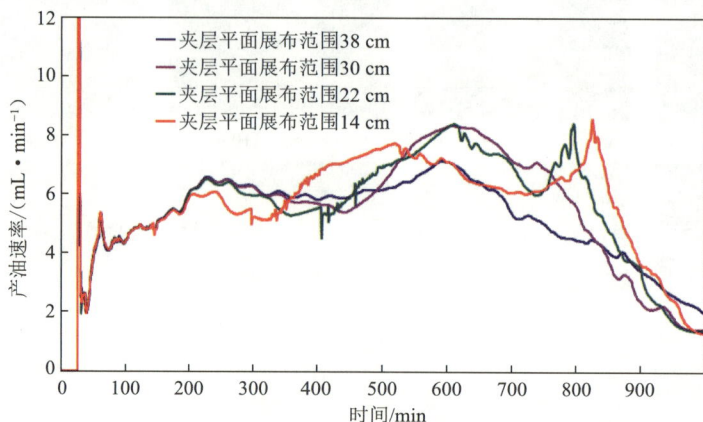

图 4-3-14　不同夹层平面展布范围对应的产油速率曲线

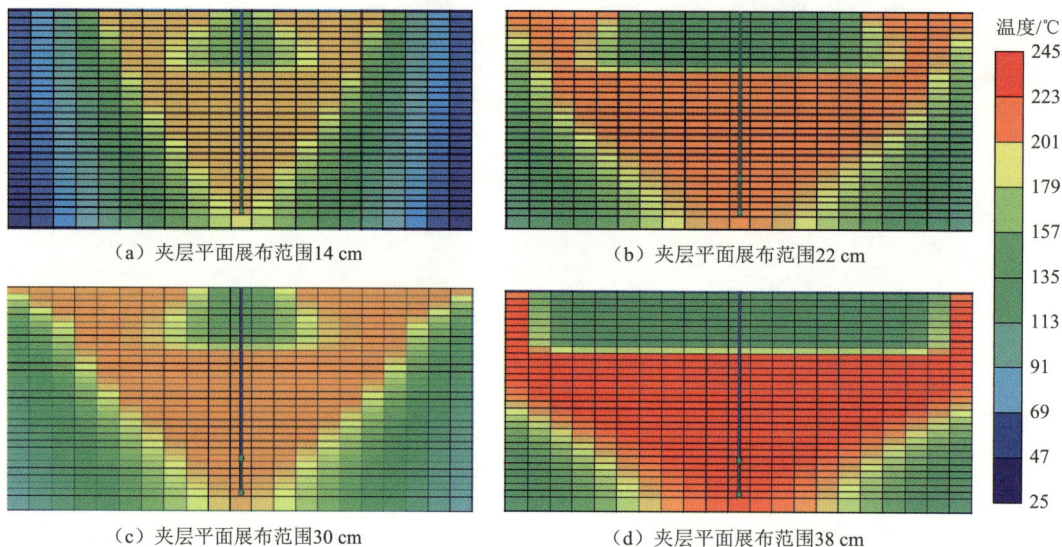

（a）夹层平面展布范围14 cm　　　　　　　　（b）夹层平面展布范围22 cm

（c）夹层平面展布范围30 cm　　　　　　　　（d）夹层平面展布范围38 cm

图 4-3-15　不同夹层平面展布范围下的蒸汽腔二次横向扩展阶段蒸汽腔形状

3）上部加密井转蒸汽驱时机的优化

蒸汽驱-SAGD立体井网开发可实现对夹层阻挡型难动用储量的有效开发，但夹层上部加密水平井的转蒸汽驱时机对于最终的开发效果影响较大。为此，采用上述数值反演模型，在保持其他参数不变的条件下，改变加密水平井转蒸汽驱时机，进行转蒸汽驱时机的优化。

结合带夹层稠油油藏SAGD的蒸汽腔扩展模式，分别选取4个时间节点进行优化，即产油上升期结束（200 min）、夹层顶部温度超过90 ℃（500 min）、横向扩展期结束（600 min）以及瞬时油汽比小于0.1（765 min），模拟结果如图4-3-16所示。对于夹层上部，不同时刻转驱对其采出程度并无影响。如图4-3-16（b）和（c）所示，若在SAGD横向扩展期结束前转驱，生产井会出现一段停产状态，此时蒸汽腔尚未到达夹层上部，蒸汽驱产生的蒸汽腔需要一段时间才能与下方 SAGD 产生的蒸汽腔连通;横向扩展期后转驱对最终采收率的影响不大,但相较于瞬时油气比到达 0.1 后转驱来说,横向扩展期结束时转驱效果更好。

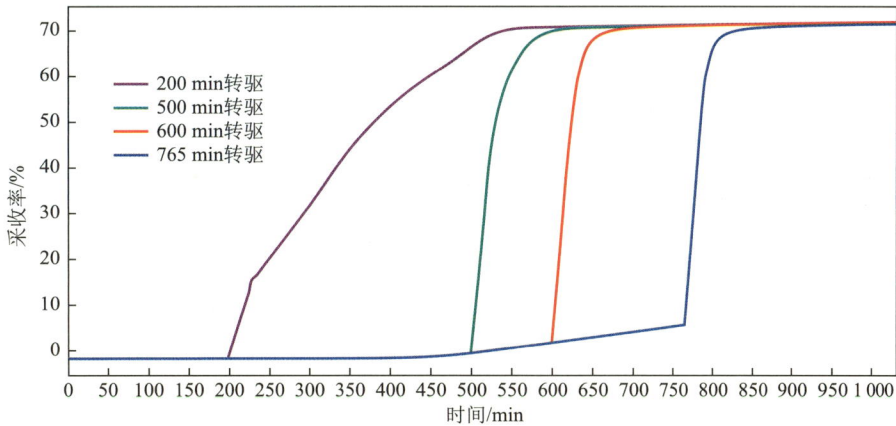

（a）夹层上部油层采收率

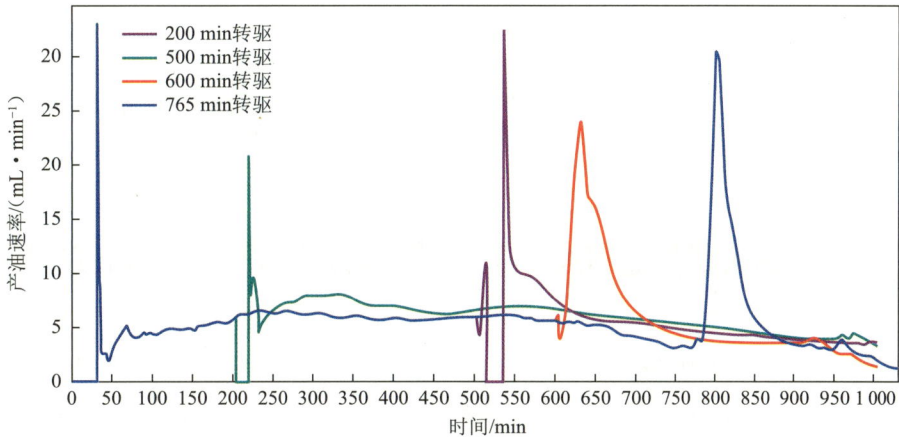

（b）不同转驱时机下的产油速率

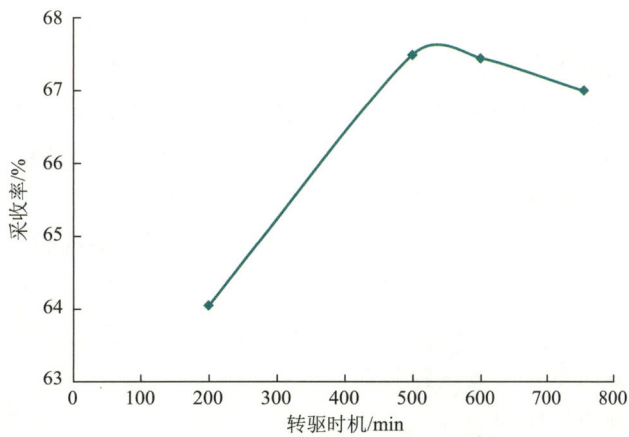

（c）不同转驱时机下的最终采收率变化

图 4-3-16　加密水平井转蒸汽驱时机优化结果

第 5 章
渗流屏障影响的 SAGD 产能评价方法

结合前述多渗流屏障超稠油油藏 SAGD 相似比例物理模拟实验可以发现,渗流屏障是影响超稠油 SAGD 开发效果的关键因素,特别是当油藏内部存在单个甚至多个夹层时,会极大地影响超稠油 SAGD 开发各不同阶段的蒸汽腔扩展特征,进而影响各阶段的产能。为此,本章基于经典的 Butler 产能模型,通过引入合理假设,开展渗流屏障影响下的 SAGD 全流程产能评价方法研究,对单个及多个夹层性渗流屏障影响下的 SAGD 产能变化规律进行预测与表征。

5.1 超稠油油藏 SAGD 开发多阶段产能评价方法

在 SAGD 开发过程中,随蒸汽的持续注入,蒸汽腔不断上升,加热上部油层,被加热原油在重力作用下向下流动而通过生产井产出,蒸汽腔的扩展主要经历 3 个阶段:上升阶段、横向扩展阶段及向下扩展阶段。对于 SAGD 产能评价,蒸汽腔发育规律对其影响较大,而现阶段 SAGD 产能评价模型多是针对蒸汽腔横向扩展阶段和向下扩展阶段建立的,但蒸汽腔上升阶段也是 SAGD 产能评价中不可忽视的一环。为此,本节将首先建立超稠油油藏 SAGD 多阶段产能评价方法,具体的评价模型假设条件如下:

(1)初始条件下原油不流动,在蒸汽腔上升阶段,假设蒸汽腔扩展形状为倒三角形,并且蒸汽腔斜面角度不随蒸汽腔的上升发生变化。

(2)上升阶段时,蒸汽腔上升速度大于横向扩展速度,加热的原油在蒸汽腔内部向下流动。

(3)注汽压力保持恒定,注汽压力等于蒸汽腔内部压力。

(4)热传导方向垂直于蒸汽腔斜面。

(5)忽略毛管力的作用。

5.1.1　上升阶段产能评价方法

1）导热与流动方程

根据能量守恒定律,蒸汽腔前缘的一维导热方程可按下式表示:

$$\frac{\partial^2 T}{\partial \xi^2} + \frac{U}{\alpha}\frac{\partial T}{\partial \xi} = \frac{1}{\alpha}\frac{\partial T}{\partial t} \tag{5-1-1}$$

式中　T——温度;

　　　t——时间;

　　　ξ——垂直于汽液交界面的距离;

　　　α——油藏热扩散系数。

求解式(5-1-1),可以得到两种情况下的解析解:

$$T^* = \frac{T - T_r}{T_s - T_r} = e^{\frac{-U\xi}{\alpha}}, \quad U = 常数 \tag{5-1-2}$$

$$T^* = \text{erfc}\left(\frac{\xi}{2\sqrt{\alpha t}}\right), \quad U = 0 \tag{5-1-3}$$

式中　T^*——无因次温度;

　　　T_r——初始油藏温度;

　　　T_s——蒸汽腔温度;

　　　U——蒸汽腔前缘移动速度。

根据 Butler 产能模型,一维能量平衡方程可以应用变量 γ 来表示:

$$\frac{\mathrm{d}\gamma}{\mathrm{d}t} = -\alpha\left(\frac{\partial T^*}{\partial \xi}\right)_{\xi=0} - U \tag{5-1-4}$$

式中　γ——原油加热厚度。

原油加热厚度可以表示为:

$$\gamma = q_c / [\rho C(T_s - T_r)] = \int_0^\infty \frac{T - T_r}{T_s - T_r}\mathrm{d}\xi \tag{5-1-5}$$

式中　q_c——蒸汽腔前缘累积热量;

　　　ρ——凝析液密度;

　　　C——油藏热容量。

将式(5-1-2)代入式(5-1-5)中,可以得到稳态条件下原油加热厚度的表达式:

$$\gamma = \frac{\alpha}{U} \tag{5-1-6}$$

因此,蒸汽腔前缘在动态与静态下的温度梯度表达式如下:

$$\left(\frac{\partial T^*}{\partial \xi}\right)_{\xi=0} = -\frac{1}{\gamma}（静态条件下） \tag{5-1-7}$$

$$\left(\frac{\partial T^*}{\partial \xi}\right)_{\xi=0} = -\frac{1}{\sqrt{\pi\alpha t}}（动态条件下） \tag{5-1-8}$$

将式(5-1-3)代入式(5-1-4)中,则蒸汽腔前缘静态条件下的原油加热厚度表达式可以

改写成:

$$\gamma = 2\sqrt{\frac{\alpha t}{\pi}} \tag{5-1-9}$$

在非稳态条件下,原油加热厚度可以在静态和动态两个极限情况之间近似取值。因此,原油加热厚度在非稳态条件下的表达式可以简化成:

$$\frac{\mathrm{d}\gamma}{\mathrm{d}t} = \frac{2}{\pi}\left(\frac{\alpha}{\gamma} - U\right) \tag{5-1-10}$$

通过式(5-1-9)可得到蒸汽腔上升阶段中的原油加热厚度,横向扩展阶段和向下扩展阶段的原油加热厚度可以根据式(5-1-10)获得。同时,通过考虑 SAGD 预热过程对原油加热厚度的影响,在式(5-1-9)中加入预热时间:

$$\gamma = 2\sqrt{\frac{\alpha(t + t_{\mathrm{p}})}{\pi}} \tag{5-1-11}$$

式中　t_{p}——预热时间。

启动阶段的热传导过程可以近似成在生产井点位置上的加热源对外放热的过程。

根据 Butler 产能模型,产油速率可以用以下表达式表示:

$$Q_{\mathrm{o}} = \frac{\gamma K K_{\mathrm{ro}} g \sin\theta}{m \nu_{\mathrm{os}}} \tag{5-1-12}$$

式中　K——绝对渗透率;

　　　K_{ro}——相对渗透率;

　　　g——重力加速度;

　　　m——无因次黏温系数;

　　　θ——蒸汽腔前缘角度;

　　　Q_{o}——单位井长下的产油速率;

　　　ν_{os}——蒸汽温度下原油的运动黏度。

无因次黏温系数 m 是随着蒸汽腔压力变化而变化的常数。因此,准确地计算不同蒸汽注入压力下的 m 是精确预测 SAGD 产能的关键。通过推导,无因次黏温系数 m 是原油运动黏度和温度的函数,可以通过下式表示:

$$m = \left[\nu_{\mathrm{os}}\int_{T_{\mathrm{r}}}^{T_{\mathrm{s}}} (1/\nu - 1/\nu_{\mathrm{r}})\frac{\mathrm{d}T}{T - T_{\mathrm{r}}}\right]^{-1} \tag{5-1-13}$$

式中　ν——原油运动黏度;

　　　ν_{r}——原始油藏温度下的原油运动黏度。

不同温度下的原油黏度可以表示为:

$$\lg(\lg\mu_{\mathrm{o}}) = a(\lg T)^3 + b(\lg T)^2 + c\lg T + d \tag{5-1-14}$$

式中　μ_{o}——原油黏度;

　　　a,b,c 和 d——原油黏温曲线的拟合常数。

根据式(5-1-14)可以计算出不同蒸汽腔温度下的原油黏度,将不同温度下的原油黏度代入式(5-1-13)并利用复化辛普森数值求积方法可得到无因次黏温系数 m。

2）上升阶段产能预测模型

模型假设蒸汽腔顶界面的宽度与蒸汽腔的高度成线性关系。因此，蒸汽腔上升阶段顶界面的宽度可以用下式表示：

$$x = \alpha_L y(t) \tag{5-1-15}$$

式中　x——蒸汽腔顶界面宽度；

$\quad\quad y(t)$——蒸汽腔高度对时间的函数；

$\quad\quad \alpha_L$——横向扩展系数。

基于物质平衡原理，蒸汽向四周扩展的体积等于产出油的体积，由此推导得到产油速率（单位井长）的表达式为：

$$Q_o = \phi \Delta S_o \frac{\mathrm{d}A(t)}{\mathrm{d}t} = \alpha_L \phi \Delta S_o y \frac{\mathrm{d}y}{\mathrm{d}t} \tag{5-1-16}$$

式中　ϕ——孔隙度；

$\quad\quad A(t)$——蒸汽腔的横截面积。

由于蒸汽腔内部存在汽液反向流动现象（图 5-1-1），因此产油速率也可以应用达西公式来表示：

$$Q_o = \frac{KK_{ro}}{\nu_{os}} g\delta(t) \tag{5-1-17}$$

$$\delta(t) = \frac{1}{2}\alpha_A \alpha_L y(t), \quad 0 < \alpha_A \leqslant 1 \tag{5-1-18}$$

式中　$\delta(t)$——蒸汽腔顶界面上原油流动的有效宽度；

$\quad\quad \alpha_A$——油汽流动截面积比值。

将式（5-1-17）、式（5-1-18）代入式（5-1-16）可以得到蒸汽腔上升速度表达式：

$$\frac{\mathrm{d}y}{\mathrm{d}t} = \frac{\alpha_A KK_{ro} g}{2\phi \Delta S_o \nu_{os}} \tag{5-1-19}$$

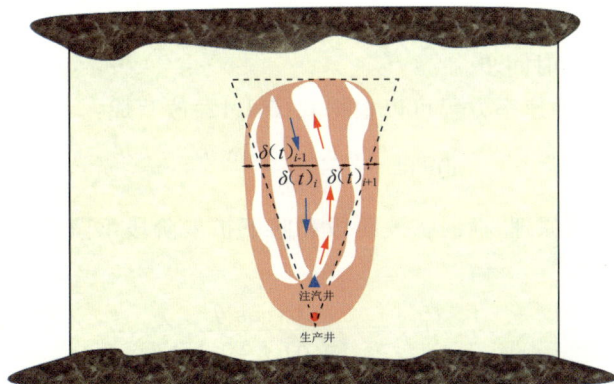

图 5-1-1　蒸汽腔上升阶段油汽流动示意图

下标 i—第 i 个通道

将式（5-1-18）代入式（5-1-17）可以得到产油速率关于蒸汽腔高度的表达式为：

$$Q_o = \frac{KK_{ro}g}{2\nu_{os}}\alpha_A\alpha_L y \qquad (5\text{-}1\text{-}20)$$

蒸汽腔界面角度可以通过横向扩展系数来表示：

$$\sin\theta = \frac{y(t)}{\sqrt{y^2(t)+[\alpha_L \cdot y(t)/2]^2}} = \frac{1}{\sqrt{1+\alpha_L^2/4}} \qquad (5\text{-}1\text{-}21)$$

当蒸汽腔到达盖层时，产油速率最高，此时的产油速率等于蒸汽腔横向扩展阶段开始时的产油速率。因此，结合式(5-1-11)、式(5-1-12)、式(5-1-20)和式(5-1-21)可以得到横向扩展系数表达式：

$$\alpha_L\sqrt{1+\frac{\alpha_L^2}{4}} = \frac{8}{m\alpha_A H}\sqrt{\frac{\alpha(t_r+t_p)}{\pi}} \qquad (5\text{-}1\text{-}22)$$

$$t_r = \frac{2\phi\Delta S_o\nu_{os}H}{\alpha_A KK_{ro}g} \qquad (5\text{-}1\text{-}23)$$

式中 t_r——蒸汽腔到达盖层所需要的时间；

H——油藏厚度。

式(5-1-22)是仅含一个未知数(α_L)的超越方程，可方便求解。最后，联立式(5-1-19)、式(5-1-20)、式(5-1-21)和式(5-1-22)并化简，得到产油速率的最终表达式为：

$$Q_o = \left(\frac{KK_{ro}g}{\nu_{os}}\right)^2\frac{4\alpha_A}{mH\phi\Delta S_o}\sqrt{\frac{\alpha(t_r+t_p)}{\pi(4+\alpha_L^2)}}t \qquad (5\text{-}1\text{-}24)$$

5.1.2 横向扩展阶段及向下扩展阶段产能评价方法

当蒸汽腔处于横向扩展阶段和向下扩展阶段时，分别将蒸汽腔前缘在 y 轴方向和 x 轴方向上划分一系列单元，根据式(5-1-10)得到不同单元在不同时间段的原油加热厚度：

$$\frac{\gamma^{(j+1)}-\gamma^{(j)}}{\Delta t} = \frac{2}{\pi}\left[\frac{\alpha}{\gamma^{(j+1)}}-U\right] \qquad (5\text{-}1\text{-}25)$$

式中 Δt——时间步长；

上标 j——第 j 个时间步。

不同时间段内的产油速率方程可以根据式(5-1-12)改写成：

$$Q_o^{(j)} = \frac{\gamma^{(j)}KK_{ro}g\sin\theta^{(j)}}{m\nu_{os}} \qquad (5\text{-}1\text{-}26)$$

因此，根据物质平衡原理，横向扩展阶段和向下扩展阶段下蒸汽腔前缘不同单元的移动速度 U_{ix}，U_{iy} 分别为：

$$U_{ix} = -\frac{\partial Q_{o,i}}{\partial X_i}\frac{\cos\theta_i}{\phi\Delta S_o} \qquad (5\text{-}1\text{-}27)$$

$$U_{iy} = -\frac{\partial Q_{o,i}}{\partial Y_i}\frac{\sin\theta_i}{\phi\Delta S_o} \qquad (5\text{-}1\text{-}28)$$

式中 ∂Y_i——第 i 个单元的高度；

∂X_i——第 i 个单元的宽度。

根据上述公式求出的蒸汽腔前缘移动速度可以得到两个阶段不同时刻下各个单元的

蒸汽腔前缘位置以及蒸汽腔前缘角度,表达式如下:

$$\frac{X^{(j+1)} - X^{(j)}}{\Delta t} = \frac{U_{ix}^{(j)}}{\sin \theta_x^{(j)}} \tag{5-1-29}$$

$$\frac{Y^{(j+1)} - Y^{(j)}}{\Delta t} = \frac{U_{iy}^{(j)}}{\cos \theta_y^{(j)}} \tag{5-1-30}$$

$$\theta_{ix} = \arctan\left(\frac{\partial Y_i}{X_i - X_{i+1}}\right) \tag{5-1-31}$$

$$\theta_{iy} = \arctan\left(\frac{Y_i - Y_{i+1}}{\partial X_i}\right) \tag{5-1-32}$$

式中　X_i——第 i 个单元距离生产井的水平距离;

$\qquad$ Y_i——第 i 个单元距生产井水平面的垂直高度;

$\qquad$ θ_{ix},θ_{iy}——横向扩展阶段及向下扩展阶段的蒸汽腔前缘角度。

5.1.3　SAGD 多阶段产能评价方法

综合考虑上述 3 个不同阶段的产能评价模型,即可得到 SAGD 整个生产周期的各阶段产能及蒸汽腔前缘扩展规律。模拟过程中,需要首先计算出蒸汽腔的上升速度和上升高度,待蒸汽腔到达油藏顶部盖层后,分别计算蒸汽腔前缘在不同位置的受热时间;之后,在 SAGD 的蒸汽腔横向扩展阶段和向下扩展阶段,将蒸汽腔前缘划分为一系列的小单元,基于上升阶段评价模型的计算结果,采用迭代方式计算出该阶段的蒸汽腔发育规律、加热厚度以及产能变化特征等。

5.2　渗流屏障影响的 SAGD 产能评价方法

考虑不同夹层分布位置对 SAGD 蒸汽腔发育规律的影响,将夹层分布分为全覆盖、半覆盖以及未覆盖 3 种类别。据此,本节将分别建立不同覆盖条件下的 SAGD 产能评价模型,并在单夹层评价模型的基础上建立典型多夹层影响下的产能评价数学模型。考虑渗流屏障影响下的 SAGD 产能评价模型的假设条件如下:

(1)夹层无渗透性;

(2)不考虑热量穿过夹层对夹层上部原油的加热作用;

(3)夹层厚度薄且远小于油藏厚度,忽略夹层厚度影响;

(4)蒸汽腔绕过夹层后,夹层下侧蒸汽腔继续横向扩展,假设夹层上侧蒸汽腔上升过程中其扩展形状近似为倒三角形;

(5)夹层上方加热原油沿蒸汽腔前缘下泄流入生产井。

5.2.1　单夹层影响下的 SAGD 产能评价方法

在稠油油藏 SAGD 开发过程中遇到夹层时,夹层的位置、长度是对蒸汽腔扩展形状影响最大的因素,为此,夹层影响下的 SAGD 产能将分为以下两类:夹层未遮挡蒸汽腔发育的上升阶段和夹层遮挡蒸汽腔发育的上升阶段。

1)蒸汽腔上升阶段未遭遇夹层遮挡

由于在蒸汽腔上升阶段夹层对蒸汽腔发育无影响,所以该阶段的产能和蒸汽腔前缘运动规律与均质油藏 SAGD 过程相同。当蒸汽腔到达上覆盖层后继续向两侧扩展,受夹层影响,蒸汽腔在夹层上下两侧的发育规律明显不同,因此要对蒸汽腔上下两侧的产能分开进行求解。

首先对夹层下侧的蒸汽腔发育规律进行求解。由于夹层渗透率很低,夹层上方的稠油无法渗流通过夹层,当蒸汽腔前缘遇到夹层后,可近似作为盖层处理,相当于油层厚度降低。夹层下方的蒸汽腔产能、前缘位置及夹角计算方法与均质油藏条件下的计算原理相同,利用式(5-1-25)~式(5-1-32)即可得到夹层下方的 SAGD 产能变化规律。

对于夹层上方油层的 SAGD 开发过程,可将夹层视作油层的下伏岩层,按均质油藏 SAGD 求解过程对夹层上方的蒸汽腔产能进行求解。由于夹层对稠油下泄起到遮挡作用,减缓了夹层上方原油流入生产井的速率,如图 5-2-1 所示,因此产油速率需要修正:

$$Q_{oi}^{(j)} = \alpha_1 \frac{\gamma_i^{(j)} K K_{ro} g \sin \theta_i^{(j)}}{m \nu_{os}}, \quad 1 \leqslant i \leqslant N_1 \tag{5-2-1}$$

式中　$Q_{oi}^{(j)}$ ——第 i 个单元产油速率;

α_1 ——原油通过夹层边缘下泄至生产井过程中,井轴方向上原油截面积与蒸汽截面积的比值;

N_1 ——夹层上方油层所含的分段单元数。

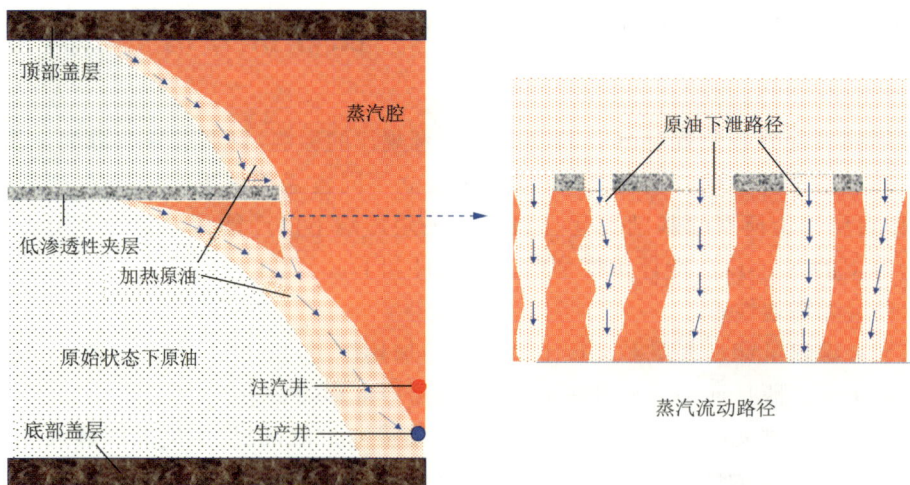

图 5-2-1　夹层分布在边界处泄油规律示意图

根据式(5-2-1)可以得到夹层边缘处的产油速率,但该产油速率不是生产井处的产油速率,因此还需要计算出夹层上方油层 SAGD 过程对生产井处产油速率的实际贡献值,如图 5-2-2 所示。

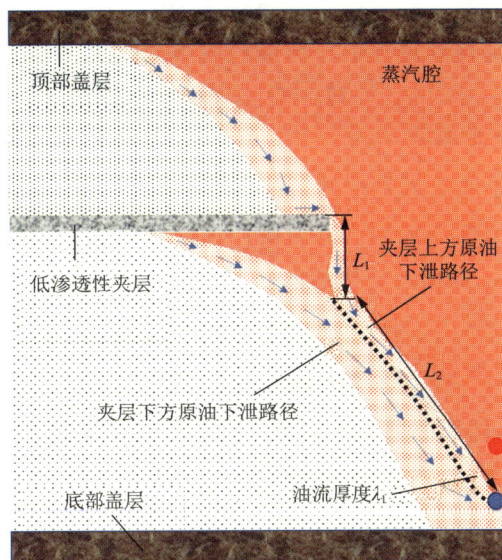

图 5-2-2　原油下泄路径示意图

　　结合质量守恒定律,由单位时间内夹层边缘流下的原油导致的生产井处流动原油厚度增加量为:

$$Q_{oN_1}^{(j)} = \lambda_1^{(j)} L \tag{5-2-2}$$

式中　$Q_{oN_1}^{(j)}$——第 N_1 段单元产油速率;

　　　　λ_1——生产井处可流动原油增加厚度;

　　　　L——夹层边缘下泄原油流动路径长度。

　　夹层上方原油流动到生产井井底的泄油路径可以表示为:

$$L = L_1 + L_2 \tag{5-2-3}$$

$$L_1 = [X_k - (L_s - l_1)]\tan\theta_k + H_2 - Y_k \tag{5-2-4}$$

$$L_2 = (Y_k - Y_{k-1} - L_1)/\sin\theta_k + \sum_{i=k}^{N}(Y_{i-1} - Y_{i-2})/\sin\theta_{i-1} \tag{5-2-5}$$

式中　k——划分单元排序数,在某时刻第 k 分段的水平距离正好大于夹层的水平距离;

　　　　L_1——夹层上方原油垂直下泄距离;

　　　　L_2——夹层上方原油沿夹层下方蒸汽腔前缘的流动距离;

　　　　L_s——井距的一半;

　　　　l_1——夹层长度;

　　　　N——分段总数;

　　　　H_2——夹层距油藏底部高度。

　　夹层上方原油流入生产井时的速率可以表示为:

$$Q_{o1}^{(j)} = \frac{K K_{ro}}{\nu_{os}} g \lambda_1^{(j)} \sin\theta_N \tag{5-2-6}$$

　　下一时刻生产井处原油增加厚度可以根据式(5-2-6)来进行计算:

$$\sum (Q_{oN_1}^{(j+1)} - Q_{o1}^{(j)}) = \lambda_1^{(j+1)} L \tag{5-2-7}$$

因此,可通过产量叠加得到遇夹层一侧蒸汽腔 SAGD 产能公式为:

$$Q_o = Q_{o1} + Q_{oN} \tag{5-2-8}$$

式中 Q_o——SAGD 产油速率;

   Q_{o1}——夹层上方原油流入生产井时的产油速率;

   Q_{oN}——夹层下方原油流入生产井时的产油速率。

夹层上下两侧蒸汽腔前缘移动规律的求解方式与均质油藏相同,可以根据式(5-1-27)~式(5-1-32)来进行求解。

2) 蒸汽腔上升阶段遇到夹层遮挡

当蒸汽腔上升阶段遇到夹层时,蒸汽被夹层遮挡可视为蒸汽腔到达顶层进而向两侧扩展,但在实际油藏开采中,夹层并不一定能够完全遮挡住蒸汽腔的上升,因此需要细分成两种情况,即夹层未完全遮挡和完全遮挡。下面对每种情况下的 SAGD 产能进行详细描述。

(1) 夹层未完全遮挡住蒸汽腔。

当夹层未完全遮挡住蒸汽腔时,未遮挡一侧的蒸汽腔继续上升,此时蒸汽腔发育如图5-2-3 所示。当蒸汽腔未到达夹层高度时,夹层对蒸汽腔上升无影响,这个阶段 SAGD 的产能计算公式与均质油藏相同。当蒸汽腔到达夹层高度时,此时蒸汽腔顶界面的宽度为:

$$S = \alpha_L H_2 \tag{5-2-9}$$

未被夹层遮挡的蒸汽腔顶界面的宽度为:

$$S_1 = \frac{S}{2} + L_s - l_1 \tag{5-2-10}$$

式中 S——蒸汽腔顶界面宽度;

   S_1——未被夹层遮挡的蒸汽腔顶界面宽度。

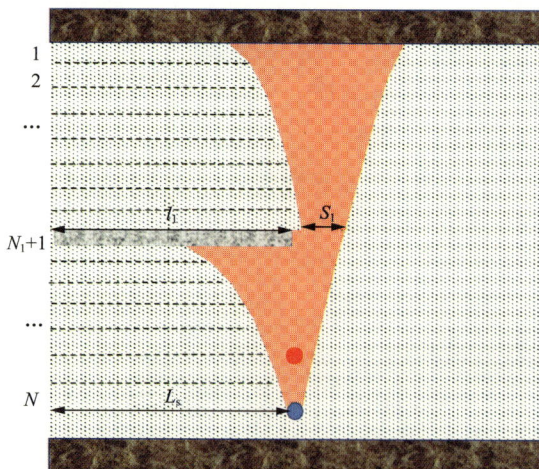

图 5-2-3   夹层未完全遮挡蒸汽腔上升时蒸汽腔发育示意图

蒸汽腔遇到夹层后,受夹层影响的一侧蒸汽腔要分别对夹层上方和夹层下方进行 SAGD 产能求解。当夹层上方蒸汽腔继续上升时,蒸汽腔横向扩展系数可以通过以下式子进行求解:

$$(\alpha_{L1} H_1 + S_1)\sqrt{1 + \frac{\alpha_{L1}^2}{4}} = \frac{8}{m\alpha_A}\sqrt{\frac{\alpha(t - t_1)}{\pi}} \tag{5-2-11}$$

$$t_1 = \frac{2\phi\Delta S_o \nu_{os} H_2}{\alpha_A K K_{ro} g} \tag{5-2-12}$$

式中　α_{L1}——夹层上方蒸汽腔上升阶段的横向扩展系数;

　　　H_1——夹层距油藏顶界的高度;

　　　t_1——蒸汽腔到达夹层所需的时间。

根据式(5-2-11)和式(5-2-12)可以得到夹层边缘处的产油速率为:

$$Q_{o1u} = \frac{1}{2}\alpha_1\left(\frac{K K_{ro} g\alpha_A}{2\nu_{os}}\right)\left[\frac{\alpha_A K K_{ro} g\alpha_{L1}}{2\phi\Delta S_o \nu_{os}}(t - t_1) + S_1\right] \tag{5-2-13}$$

式中　Q_{o1u}——夹层边缘处的产油速率。

当蒸汽腔到达油藏顶界后,夹层边缘处的产油速率可以表示为:

$$Q_{o1u} = 2\alpha_1 \frac{K K_{ro} g\sin\theta_{N_1}}{m\nu_{os}}\sqrt{\frac{\alpha(t - t_1)}{\pi}} \tag{5-2-14}$$

同理,根据物质平衡原理可以得到由单位时间内夹层边缘流下的原油导致的生产井处流动原油厚度增加量以及夹层上方原油流入生产井时的产油速率。夹层下方油层 SAGD 产油速率可以表示为:

$$Q_{o11} = \begin{cases} \left(\dfrac{K K_{ro} g}{\nu_{os}}\right)^2 \dfrac{2\alpha_A}{mH\phi\Delta S_o}\sqrt{\dfrac{\alpha(t_r + t_p)}{\pi(4 + \alpha_L^2)}}\,t, & 0 \leqslant t \leqslant t_1 \\[2mm] \dfrac{\gamma_N K K_{ro} g\sin\theta_N}{m\nu_{os}}, & t > t_1 \end{cases} \tag{5-2-15}$$

式中　Q_{o11}——夹层下方产油速率。

无夹层影响的一侧蒸汽腔在上升过程中要分两个部分求解 SAGD 产能:遇到夹层前和遇到夹层后。遇到夹层前蒸汽腔产能规律不受夹层影响,因此无夹层一侧蒸汽腔的产能公式与式(5-2-15)相同,可以表示为:

$$Q_{o2} = Q_{o11}, \quad 0 \leqslant t \leqslant t_1 \tag{5-2-16}$$

根据式(5-1-19)和式(5-1-20),遇夹层后无夹层一侧的产能速率可以表示为:

$$Q_{o2} = \frac{K K_{ro} g\alpha_A}{2\nu_{os}} \cdot \left(\frac{\alpha_{L1}\alpha_A K K_{ro} gt}{4\phi\Delta S_o \nu_{os}} + S_1\right), \quad t_1 < t \leqslant t_r \tag{5-2-17}$$

式中　Q_{o2}——无夹层一侧油层贡献的产油速率。

蒸汽腔到达油藏顶界后横向扩展阶段以及向下扩展阶段下的 SAGD 产能求解方法与均质油藏相同。最后,将分开求解的产能进行叠加,得到未完全遮挡单夹层影响下的 SAGD 产能预测公式:

$$Q_o = Q_{o1u} + Q_{o11} + Q_{o2} \tag{5-2-18}$$

（2）夹层完全遮挡住蒸汽腔。

当蒸汽腔到达夹层后，夹层完全遮挡住蒸汽腔的上升通道，导致蒸汽腔沿着夹层向两侧扩展，当蒸汽腔扩展到夹层边缘后，继续上升到达油层顶部，如图 5-2-4 所示。

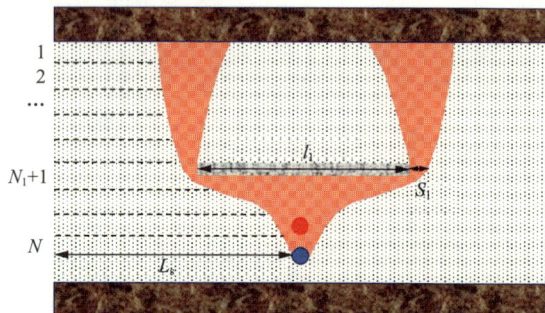

图 5-2-4　夹层完全遮挡蒸汽腔上升时的蒸汽腔发育示意图

蒸汽腔在到达夹层之前不受夹层的影响，根据均质油藏蒸汽腔上升阶段的产能表达式，该阶段的产能可以表示为：

$$Q_{o11} = \left(\frac{KK_{ro}g}{\nu_{os}}\right)^2 \frac{4\alpha_A}{mH\phi\Delta S_o}\sqrt{\frac{\alpha(t_r+t_p)}{\pi(4+\alpha_L^2)}}t, \quad 0\leqslant t\leqslant t_1 \quad (5\text{-}2\text{-}19)$$

蒸汽腔到达夹层后，开始向夹层两侧横向扩展，该阶段的产能公式表示为：

$$Q_{o11}^{(j)} = \frac{\gamma^{(j)}KK_{ro}g\sin\theta^{(j)}}{m\nu_{os}}, \quad t_1 < t\leqslant t_2 \quad (5\text{-}2\text{-}20)$$

式中　t_2——蒸汽腔前缘到达夹层边缘的时间。

当蒸汽腔绕过夹层继续上升时，在夹层上蒸汽腔前缘与夹层的距离是动态变化的，一般会随着蒸汽腔前缘向外扩张而增大，而前缘与夹层的距离大小对夹层上方蒸汽腔的扩展有密切联系，因此要先确定蒸汽腔绕过夹层继续上升过程中的横向扩展系数。该系数可以通过以下公式进行求解：

$$S_1^{(j)} = X_{N_1+1}^{(j)} - l_1/2 \quad (5\text{-}2\text{-}21)$$

式中　$X_{N_1+1}^{(j)}$——蒸汽腔绕过夹层后任意时刻第 N_1+1 个单元的蒸汽腔前缘在水平方向上的距离。

因此类似于式（5-2-11），可以得到：

$$\left[\alpha_{L1}^{(j)}H_1 + S_1^{(j)}\right]\sqrt{1 + \frac{\left[\alpha_{L1}^{(j)}\right]^2}{4}} = \frac{8}{m\alpha_A}\sqrt{\frac{\alpha(t-t_2)}{\pi}} \quad (5\text{-}2\text{-}22)$$

根据式（5-2-21）可求解出横向扩展系数，进而得到夹层上方油层在蒸汽腔上升阶段时夹层边缘处的产油速率：

$$Q_{o1u} = \frac{1}{2}\alpha_1\left(\frac{KK_{ro}g\alpha_A}{2\nu_{os}}\right)\left[\frac{\alpha_A KK_{ro}g\alpha_{L1}}{2\phi\Delta S_o\nu_{os}}(t-t_2) + S_1\right] \quad (5\text{-}2\text{-}23)$$

夹层上方蒸汽腔上升过程中加热的原油流至生产井时的产油速率为：

$$Q_{o1}^{(j)} = \frac{KK_{ro}}{\nu_{os}}\frac{Q_{o1u}^{(j)}}{L}g\sin\theta_N \quad (5\text{-}2\text{-}24)$$

此时,无夹层影响一侧蒸汽腔由仅横向扩展转变为以向上发育为主的阶段,结合式 (5-2-21)可得到无夹层影响一侧蒸汽腔上升过程中原油沿前缘斜面流动时的产油速率:

$$Q_{\mathrm{oN}_1}^{(j)} = \frac{KK_{\mathrm{ro}}g\alpha_{\mathrm{A}}\alpha_1}{4\nu_{\mathrm{os}}}\left[\frac{\alpha_{\mathrm{L1}}^{(j)}\alpha_{\mathrm{A}}KK_{\mathrm{ro}}g}{2\phi\Delta S_{\mathrm{o}}\nu_{\mathrm{os}}}(t-t_2)+S_1^{(j)}\right], \quad t_2 \leqslant t \leqslant t_{\mathrm{r}} \tag{5-2-25}$$

利用式(5-1-25)~式(5-1-30),并结合式(5-2-24)可以得出无夹层影响一侧蒸汽腔上升阶段时生产井处的产油速率为:

$$Q_{\mathrm{o2}}^{(j)} = \frac{\gamma_{\mathrm{N}}^{(j)}KK_{\mathrm{ro}}g\sin\theta_{\mathrm{N}}^{(j)}}{m\nu_{\mathrm{os}}} \tag{5-2-26}$$

当蒸汽腔到达油藏顶部时,夹层上方的蒸汽腔进入横向扩展阶段,此时夹层边缘处的产油速率为:

$$Q_{\mathrm{o1u}}^{(j)} = \alpha_1\frac{\gamma_{\mathrm{N}_1}^{(j)}KK_{\mathrm{ro}}g\sin\theta_{\mathrm{N}_1}^{(j)}}{m\nu_{\mathrm{os}}} \tag{5-2-27}$$

根据物质守恒定律,结合式(5-2-2)~式(5-2-7),可以得到夹层上方原油下泄到生产井时的原油增加厚度:

$$Q_{\mathrm{o1u}}^{(j)} = \lambda_1^{(j)}L \tag{5-2-28}$$

原油由夹层边缘下泄至生产井过程中所流经的距离表示为:

$$L_1 = H_2 - Y_k + (X_k - l_2)\tan\theta_k \tag{5-2-29}$$

$$L_2 = (l_2 - X_{k+1})/\cos\theta_k + \sum_{i=k+1}^{N}(X_i - X_{i+1})/\cos\theta_i \tag{5-2-30}$$

$$L = L_1 + L_2 \tag{5-2-31}$$

式中 l_2——夹层边缘与生产井的水平距离。

根据达西定律,结合式(5-2-26),可以计算出夹层上方原油流入生产井处的产油速率为:

$$Q_{\mathrm{o1}}^{(j)} = \frac{KK_{\mathrm{ro}}}{\nu_{\mathrm{os}}}g\lambda_1^{(j)}\sin\theta_{\mathrm{N}} \tag{5-2-32}$$

生产井处原油增加厚度是随着时间变化的,利用式(5-2-31)可以计算出下一时刻的原油增加厚度为:

$$\sum(Q_{\mathrm{o1u}}^{(j+1)} - Q_{\mathrm{o1}}^{(j)}) = \lambda_1^{(j+1)}L \tag{5-2-33}$$

通过式(5-2-32)和式(5-2-33)可以得到不同时刻下的夹层上方原油下泄至生产井时的产油速率,而无夹层影响一侧的蒸汽腔在横向扩展及向下扩展阶段时的产能公式不变,与式(5-2-26)相同。最后,对蒸汽腔发育过程中不同阶段下的产能公式进行整合,得到夹层完全遮挡蒸汽腔上升阶段的产能公式:

$$Q_{\mathrm{o}} = \begin{cases} 2Q_{\mathrm{o11}}, & 0 \leqslant t \leqslant t_2 \\ Q_{\mathrm{o1}} + Q_{\mathrm{o2}}, & t > t_2 \end{cases} \tag{5-2-34}$$

5.2.2　多夹层影响下的 SAGD 产能评价方法

相比单夹层,多夹层影响下的 SAGD 产能预测的难点主要体现在夹层分布位置不同、夹层长度不同以及夹层之间的间距不同。因此,基于单夹层 SAGD 产能预测模型,针对不同多夹层模式,将各个夹层上下侧油层的产能进行叠加求解,得到多夹层影响下的 SAGD 产能预测模型。下面建立两种典型的多夹层分布特征下的 SAGD 产能预测模型,如图 5-2-5 所示。其他多夹层分布特征下的 SAGD 产能预测模型可以根据夹层的不同特点结合前文建立的预测模型进行组合叠加。

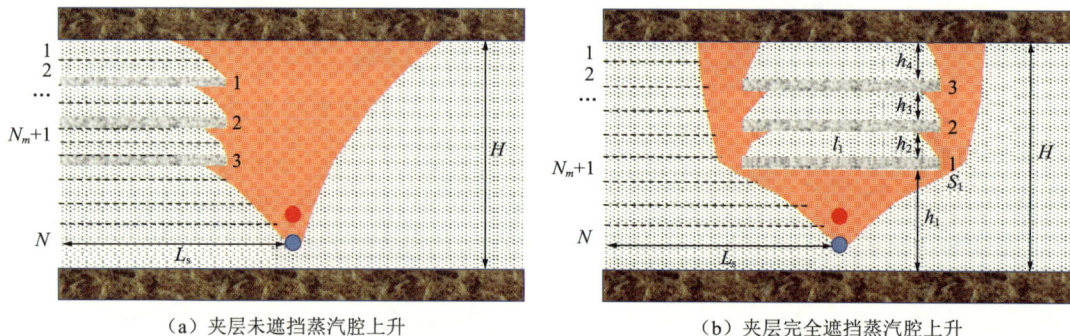

（a）夹层未遮挡蒸汽腔上升　　　　　　（b）夹层完全遮挡蒸汽腔上升

图 5-2-5　不同多夹层分布特征下的蒸汽腔发育示意图

1）蒸汽腔上升过程未遇到夹层遮挡

蒸汽腔上升至油藏顶部盖层的产能预测公式与均质油藏 SAGD 产能预测公式相同,可表示为:

$$Q_{ov} = \left(\frac{KK_{ro}g}{\nu_{os}} \right)^2 \frac{4\alpha_A}{mH\phi\Delta S_o} \sqrt{\frac{\alpha(t_r+t_p)}{\pi(4+\alpha_L^2)}} t, \quad 0 \leqslant t \leqslant t_r \qquad (5\text{-}2\text{-}35)$$

式中　Q_{ov}——蒸汽腔上升至油藏顶部盖层时的产油速率。

蒸汽腔到达油藏顶界后,继续向盖层两侧扩展时的单侧蒸汽腔产能预测公式为:

$$Q_{oh}^{(j)} = \frac{\gamma^{(j)} KK_{ro}g\sin\theta^{(j)}}{m\nu_{os}} \qquad (5\text{-}2\text{-}36)$$

式中　Q_{oh}——蒸汽腔到达油藏顶界后,继续向盖层两侧扩展时的单侧蒸汽腔产油速率。

当蒸汽腔遇到第一个夹层后,夹层边缘处的产油速率 Q_{o1N_1} 为:

$$Q_{o1N_1} = \alpha_1 \frac{\gamma_{N_1} KK_{ro}g\sin\theta_{N_1}}{m\nu_{os}} \qquad (5\text{-}2\text{-}37)$$

式中　下标 N_1——夹层上方蒸汽腔分段单元总数。

夹层上方原油流至生产井处时的原油增加厚度 λ_{1a} 为:

$$\lambda_{1a}^{(j)} = Q_{o1N_1}^{(j)} / L_a^{(j)} \qquad (5\text{-}2\text{-}38)$$

式中　L_a——蒸汽腔遇到第一个夹层时,该夹层上方原油流入生产井的路径距离。

因此,该时间步夹层上方原油流至生产井处的产油速率 Q_{o1a} 及下个时间步生产井处的原油增加厚度为：

$$Q_{\mathrm{o1a}}^{(j)} = \frac{KK_{\mathrm{ro}}}{\nu_{\mathrm{os}}} g\lambda_{1\mathrm{a}}^{(j)} \sin\theta_N \tag{5-2-39}$$

$$\sum (Q_{\mathrm{o1}N_1}^{(j+1)} - Q_{\mathrm{o1a}}^{(j)}) = \lambda_{1\mathrm{a}}^{(j+1)} L_{\mathrm{a}}^{(j+1)} \tag{5-2-40}$$

在计算夹层下方油层产油速率 $Q_{\mathrm{o1}N}$ 时将夹层视为油藏顶界，其表达式与均质油藏横向扩展阶段求解方法类似，可表示为：

$$Q_{\mathrm{o1}N}^{(j)} = \frac{\gamma_N^{(j)} KK_{\mathrm{ro}} g\sin\theta_N^{(j)}}{m\nu_{\mathrm{os}}} \tag{5-2-41}$$

当蒸汽腔遇到第二个夹层时，第二个夹层边缘处的产油速率 $Q_{\mathrm{o1}N_m}$ 为：

$$Q_{\mathrm{o1}N_m} = \alpha_1 \frac{\gamma_{N_m} KK_{\mathrm{ro}} g\sin\theta_{N_m}}{m\nu_{\mathrm{os}}} \tag{5-2-42}$$

式中 下标 N_m——第二个夹层高度处对应的蒸汽腔划分单元的个数。

因此，第一个夹层与第二个夹层间油层原油流入生产井处的产油速率为：

$$Q_{\mathrm{o1b}}^{(k)} = \frac{KK_{\mathrm{ro}}}{\nu_{\mathrm{os}}} g\lambda_{1\mathrm{b}}^{(k)} \sin\theta_N \tag{5-2-43}$$

式中 Q_{o1b}——蒸汽腔遇到第二个夹层时，两个夹层间原油流入生产井时的产油速率；

$\lambda_{1\mathrm{b}}$——两个夹层间原油流入生产井时增加的厚度；

上标 k——第 k 个时间步。

液流厚度的求解过程可参考式(5-2-37)~式(5-2-40)。

第二个夹层下方油层产油速率表达式与式(5-2-41)相同，但计算过程中油层厚度减少，可将第二个夹层视为油藏顶部盖层。

类似地，当蒸汽腔遇到第三个夹层时，可得到第三个夹层与第二个夹层之间油层原油流入生产井时的产油速率表达式为：

$$Q_{\mathrm{o1c}}^{(l)} = \frac{KK_{\mathrm{ro}}}{\nu_{\mathrm{os}}} g\lambda_{1\mathrm{c}}^{(l)} \sin\theta_N \tag{5-2-44}$$

式中 Q_{o1c}——蒸汽腔遇到第三个夹层时，第二个与第三个夹层间的原油流入生产井时的产油速率；

$\lambda_{1\mathrm{c}}$——第三个夹层与第二个夹层间原油流入生产井时增加的厚度；

上标 l——第 l 个时间步。

同理，根据式(5-2-41)可以得到蒸汽腔遇到第三个夹层后，夹层下方油层的产油速率。

类似地，当油层内分布 n 个夹层时，蒸汽腔在不同发育阶段下的产能评价模型为：

$$Q_{\mathrm{o}} = \begin{cases} Q_{\mathrm{ov}}, & 0 \leqslant t \leqslant t_{\mathrm{r}} \\ 2Q_{\mathrm{oh}}, & t_{\mathrm{r}} < t \leqslant t_j \\ Q_{\mathrm{o1a}}^{(t)} + Q_{\mathrm{o1}N}^{(t)} + Q_{\mathrm{oh}}^{(t)}, & t_j < t \leqslant t_k \\ Q_{\mathrm{o1a}}^{(t)} + Q_{\mathrm{o1b}}^{(t)} + Q_{\mathrm{o1}N}^{(t)} + Q_{\mathrm{oh}}^{(t)}, & t_k < t \leqslant t_l \\ Q_{\mathrm{o1a}}^{(t)} + Q_{\mathrm{o1b}}^{(t)} + Q_{\mathrm{o1c}}^{(t)} + Q_{\mathrm{o1}N}^{(t)} + Q_{\mathrm{oh}}^{(t)}, & t_l < t \leqslant t_n \\ \cdots \\ Q_{\mathrm{o1a}}^{(t)} + Q_{\mathrm{o1b}}^{(t)} + Q_{\mathrm{o1c}}^{(t)} + \cdots + Q_{\mathrm{o1}n}^{(t)} + Q_{\mathrm{o1}N}^{(t)} + Q_{\mathrm{oh}}^{(t)}, & t > t_n \end{cases} \tag{5-2-45}$$

式中　t_j——蒸汽腔到达第一个夹层的时间；

　　　t_k——蒸汽腔到达第二个夹层的时间；

　　　t_l——蒸汽腔到达第三个夹层的时间；

　　　t_n——蒸汽腔到达第 n 个夹层的时间；

　　　Q_{o1n}——蒸汽腔遇到第 n 个夹层时，该夹层上方原油流入生产井时的产油速率；

　　　上标 t——第 t 个时间步。

2）蒸汽腔上升过程遇到夹层遮挡

基于前述建立的蒸汽腔上升过程中单夹层完全遮挡蒸汽腔情况下的 SAGD 产能预测模型，通过考虑多夹层叠置对蒸汽腔发育规律的影响，建立多夹层分布特征下的 SAGD 产能预测模型，如图 5-2-5（b）所示。

当蒸汽腔未到达夹层时，结合式（5-2-19），SAGD 产能公式可以表示为：

$$Q_{ov} = \left(\frac{KK_{ro}g}{\nu_{os}}\right)^2 \frac{4\alpha_A}{mH\phi\Delta S_o}\sqrt{\frac{\alpha(t_r+t_p)}{\pi(4+\alpha_L^2)}}\,t, \quad 0 \leqslant t \leqslant t_1 \tag{5-2-46}$$

$$t_1 = \frac{2\phi\Delta S_o\nu_{os}h_1}{\alpha_A KK_{ro}g} \tag{5-2-47}$$

式中　t_1——蒸汽腔到达第一个夹层所需的时间；

　　　h_1——第一个夹层距生产井的垂直高度。

当蒸汽腔到达第一个夹层后，受到夹层的遮挡，蒸汽腔沿夹层两侧横向扩展，此阶段的产油速率可以表示为：

$$Q_{oh}^{(t)} = \frac{\gamma_N^{(t)}KK_{ro}g\sin\theta_N^{(t)}}{m\nu_{os}}, \quad t_1 < t \leqslant t_2 \tag{5-2-48}$$

式中　t_2——蒸汽腔前缘到达夹层边缘的时间。

蒸汽腔绕过第一个夹层后，继续向上发育，蒸汽腔前缘与夹层边缘的间距随着蒸汽腔上升而变大，可以用以下公式表示：

$$S_1^{(t)} = X_1^{(t)} - \frac{1}{2}l_1, \quad t_2 < t \leqslant t_3 \tag{5-2-49}$$

$$t_3 = t_2 + \frac{2\phi\Delta S_o\nu_{os}h_2}{\alpha_A KK_{ro}g} \tag{5-2-50}$$

式中　X_1——对于无夹层影响的蒸汽腔一侧，前缘在第一个夹层高度处的水平距离；

　　　t_3——蒸汽腔到达第二个夹层所需的时间；

　　　h_2——第二个夹层与第一个夹层间的垂直高度。

蒸汽腔到达第二个夹层前，上升过程中的蒸汽腔横向扩展系数可以表示为：

$$\left[\alpha_{L1}(H-h_1)+S_1^{(t)}\right]\sqrt{1+\frac{\alpha_{L1}^2}{4}} = \frac{8}{m\alpha_A}\sqrt{\frac{\alpha(t-t_2)}{\pi}} \tag{5-2-51}$$

根据式（5-2-51）求解出 α_{L1}，第一个夹层边缘处的产油速率 Q_{o1h_1} 可表示为：

$$Q_{o1h_1} = \begin{cases} \dfrac{1}{2}\alpha_1\left(\dfrac{K_og\alpha_A}{2\nu_{os}}\right)\left[\dfrac{\alpha_A KK_{ro}g\alpha_{L1}}{2\phi\Delta S_o\nu_{os}}(t-t_2)+S_1^{(t)}\right], & t_2 \leqslant t \leqslant t_3 \\[3mm] \dfrac{\alpha_1\gamma_{N_3}^{(t)}KK_{ro}g\sin\theta_{N_3}^{(t)}}{m\nu_{os}}, & t > t_3 \end{cases} \tag{5-2-52}$$

式中　N_3——第一个夹层对应的蒸汽腔单元划分个数。

第一个夹层边缘处原油流入生产井时的产油速率的求解过程与单夹层产油速率的求解过程类似,下面不再重复求解过程。因此,第一个夹层上方原油流入生产井时的产油速率表达式为:

$$Q_{o1a}^{(t)} = \frac{KK_{ro}}{\nu_{os}} g\lambda_{1a}^{(t)} \sin\theta_N^{(t)}, \quad t \leqslant t_2 \tag{5-2-53}$$

式中　λ_{1a}——第一个夹层上方原油流至生产井时的原油增加厚度。

在无夹层影响的蒸汽腔一侧,蒸汽腔上升阶段夹层上方原油流至第一个夹层高度位置时的产油速率 Q_{o2h_1} 为:

$$Q_{o2h_1}^{(t)} = \frac{KK_{ro}g\alpha_A\alpha_1}{4\nu_{os}} \left[\frac{\alpha_{L1}\alpha_A KK_{ro}g}{2\phi\Delta S_o\nu_{os}}(t-t_2) + S_1^{(t)} \right], \quad t_2 < t \leqslant t_3 \tag{5-2-54}$$

将夹层上方的油层看作一个分段单元,根据式(5-2-54)求解得到的产油速率就可以对夹层下方油层不同分段单元的产油速率进行求解,得到该阶段无夹层影响一侧蒸汽腔的产油速率 Q_{o2} 的表达式为:

$$Q_{o2}^{(t)} = \frac{\gamma_N^{(t)} KK_{ro}g\sin\theta_N^{(t)}}{m\nu_{os}} \tag{5-2-55}$$

蒸汽腔到达第二个夹层时,此时蒸汽腔前缘距第二个夹层的水平距离 S_2 为:

$$S_2^{(t)} = X_1^{(t)} - \frac{1}{2}l_1 + \alpha_{L1}^{(t)}h_2, \quad t_3 < t \leqslant t_4 \tag{5-2-56}$$

$$t_4 = t_3 + \frac{2\phi\Delta S_o\nu_{os}h_3}{\alpha_A KK_{ro}g} \tag{5-2-57}$$

式中　t_4——蒸汽腔到达第三个夹层所需的时间;

h_3——第二个夹层与第三个夹层间的垂直高度。

蒸汽腔到达第三个夹层前,上升过程中的横向扩展系数可以表示为:

$$\left[\alpha_{L2}(H-h_1-h_2) + S_2^{(t)} \right] \sqrt{1 + \frac{\alpha_{L2}^2}{4}} = \frac{8}{m\alpha_A}\sqrt{\frac{\alpha(t-t_3)}{\pi}} \tag{5-2-58}$$

式中　α_{L2}——第二个夹层上方蒸汽腔上升阶段的横向扩展系数。

由上式求解得到的 α_{L2} 得到第二层夹层上方原油流入生产井时的产油速率表达式为:

$$Q_{o1b}^{(t)} = \frac{KK_{ro}}{\nu_{os}} g\lambda_{1b}^{(t)} \sin\theta_N^{(t)}, \quad t > t_3 \tag{5-2-59}$$

无夹层影响一侧蒸汽腔的产油速率求解方式不变,其表达式与式(5-2-55)相同。

蒸汽腔到达第三个夹层时,蒸汽腔前缘与第三个夹层的水平距离 S_3 为:

$$S_3^{(t)} = X_1^{(t)} - \frac{1}{2}l_1 + \alpha_{L1}^{(t)}h_2 + \alpha_{L2}^{(t)}h_3, \quad t_4 < t \leqslant t_5 \tag{5-2-60}$$

$$t_5 = t_4 + \frac{2\phi\Delta S_o\nu_{os}h_4}{\alpha_A KK_{ro}g} \tag{5-2-61}$$

式中　t_5——蒸汽腔到达顶层所需的时间;

h_4——第三个夹层与顶层间的垂直高度。

蒸汽腔到达第三个夹层后继续上升,该过程中的横向扩展系数表达式为:

$$\left[\alpha_{L3}\left(H-h_1-h_2-h_3\right)+S_3^{(t)}\right]\sqrt{1+\frac{\alpha_{L3}^2}{4}}=\frac{8}{m\alpha_A}\sqrt{\frac{\alpha\left(t-t_4\right)}{\pi}} \qquad (5\text{-}2\text{-}62)$$

式中　α_{L3}——第三个夹层上方蒸汽腔上升阶段的横向扩展系数。

同理,得到第三个夹层上方原油流入生产井时的产油速率表达式为:

$$Q_{o1c}^{(t)}=\frac{K_o}{\nu_{os}}g\lambda_{1c}^{(t)}\sin\theta_N^{(t)}, \quad t>t_4 \qquad (5\text{-}2\text{-}63)$$

蒸汽腔到达顶层后,无夹层影响一侧的蒸汽腔发育进入横向扩展阶段,根据均质油藏横向扩展阶段的产能求解方法,将夹层上方油层细分成一系列小单元进行迭代求解,产油速率表达式与式(5-2-55)相同,但计算过程中的分段单元有所增加。综上,当油层中有 n 个夹层时,蒸汽腔到达第 n 层后,此时蒸汽腔前缘与第 n 个夹层的水平距离 S_n 为:

$$S_n^{(t)}=X_1^{(t)}-\frac{1}{2}l_1+\sum_{i=1}^n\alpha_{Ln}^{(t)}h_n, \quad t>t_{n+1} \qquad (5\text{-}2\text{-}64)$$

$$t_{n+1}=t_1+t_2+\frac{2\phi\Delta S_o\nu_{os}}{\alpha_A K K_{ro}g}\sum_{i=2}^n h_i \qquad (5\text{-}2\text{-}65)$$

式中　α_{Ln}——第 n 个夹层上方蒸汽腔上升阶段的横向扩展系数;

　　h_n——第 n 个夹层与第 $n-1$ 个夹层间的垂直亮度;

　　t_{n+1}——蒸汽腔到达第 n 个夹层所需的时间。

蒸汽腔到达第 n 个夹层后继续上升,该过程中的横向扩展系数表达式为:

$$\left[\alpha_{Ln}\left(H-\sum_{i=1}^n h_i\right)+S_n^{(t)}\right]\sqrt{1+\frac{\alpha_{Ln}^2}{4}}=\frac{8}{m\alpha_A}\sqrt{\frac{\alpha\left(t-t_{n+1}\right)}{\pi}} \qquad (5\text{-}2\text{-}66)$$

第 n 个夹层上方原油流入生产井时的产油速率表达式为:

$$Q_{o1n}^{(t)}=\frac{K_o}{\nu_{os}}g\lambda_{1n}^{(t)}\sin\theta_N^{(t)}, \quad t>t_{n+1} \qquad (5\text{-}2\text{-}67)$$

式中　λ_{1n}——第 n 个夹层上方原油流至生产井时的原油增加厚度。

最后,油藏中含有 n 个夹层时蒸汽腔在不同发育阶段下的产能评价模型为:

$$Q_o=\begin{cases} Q_{ov}, & 0\leq t\leq t_1 \\ 2Q_{oh}, & t_1<t\leq t_2 \\ 2\left[Q_{o1a}^{(t)}+Q_{o2}^{(t)}\right], & t_2<t\leq t_3 \\ 2\left[Q_{o1a}^{(t)}+Q_{o1b}^{(t)}+Q_{o2}^{(t)}\right], & t_3<t\leq t_4 \\ 2\left[Q_{o1a}^{(t)}+Q_{o1b}^{(t)}+Q_{o1c}^{(t)}+Q_{o2}^{(t)}\right], & t_4<t\leq t_5 \\ \cdots \\ 2\left[Q_{o1a}^{(t)}+Q_{o1b}^{(t)}+Q_{o1c}^{(t)}+\cdots+Q_{o1n}^{(t)}+Q_{o2}^{(t)}\right], & t>t_{n+1} \end{cases} \qquad (5\text{-}2\text{-}68)$$

5.2.3　渗流屏障影响下的 SAGD 产能变化规律

采用实验室尺度下的油藏基础参数(表5-2-1)分别计算不同夹层分布特征下的 SAGD 产能及蒸汽腔变化规律,分析多夹层对蒸汽腔发育规律以及产能的影响。SAGD 开发过程中,夹层通过阻碍蒸汽腔持续扩张,改变蒸汽移动速度来影响蒸汽腔的发育规律,同时夹层会遮挡原油的下泄通道,增大原油下泄阻力,进而影响 SAGD 产能。夹层对蒸汽腔发育规律的影响是蒸汽运动与原油渗流综合作用的结果,原油流动规律的变化造成了蒸汽腔发育规律的变化,而蒸汽腔发育规律的变化又造成了油藏内温度场的变化,反过来又影响了原油的流动规律。因此,蒸汽腔的发育规律与产能变化规律之间存在着相互影响、相互制约的关系。利用前述建立的 SAGD 产能评价数学模型,可对多夹层对蒸汽腔发育规律及 SAGD 产能的影响进行分析,并探讨 SAGD 蒸汽腔发育规律与产能间的内在影响机理。

表 5-2-1　实验室尺度下的油藏参数取值表

类　别	参　数	数　值
油藏参数	油层厚度/cm	12
	水平井长度/cm	40
	孔隙度/%	33
	绝对渗透率/($10^{-3}\ \mu m^2$)	40 000
	相对渗透率	0.2
	油藏热扩散系数/(cm²·min⁻¹)	0.4
	初始含油饱和度/%	85
	残余油饱和度/%	15
	蒸汽腔操作压力/MPa	2.2
	油藏温度/℃	20
	油汽横截面积比值	1

1）夹层遮挡蒸汽腔上升

由图 5-2-6 可知夹层在注汽井上方时不同区域产油速率的劈分结果,图中显示的 t_1, t_2,t_3,t_4 时刻为产油速率发生变化的临界时刻。图 5-2-7 所示为不同时刻蒸汽腔前缘移动规律图。结合图 5-2-6 和图 5-2-7 可以看出,产油速率在开始阶段快速上升,到达第一个峰值后缓慢下降,这是由于蒸汽腔在上升阶段遇到了夹层的遮挡,蒸汽腔上升通道被阻断并沿夹层两侧横向扩展,蒸汽腔前缘与水平方向夹角不断变小,使得原油下泄速度不断降低,产油速率逐渐降低,蒸汽腔在 t_1 时刻到达夹层边缘,此时产油速率下降到峰值间的最低点。随后,产油速率快速上升,出现该现象一是因为蒸汽腔绕过夹层后继续向上发育,泄油高度不断提升,泄油速度相应增大,二是因为夹层上方原油的下泄提高了产油速率。蒸汽腔在 t_2 时刻到达第三个夹层处,此时第一个夹层和第二个夹层间油层区域内原油的下泄受到夹层的遮挡,而第二个夹层上方区域的蒸汽腔还处于上升阶段,夹层尚未对原油的下泄起到遮挡作用,因此此时的产油速率等于蒸汽腔两侧原油的产油速率与第一个夹层影响区域内原油的产油速率之和。随着蒸汽腔的继续上升,蒸汽腔在不同夹层间的波及体积增大,产油速率上升趋势随之增大,直到蒸汽腔到达顶部盖层(t_3时刻)。

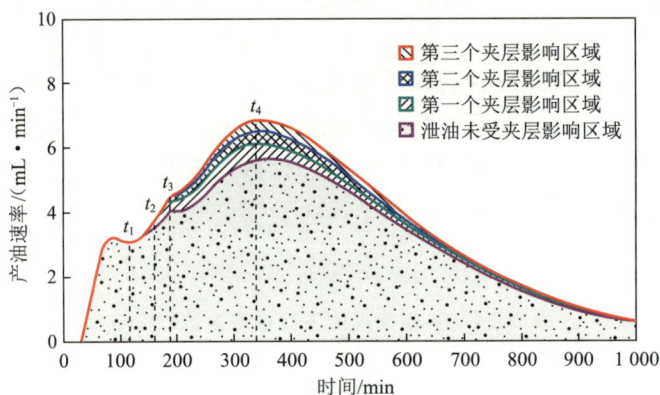

图 5-2-6　夹层遮挡 SAGD 蒸汽腔上升阶段的产能模拟结果

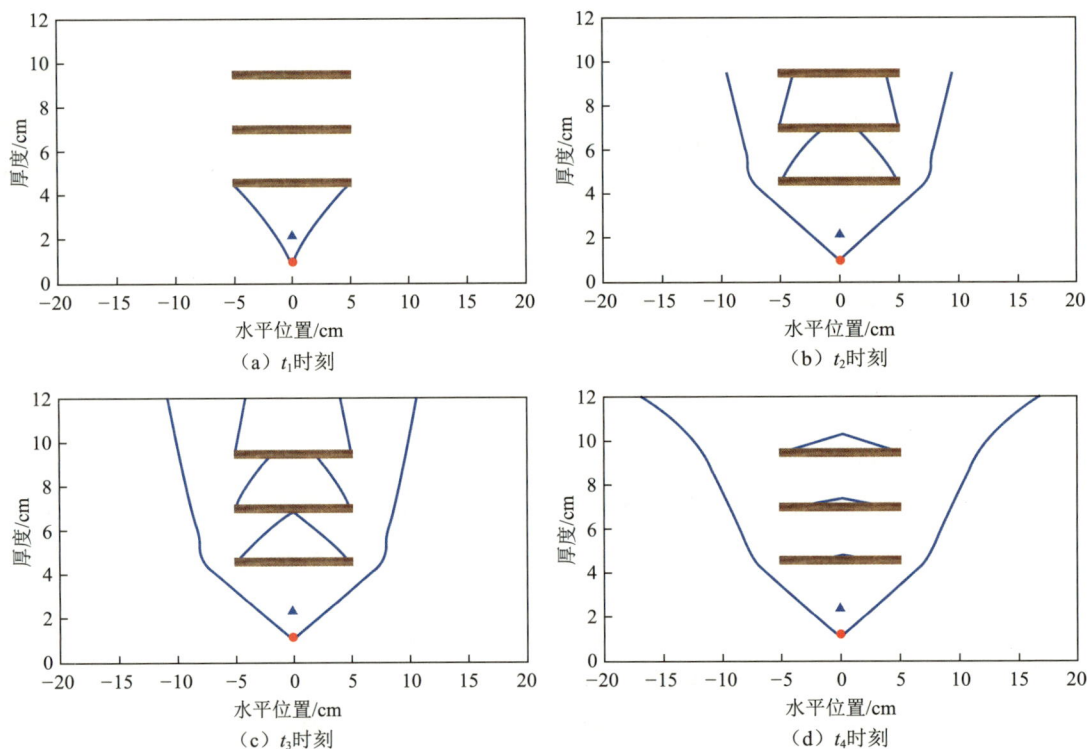

图 5-2-7　不同时刻蒸汽腔前缘移动规律图

蒸汽腔到达顶部盖层后,开始转入横向扩展阶段,初期向两侧扩展速度相对较慢,未受夹层泄油影响区域内的产油速率保持相对稳定,然而各夹层间原油的下泄提高了部分区域的产油速率,使得整体产油速率仍呈上升趋势。随着蒸汽腔扩展速度的提高,产油速率的上升趋势也不断增大,同时夹层间的油层大部分体积被蒸汽腔波及,产油速率到达第二个峰值,随后蒸汽腔高度不断下降,产油速率逐步降低。各夹层间的产油速率贡献量各不相同,夹层高度越大,夹层上方油层对产油速率的贡献量越小。其原因是夹层高度越大,原油下泄时的路径越长,沿程的油流体积越大,导致夹层上方的原油流至生产井处在蒸汽腔斜面形成的油流厚度相对越薄,因此产油速率贡献量相应越小。

2) 夹层未遮挡蒸汽腔上升

图 5-2-8(a)所示为夹层在模型一侧时不同区域产油速率的模拟结果,图 5-2-8(b)所示为图 5-2-8(a)的局部放大图。图 5-2-9 所示为不同时刻蒸汽腔前缘移动规律图,一一对应图 5-2-8 中 t_1,t_2,t_3,t_4 时刻的蒸汽腔前缘形状。结合图 5-2-8 和图 5-2-9 可以看出,蒸汽腔不断上升,在 t_1 时刻到达顶部盖层,后沿顶部盖层两侧继续向外扩展,在 t_2 时刻遇到夹层,产油速率快速上升到达峰值,由于未受夹层的影响,产油速率与均质油藏相同。蒸汽腔遇到第一个夹层后,产油速率与均质油藏相比明显降低,由于受到夹层的遮挡,夹层上方的原油下泄缓慢,第一个夹层上方蒸汽腔扩展速度与无夹层影响一侧相比明显变慢,而沿夹层下方扩展的蒸汽腔迅速增大,其原因是蒸汽腔遇到夹层时,夹层上方原油下泄被夹层阻挡,下方蒸汽腔前缘角度较大,原油在该位置处下泄速度较快,但下泄后没有上方原油补充而迅速被蒸汽填充,使得蒸汽腔迅速沿着夹层下方扩展,蒸汽腔扩展速度随着前缘角度变小而降低。

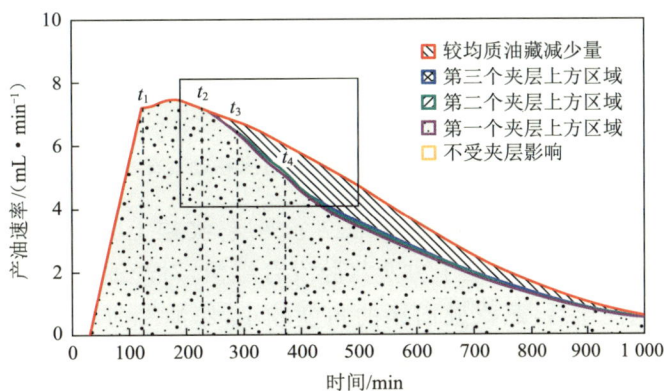

（a）全阶段的SAGD产能劈分

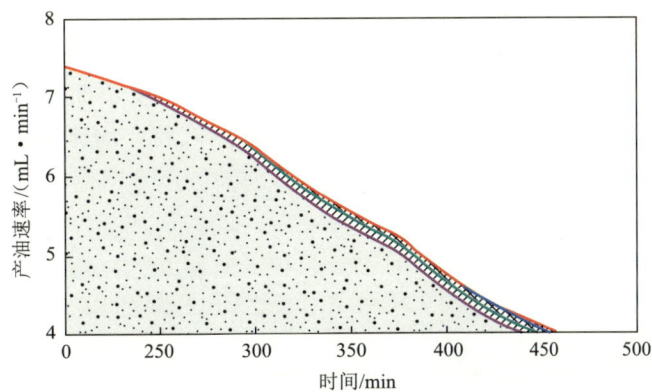

（b）夹层影响期SAGD产能（局部放大图）

图 5-2-8　夹层未遮挡 SAGD 蒸汽腔上升阶段的产能模拟结果

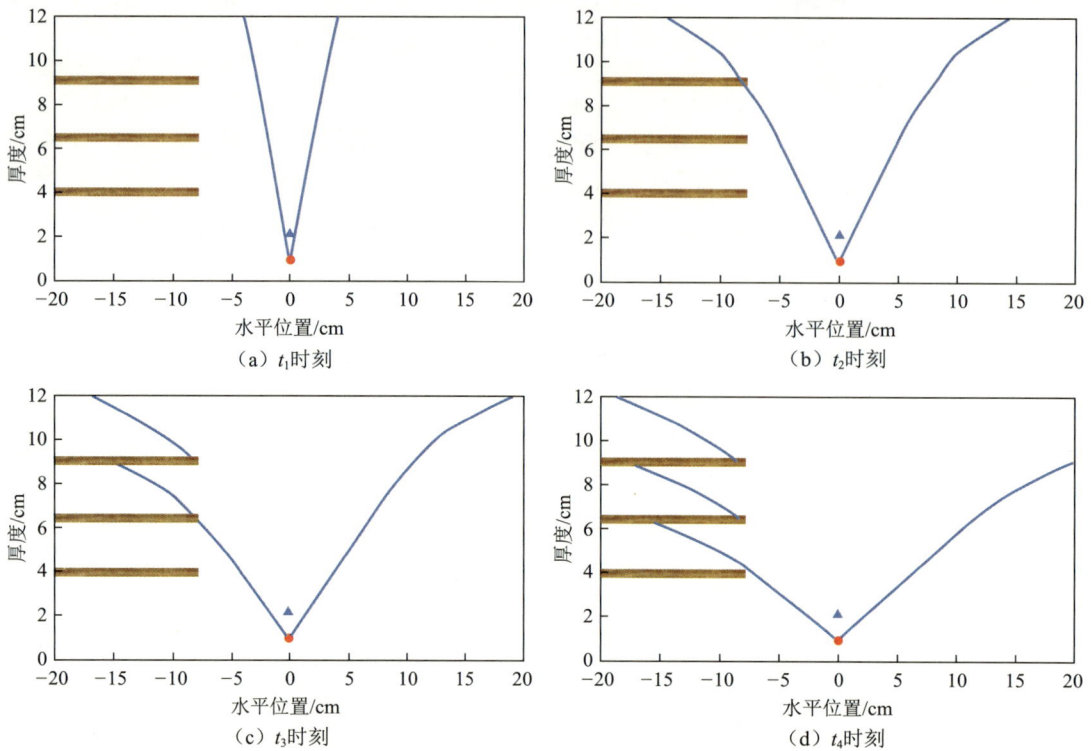

图 5-2-9　不同时刻蒸汽腔前缘移动规律图

　　蒸汽腔继续横向扩展,在 t_3 时刻遇到第二个夹层,夹层上方原油的下泄开始受到阻碍,产油速率随之进一步降低,夹层上方蒸汽腔发育缓慢,对产油速率的贡献量很少,这主要是由于蒸汽腔遇到夹层后,蒸汽腔前缘的角度较小,原油沿前缘下泄速度较慢,且夹层阻碍了原油的下泄,最终使得夹层上方的产油速率较小。蒸汽腔遇到第三个夹层后,产油速率下降趋势不断增大,与均质油藏产油速率之间的差距先增大后逐渐缩小。差距先不断增大是由于受夹层影响一侧的蒸汽腔不断遇到夹层,使得泄油高度不断降低,导致产油速率快速下降;差距在后期不断缩小是因为夹层影响一侧的蒸汽腔正沿第三个夹层下方横向扩展,泄油高度保持不变,而无夹层影响一侧蒸汽腔高度不断降低,原油沿右侧蒸汽腔前缘下泄的速度相对较低,因此受夹层影响一侧的蒸汽腔产油速率下降趋势变缓,与均质油藏产油速率的差距不断缩小。

第6章
蒸汽辅助重力泄油开发效果改善技术

水平井段沿程方向上的非均质渗透率分布及井筒内的变质量流动特征是影响 SAGD 开发效果的重要因素,特别是对于长水平段水平井,会导致 SAGD 开发过程中水平井沿程方向上的吸汽剖面和蒸汽腔扩展不均,SAGD 开发效果变差。基于该问题,本章着重介绍3 种目前在 SAGD 开发过程中常用的改善开发效果技术,即水平井筒沿程流体流动调控技术、溶剂辅助蒸汽重力泄油技术(ES-SAGD)及微压裂扩容技术等。

6.1 水平井筒沿程流体流动调控技术

6.1.1 水平井筒沿程流体流动调控技术简介

所谓水平井筒沿程流体流动调控技术,就是通过采用一定的装置或手段调整井筒内流体的流动规律,以提高井筒沿程方向上流体流入/流出剖面的一致性。图 6-1-1 所示为不同注汽模式下水平井热采开发井筒沿程加热效果。可以看出,井筒沿程加热效果具有一定的非均匀性。类似地,在稠油油藏双水平井 SAGD 开发过程中,受油藏非均质性和井筒沿程摩阻的影响,井对沿程方向上的吸汽剖面及蒸汽腔扩展特征具有严重的非均匀性,使得沿程方向上的储量动用程度不均匀,影响开发效果。

为改善水平井沿程非均匀吸汽剖面,提高动用程度,目前流动控制装置(flow control device,FCD)多点注汽技术及双管注汽技术等已被用于稠油油藏的 SAGD 开发。

1)FCD 多点注汽技术

FCD 多点注汽技术是通过摩阻或者限流方式产生附加压降,对高流量段进行限流,调整井筒压力分布,从而改善稠油油藏水平井注汽生产开发效果,使注汽/产出剖面均衡。FCD 包括 ICD(流入控制器)和 OCD(流出控制器)两种类型,其中 ICD 主要用于注汽井,而 OCD 主要用于生产井。图 6-1-2 所示为 FCD 在注蒸汽热采水平井中的应用。对于油藏渗透率高、加热半径大的井段,需要限制流动;对于渗透率低、加热半径小的井段,则需要通过 FCD 改善流动,提高该井段的注汽量,增大加热半径。目前该技术已在稠油油藏的水平井蒸汽吞吐及 SAGD 热采开发中得到广泛应用。

（a）跟端注汽模式

（b）趾端注汽模式

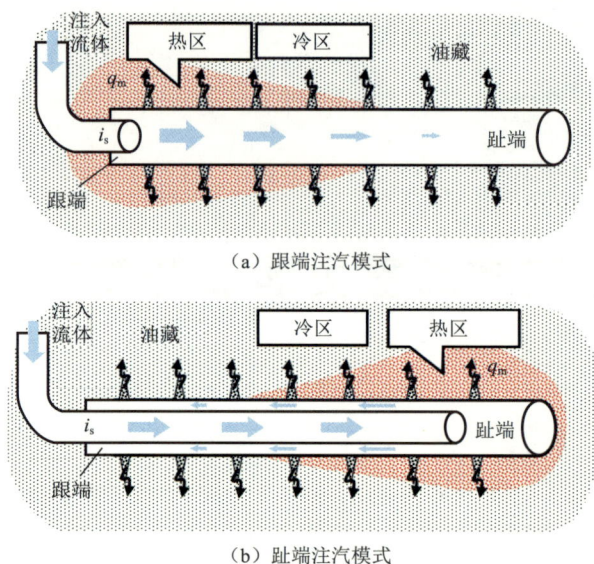

图 6-1-1　不同注汽模式下的水平井热采开发井筒沿程加热效果

i_s—蒸汽注入速度；q_m—吸汽量

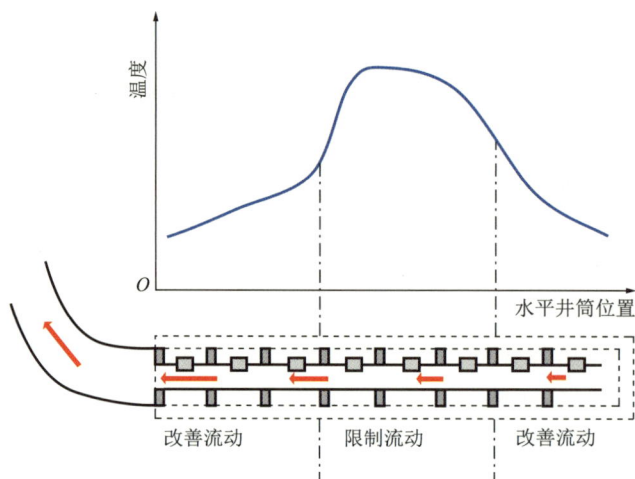

图 6-1-2　水平井筒 FCD 调控示意图

2）双管注汽技术

与 FCD 多点注汽技术不同，双管注汽技术是在水平井筒内下入两根（一根主管、一根副管）平行或同心关系的注汽管柱，副管下至水平井跟端，主管下至水平井趾端，如图 6-1-3 所示。通过双管可以实现对水平井跟端和趾端注汽参数的单独控制，并根据具体的吸汽情况，在地面井口对跟端和趾端的注汽参数进行实时调整。在某些情况下，也可结合实际的水平井沿程方向上的吸汽剖面特征，调整两根注汽管柱的下入位置，实现对水平井全井段的有效动用。这种通过平行双管和同心双管方式改善注汽剖面的方法是近些年来稠油热采开发矿场实践使用较广泛的两种注汽方法，可在一定程度上改善井筒沿程吸汽不均和动用程度差的问题。

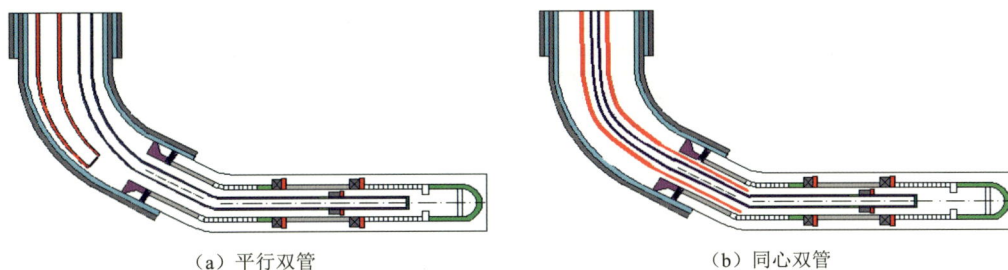

（a）平行双管　　　　　　　　　　　（b）同心双管

图 6-1-3　水平井双管注汽工艺示意图

　　平行双管注汽目前已在国内外稠油油藏的 SAGD 热采开发实践中得到广泛应用，如图 6-1-4 所示。在启动阶段，井对中注汽井和生产井的主管注蒸汽，副管打开排汽，构成封闭循环，开展井间预热；在正常 SAGD 阶段，注汽井的主、副管注汽，生产井的主、副管排液，保证正常的 SAGD 生产。

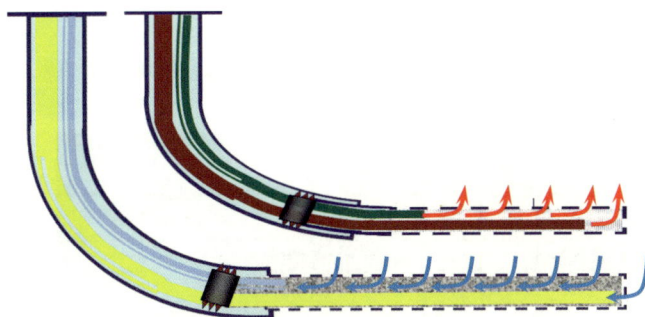

图 6-1-4　平行双管双水平井 SAGD 示意图

6.1.2　不同调控方式的效果对比

1）FCD 多点注汽调控效果

（1）蒸汽吞吐开发方式下的 FCD 多点注汽调控。

图 6-1-5 所示为辽河油田某多点注汽井注汽管柱结构示意图，图中均匀注汽系统为配注器位置；图 6-1-6 所示为该井注汽前后温度测试结果。可以看出，采用均匀配注方式前后，水平段地层温度发生较大变化，原来吸汽能力较好的水平段地层温度有所回落，原来吸汽能力较差的水平段地层温度得以升高。FCD 多点注汽工艺的实施极大地改善了水平井的沿程吸汽剖面。

（2）SAGD 开发方式下的 FCD 多点注汽调控。

图 6-1-7 所示为稠油油藏双水平井 SAGD 开发的井筒沿程吸汽剖面发育情况。可以看出，在未安装 FCD 时，受到油藏非均质性和井筒变质量流影响，水平井趾端的吸汽程度低，加热效果与跟端相差较大，沿程吸汽剖面发育极不均匀，影响蒸汽腔扩展。注采井安

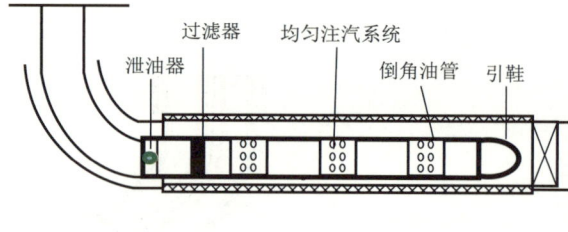

图 6-1-5　辽河油田某多点注汽井注汽系统管柱示意图

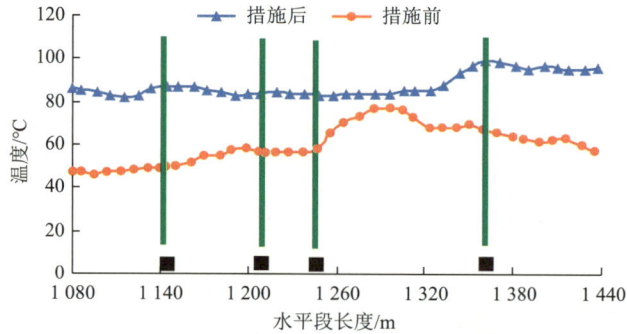

图 6-1-6　辽河油田某多点注汽井注汽前后温度测试结果

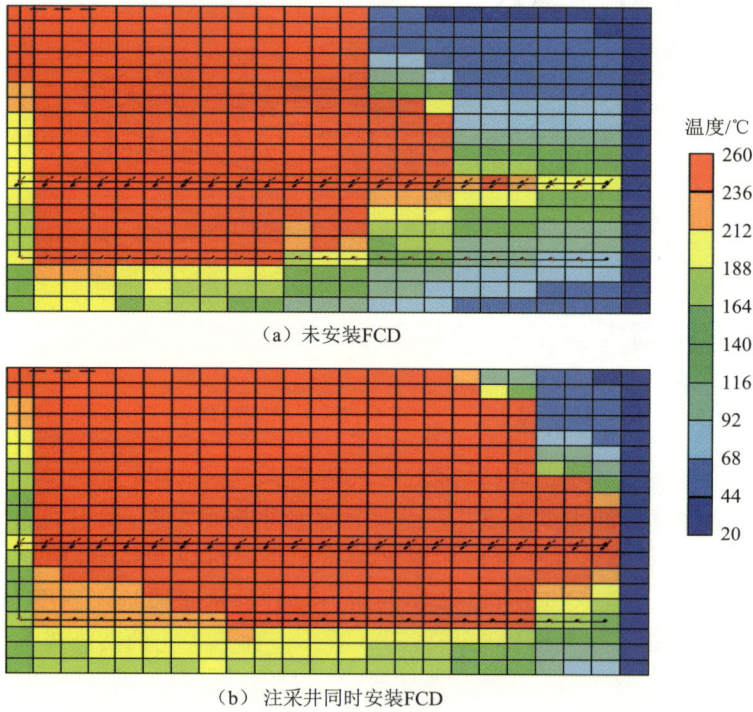

（a）未安装FCD

（b）注采井同时安装FCD

图 6-1-7　FCD 对双水平井 SAGD 沿程吸汽剖面的影响

装 FCD 后,在附加压降影响下,有效提高了趾端的吸汽量,改善了加热效果,提高了吸汽均匀程度。

考虑到 FCD 的高成本问题,对于实际稠油油藏中的 SAGD 井对,在使用 FCD 改善开发效果时,需结合该油藏的实际特征对 FCD 的使用数量、安装位置、孔径尺寸及孔眼密度等参数进行优化,从而实现 FCD 辅助 SAGD 开发的有效实施。目前 CMG 油藏数值模拟软件 STARS 模块的 Flex well 功能可以实现对 FCD 的有效模拟,进行 FCD 辅助 SAGD 开发的精确预测。因此,对于 FCD 辅助 SAGD 开发,特别是水平井筒沿程方向蒸汽腔发育不均匀的情况,基于大量的数值模拟研究,得到以下几点认识:

① FCD 安装越多,调控效果越好,但成本较高,存在最佳的 FCD 装置安装数量;

② FCD 安装位置应尽可能靠近井筒跟部及高渗井段,易达到蒸汽腔均匀扩展;

③ FCD 孔眼尺寸越小,节流压降越大,控流作用越好,越易实现均衡注气。

2)双管注汽调控效果

(1)蒸汽吞吐开发方式下的双管注汽调控。

图 6-1-8 所示为新疆风城油田某蒸汽吞吐水平井(平行双管)的井温测试结果。其中,FHW-1 井在水平段 319.1~353.1 m 和 422.1~454.1 m 出现两个温度峰值,该井的水平段被强制分成两段吸汽,从而使得水平段沿程吸汽剖面得到改善;FHW-2 井为 FHW-1 的邻井,该井未采用双管注汽工艺技术,可以看出该井的 398~453 m 段为主要吸汽区,与FHW-1 井相比,FHW-2 井的水平段吸汽非均匀性较严重,沿程动用效果差。

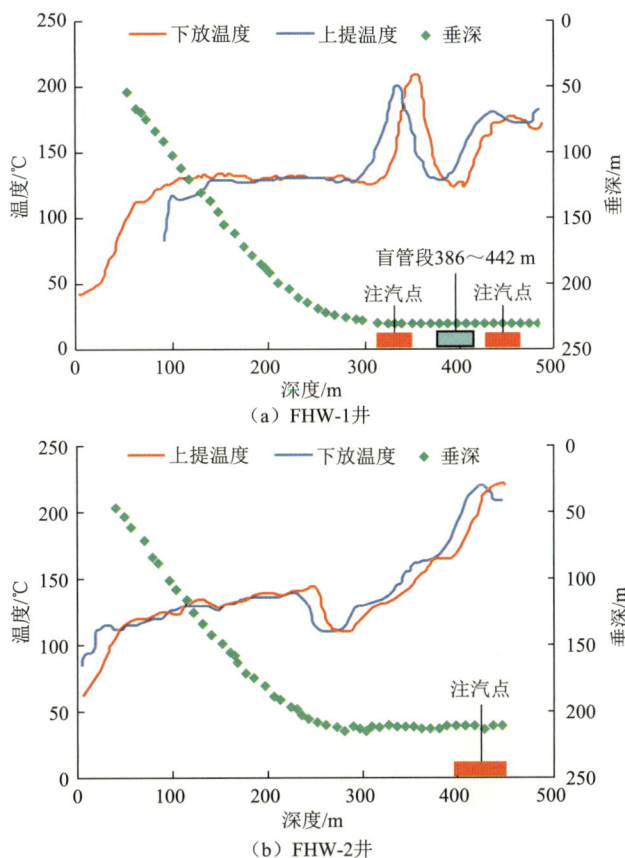

(a) FHW-1井

(b) FHW-2井

图 6-1-8　新疆风城油田某蒸汽吞吐井(平行双管)井温测试结果

（2）SAGD 开发方式下的双管注汽调控。

图 6-1-9 所示为考虑井筒摩阻影响下的双水平井 SAGD 蒸汽腔扩展规律。可以看出，从启动阶段开始，水平井跟端的温度较趾端高，并且蒸汽腔由跟端向趾端逐渐发育；约 2.5 年后，水平井沿程的蒸汽腔逐渐扩展至油藏顶界，而此时水平井跟端仍存在一定的难动用井段。这主要是因为存在井筒摩阻及热损失，导致跟端注采压差较趾端大，且注汽温度较趾端高，从而跟端蒸汽腔发育快。结合图 6-1-8 可知，采用双管注汽管柱可实现对跟端、趾端的同时控制，显著改善这种水平井筒沿程蒸汽腔发育不均匀的情况。

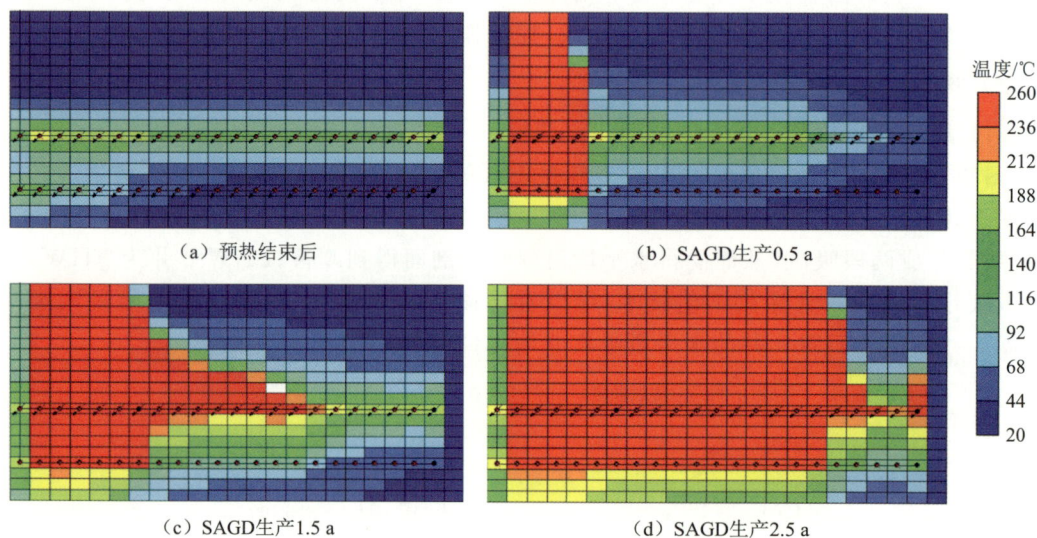

（a）预热结束后   （b）SAGD生产0.5 a

（c）SAGD生产1.5 a   （d）SAGD生产2.5 a

图 6-1-9　考虑井筒摩阻影响下的双水平井 SAGD 蒸汽腔扩展规律

6.1.3　改善注入流体特征

除了以上通过改变完井管柱结构的形式来改善水平井筒沿程吸汽特征之外，改变注入流体组成也会在一定程度上改善水平井筒沿程流体流动特征。与传统饱和蒸汽的注入过程相比，蒸汽＋非凝析气的混合流体注入水平井可使井筒沿程热损失速率较小，且其中的蒸汽组分干度更高。这主要是由于非凝析气的加入有助于改善注入流体的热物理性质，与不含非凝析气的传统蒸汽相比，流体密度降低，黏度降低，膨胀能力增强，压降损失更低，此外由于非凝析气体（如 N_2，CO_2）的隔热性能较好，从而进一步降低了流体与井筒、地层之间的传热损失。

图 6-1-10 所示为跟端注汽管柱模式的水平井在一定的注采参数条件下，注入饱和蒸汽与蒸气-烟道气混合热流体时的水平井筒沿程流体流动特征。与注入饱和蒸汽的情况相比，注入混合热流体时的井筒热损失速率更小，蒸汽干度更高，热有效长度也更长。该参数条件下，水平井注混合热流体时的热有效长度较注入饱和蒸汽时提高了约 28 m，沿程加热效果得到改善。

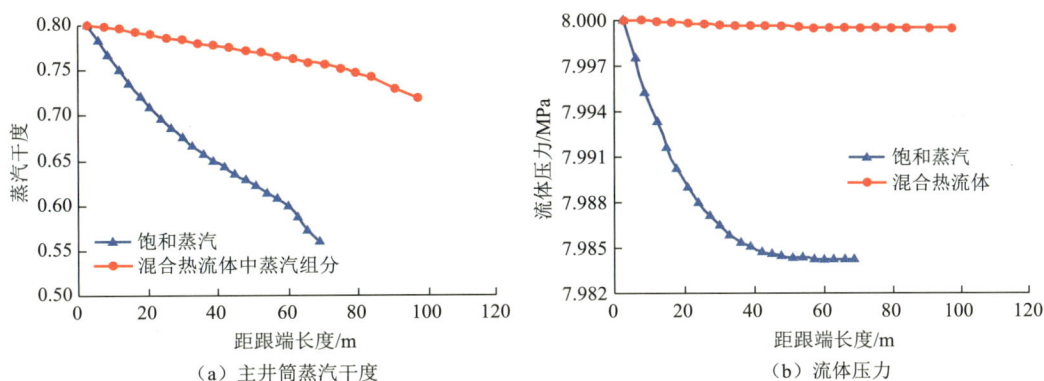

图 6-1-10 水平井注入饱和蒸汽与混合热流体的水平井筒沿程流体流动特征

6.2 溶剂辅助蒸汽重力泄油技术

溶剂辅助蒸汽重力泄油技术(ES-SAGD)是指在稠油油藏 SAGD 过程中,蒸汽中添加少量(体积分数 5％～20％)轻质烃类溶剂(如 C_3～C_{12})混合注入油层。该技术既可以充分发挥注入蒸汽加热降黏的机理,还具有溶剂与原油混溶降黏、扩散等机理,可以大幅提高 SAGD 蒸汽腔的扩展速度,降低原油黏度,提升重力泄油速度与产量水平。相比 SAGD,ES-SAGD 进一步降低了蒸汽的注入量,降低了汽油比,提高了采收率。对于溶剂的选择,轻质烃类需在目标油层压力条件下具有与蒸汽相同或者相近的饱和蒸气温度,以保证在蒸汽腔中溶剂与蒸汽具有相同的相态特征。

6.2.1 ES-SAGD 简介

1) ES-SAGD 原理

溶剂与蒸汽同时注入油藏后,形成了包括水蒸气和溶剂气的蒸气相(vapor phase),并在油藏中建立一个蒸气腔体,如图 6-2-1 所示。蒸气腔边界与低温稠油接触,导致水蒸气和溶剂冷凝。ES-SAGD 中稠油黏度的降低主要基于以下两方面机理:

(1) 水蒸气向低温稠油传递热量;

(2) 冷凝的溶剂迅速溶解到稠油中使其稀释。

ES-SAGD 中,稠油的降黏效果优于 SAGD,这使得原油的产油速率增大,最终采收率增加。

ES-SAGD 中溶剂的最佳体积分数为 4％～8％,相比 SAGD,ES-SAGD 的采收率超过 70％。溶剂能够改善驱替介质和被驱替流体间的流度比,降低界面张力,降低原油黏度。通过井对上方的水平井向稠油油藏注入溶剂和水蒸气,可降低稠油黏度,加强传质。溶剂能够促进含汽油的流动,使其在重力作用下排油,并通过下方的水平井产油。ES-

SAGD 过程充分发挥了热质传递效应,尽可能地迅速降低原油黏度,提高采出量。同时受溶剂影响,ES-SAGD 的蒸气腔温度往往较 SAGD 的蒸汽腔温度低,因此热损失较小。

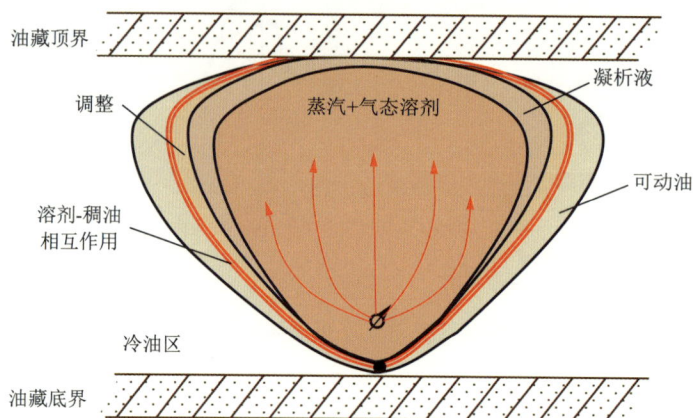

图 6-2-1　ES-SAGD 示意图

相比 SAGD,ES-SAGD 具有如下优势:

(1)降低汽油比。

ES-SAGD 在实际上减少了用水量,减少了产生蒸汽的燃料消耗,进而减少了投资和二氧化碳的排放量,另外,它也减轻了 SAGD 产出水的处理成本。

(2)提高产油速率。

ES-SAGD 的瞬时产油速率高于 SAGD,即使是在低注入压力情况下也是如此。理想的溶剂在蒸气腔中是气态,在蒸气腔的边界冷凝,并且要在蒸汽冷凝之前冷凝。蒸汽中添加溶剂加快了原油开采,溶剂在蒸汽冷凝之前需有足够的时间和稠油混合。

2)影响 ES-SAGD 开发效果的因素

(1)溶剂类型。

溶剂类型的选取对于 ES-SAGD 开发效果有较大影响。目前 ES-SAGD 常用的溶剂类型包括丁烷、己烷、$C_6 \sim C_8$ 的烃类混合物、戊烷、庚烷等,这主要是由于这些溶剂的蒸气温度和水蒸气的饱和温度接近,在操作过程中易保持气态。对于某一特定稠油油藏,选取不同类型的溶剂除影响蒸气腔扩展和最终原油产量外,还会产生以下影响:

① 溶剂抽提效应是 ES-SAGD 的主要作用机理,因此尽管 ES-SAGD 可以大幅改善 SAGD 的开发效果,但该方式实施过程中易在油藏内发生严重的沥青沉降效应,即原油中的轻质组分被采出,重质组分继续残留在油藏内,附着在孔隙壁面,难以采出。为此,国内外学者提出采用具有沥青溶解性能的溶剂(如二甲苯),这将是 ES-SAGD 发展的重要方向。

② 考虑到溶剂成本较高,高的溶剂回收率将是保证 ES-SAGD 持续实施的关键。

对某一特定稠油油藏进行 ES-SAGD 溶剂类型优选时,需结合理论分析和室内实验从不同方面进行系统评价。

（2）溶剂浓度。

溶剂浓度主要影响产油速率。随着溶剂浓度增加，更多的溶剂溶解到原油中，降低了原油黏度，从而可提高产油速率，降低汽油比，增大累产油量，改善开发效果。但溶剂成本较高，需要保证较高的溶剂回收率，因此溶剂浓度主要取决于溶剂成本和在油藏中的驻留时间以及在油藏中的损失程度。

（3）注入压力。

注入压力主要对蒸气腔的发育程度和蒸汽注入速度有较大影响。较低的注入压力（p_{s2}）下，蒸汽注入速度较小，导致蒸气腔上升过程中横向扩展速度加快，从而使得其比高注入压力（p_{s1}）下的油汽比稍高，如图 6-2-2 所示。同时由于速度降低，热损失增大，从而蒸汽温度降低，油藏被加热的温度降低。而随着注入压力增大，蒸汽注入速度提高，油汽比降低。但低压下的油藏温度低，导致原油黏度增加，又会阻碍生产。因此，ES-SAGD 注入压力的选取要综合考虑泄油速度和蒸气腔扩展动态。

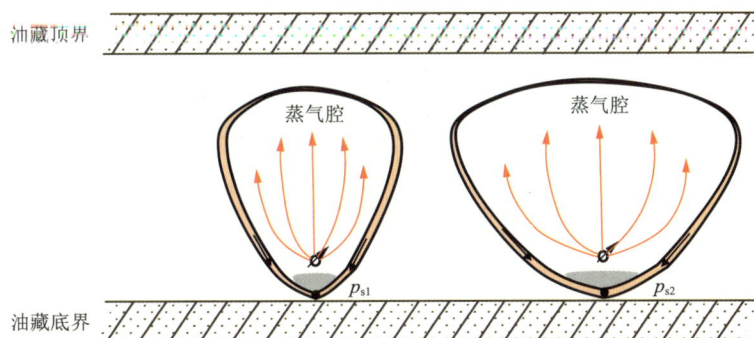

图 6-2-2　不同压力下的 ES-SAGD 蒸气腔扩展形态示意图（$p_{s1} > p_{s2}$）

（4）开始注入溶剂-蒸汽混合热流体的时间。

目前大多数稠油油藏在开发初期还是采用 SAGD 开发，然后在合适时机下转入 ES-SAGD 开发，什么时间正式转入 ES-SAGD 阶段是目前大多数 SAGD 矿场需要解决的主要问题。相对于 SAGD，ES-SAGD 由于注入溶剂而使得产油速率增加，从而提高了累产油量。开始注入溶剂-蒸汽混合热流体的时间对于最终采收率影响不大，一般循环预热结束之后即可开始注入，若转入时机过晚，则难以充分发挥 ES-SAGD 的优势。

除上述因素外，循环预热、剪切膨胀及热传导等影响 SAGD 开发效果的因素也会对 ES-SAGD 的开发效果产生一定的影响。对于实际稠油油藏的 ES-SAGD 开发，目前主要以成本和产油为评价指标，结合理论分析、实验测试及数值模拟等多种手段，评价不同条件下的蒸气腔扩展动态、泄油速度及溶剂回收率，从而确定最佳的溶剂操作参数，包括溶剂类型、溶剂浓度、注入压力及时机等。

6.2.2 ES-SAGD 开发特征

以某超稠油油藏的平均地质参数为依据,即油层厚度 30 m,埋深 500 m,原始地层压力 3 MPa,地层温度 25 ℃,地层原油黏度 120×10^4 mPa·s,分别建立 SAGD 和 ES-SAGD 方式的油藏数值模型,其网格划分如图 6-2-3 所示,两模型的井间预热时间均为 3 个月,预热方式为电加热。ES-SAGD 模型中,注入 $C_6 \sim C_8$ 的混合溶剂体系作为辅助溶剂,注汽井采用井底定压条件注入,注入压力较地层压力高 1 MPa;生产井共采用 3 个控制条件,其中第一控制条件为定产液量,第二控制条件为定井底流压,第三控制条件为定蒸汽产量,可有效防止过早气窜。模拟过程中,启动阶段结束后直接转入 SAGD 和 ES-SAGD 阶段。

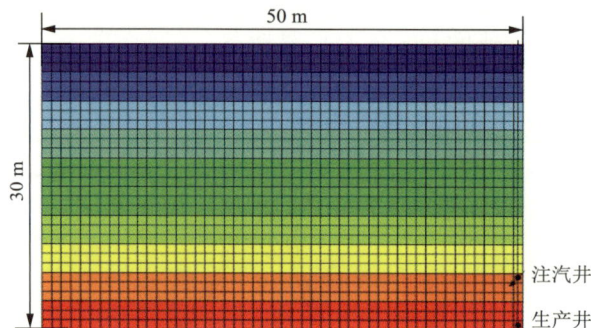

图 6-2-3 模型的网格划分示意图

图 6-2-4 所示为两种方式的蒸气腔温度场模拟结果。可以看出,转入正常的泄油阶段后,SAGD 和 ES-SAGD 方式的蒸气腔均正常向上扩展,到达油藏顶界后开始横向扩展。在横向扩展过程中,与 SAGD 方式相比,ES-SAGD 方式的蒸气腔夹角更大。同时,由于溶剂的扩散、抽提等作用,ES-SAGD 方式的蒸气腔内部的残余油饱和度较 SAGD 方式更低,可有效改善 SAGD 方式的开发效果。对于蒸气腔扩展速度,SAGD 方式明显高于 ES-SAGD 方式,即当 SAGD 方式的蒸汽腔到达油藏顶界时,ES-SAGD 方式尚未到达顶界,如图 6-2-4(e)和(f)所示。同等条件下,SAGD 方式的泄油范围较 ES-SAGD 方式大,同时随蒸汽(气)腔的持续扩展,二者蒸汽(气)腔范围的差异性逐渐增大。

综上所述,为有效发挥注入溶剂的优势,在实施 ES-SAGD 过程中,溶剂类型的选取与油藏操作条件有较大关系。本模拟方案选取 $C_6 \sim C_8$ 混合溶剂体系,图 6-2-5 所示为 ES-SAGD 方式不同时刻下的气相溶剂与油相溶剂的浓度分布,图 6-2-6 所示为 ES-SAGD 方式中原油在油相中的浓度分布。可以看出,ES-SAGD 过程中,注入的溶剂主要富集于蒸气腔前缘,对于前缘内的液相流体,溶剂浓度要高于稠油浓度,同时,气相溶剂通过挥发扩散、抽提等效果也可有效改善稠油的流动特征,提高开发效果。另外,对比液相浓度与原油浓度分布,可以看出,蒸气腔前缘下部的宽度较上部更宽。

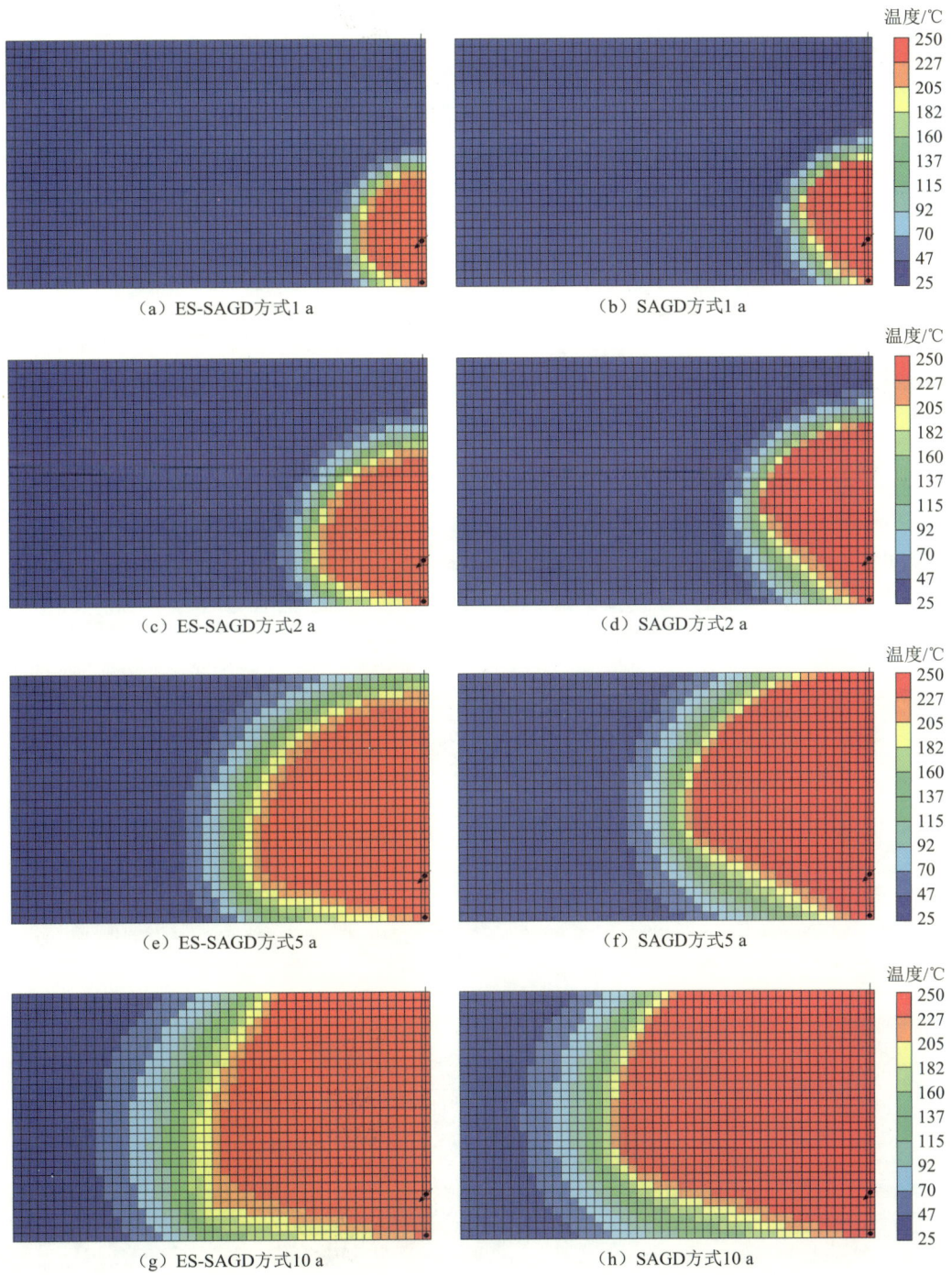

（a）ES-SAGD方式1 a

（b）SAGD方式1 a

（c）ES-SAGD方式2 a

（d）SAGD方式2 a

（e）ES-SAGD方式5 a

（f）SAGD方式5 a

（g）ES-SAGD方式10 a

（h）SAGD方式10 a

图 6-2-4　SAGD 与 ES-SAGD 方式的蒸气腔温度场模拟结果

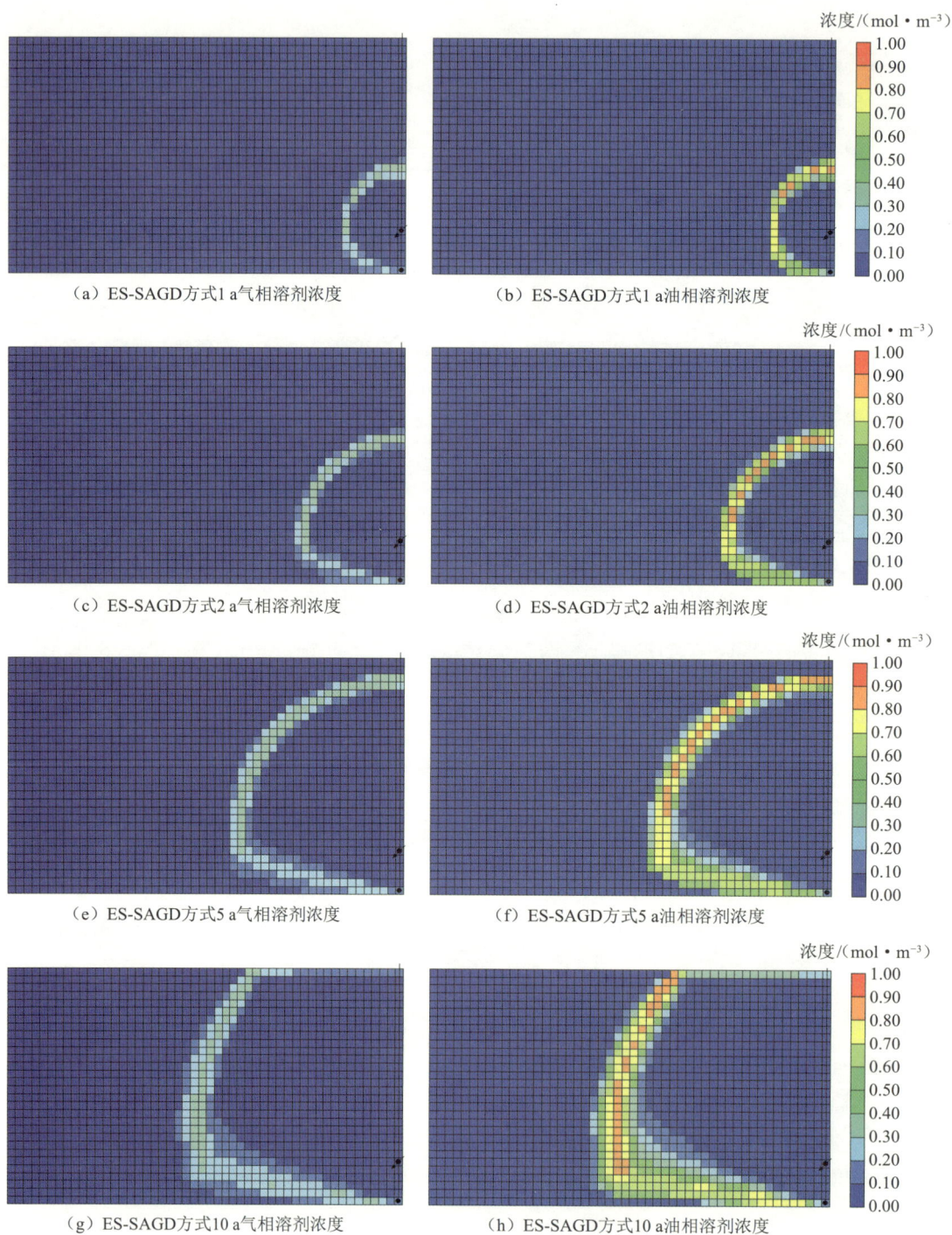

（a）ES-SAGD方式1 a气相溶剂浓度　　　　（b）ES-SAGD方式1 a油相溶剂浓度

（c）ES-SAGD方式2 a气相溶剂浓度　　　　（d）ES-SAGD方式2 a油相溶剂浓度

（e）ES-SAGD方式5 a气相溶剂浓度　　　　（f）ES-SAGD方式5 a油相溶剂浓度

（g）ES-SAGD方式10 a气相溶剂浓度　　　　（h）ES-SAGD方式10 a油相溶剂浓度

图 6-2-5　ES-SAGD 方式不同时刻下的气相溶剂与油相溶剂的浓度分布

浓度/(mol·m⁻³)

（a）ES-SAGD方式1 a原油浓度

（b）ES-SAGD方式2 a原油浓度

（c）ES-SAGD方式5 a原油浓度

（d）ES-SAGD方式10 a原油浓度

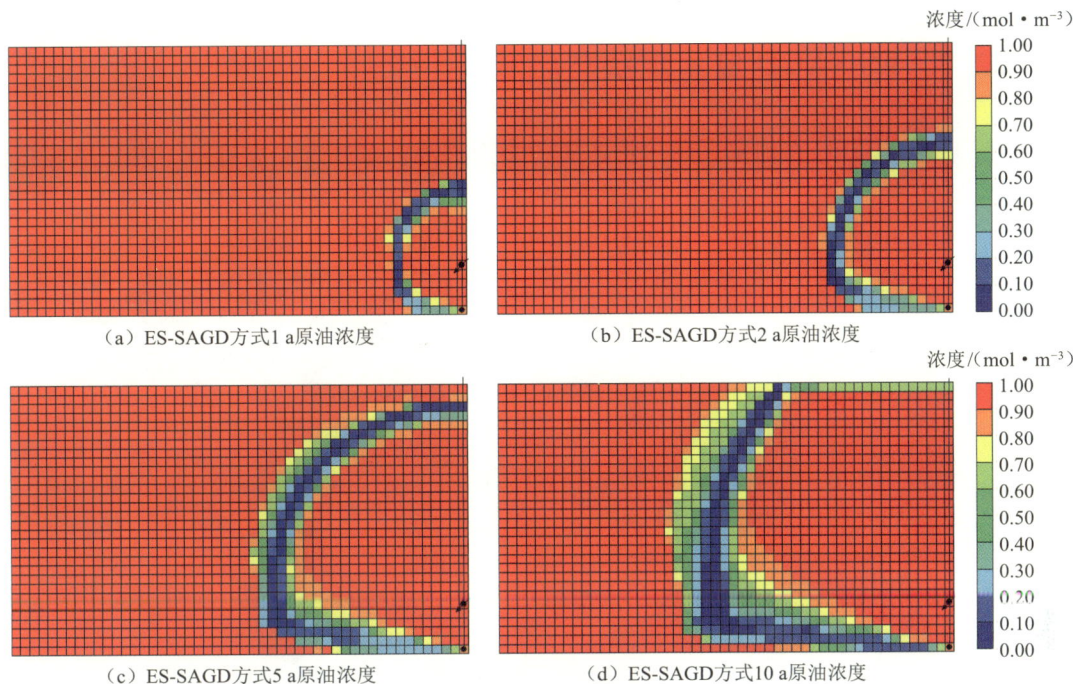

图 6-2-6　ES-SAGD 方式中原油在油相中的浓度分布

图 6-2-7 所示为 SAGD 与 ES-SAGD 方式累产油与产油速率模拟结果。可以看出，ES-SAGD 方式的累产油明显高于 SAGD 方式，特别是在 ES-SAGD 开发初期，由于注入溶剂与原油之间的混合及复杂相态作用，产油速率出现较大幅度波动，在开发中后期，ES-SAGD 方式的产油速率略高于 SAGD 方式，最终累产油较 SAGD 方式高约 6%。

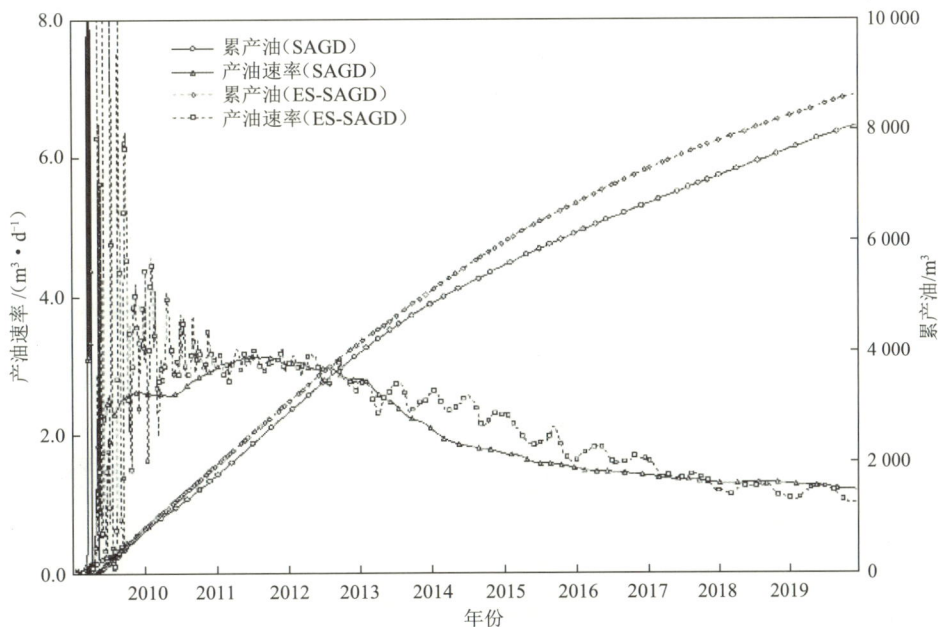

图 6-2-7　SAGD 与 ES-SAGD 方式累产油与产油速率模拟结果

6.2.3 ES-SAGD 应用现状与启示

目前 ES-SAGD 已在加拿大阿尔伯塔省的多个稠油油藏开发矿场进行了先导试验,具体实施效果见表 6-2-1。可以看出,对于大多数 ES-SAGD 矿场试验,生产汽油比显著降低。2010 年,Laricina Energy 公司在 Grosmont 碳酸盐岩稠油油藏进行了 ES-SAGD 先导试验,汽油比下降了近 30%,相比 SAGD 方式,增效显著,大幅降低了蒸汽用量,改善了泄油效果。

表 6-2-1 加拿大部分 ES-SAGD 矿场实施效果

序 号	稠油油藏	负责公司及实施时间	操作压力/MPa	溶剂类型(体积分数)	汽油比降低程度
1	Christina Lake	EnCana,2004	—	C_4	66%
2	Firebag	Suncor,2005	约 2.5	$C_7 \sim C_9$(2%)	—
3	Long Lake	Nexen,2006	约 3.5	Jet B,$C_7 \sim C_{12}$(5%~10%)	7%
4	Algar	Connacher,2012	3.5~4.0	$C_4 \sim C_8$(10%~15%)	32%
5	Grosmont	Laricina Energy,2013	—	C_3,C_{5+}	25%~30%
6	JF SCI	Devon Energy,2013	约 2.8	C_6(约 20%)	—
7	Cold Lake	ExxonMobil and Imperial Oil Resources,2013	约 3.5	$C_3 \sim C_{10}$(10%~20%)	33%
8	Surmont	ConocoPhillips,2014	约 3.5	C_3,C_4,C_6(18%~20%)	14%
9	Firebag	Suncor,2019	—	$C_7 \sim C_9$(5%~15%)	—

结合 ES-SAGD 的矿场实施情况,获得以下启示:

(1) Nexen 公司于 2006 年在 Long Lake 地区实施的 ES-SAGD 试验采用的烃类溶剂过重,导致有效期短,汽油比降低程度不明显;Suncor 公司于 2005 年在 Firebag 地区实施的 ES-SAGD 试验采用的溶剂浓度过低,导致未观察到有效的汽油比降低;Devon Energy 公司于 2013 年实施的先导试验转入 ES-SAGD 的时间过晚(采出程度 54% 时转入 ES-SAGD),此时难以有效发挥溶剂泄油的优势。

(2) 为提高 ES-SAGD 开发效果和获得可靠的溶剂回收率,在实施过程中,需及时、有效地对采出液取样分析,当监测显示溶剂回收率过低时可采用"停剂不停气"的策略,及时对开发动态进行调整。

(3) 优选合适的轻质溶剂类型,确保实施过程中溶剂在油藏内保持气态;同时选择时应考虑溶剂在稠油中的溶解问题,尽可能保证溶剂在稠油中具有较高的溶解度。对于大多数稠油油藏,最佳的溶剂类型为丁烷(C_4)、戊烷(C_5)和己烷(C_6)。另外,与单一组分的溶剂相比,多组分混合溶剂的效果更好,也是目前矿场采用的主要类型。

（4）优选合适的溶剂浓度,一般最低为 10％(体积分数,后同),15％为最佳浓度,并可根据具体的油藏流体特征进行适当调整。

（5）油藏非均质性对 ES-SAGD 的开发效果具有重要影响,ES-SAGD 实施过程中应结合理论、实验及模拟等多种研究手段进行有效分析。

6.3　微压裂扩容技术

目前稠油油藏高效开发主要通过向地层注入热流体(包括蒸汽或蒸汽与其他流体的混合流体)实现加热降黏,但在这一过程中,热流体的注入会一定程度上增加地层孔隙压力,即改变地层内部的应力状态,导致地质扩容现象发生,这对正常的流体注入和稠油生产过程会产生一定的影响。

6.3.1　微压裂扩容技术简介

由于采用 SAGD 开发的油藏原油黏度高,因此启动阶段往往需要较长时间实现注采井的连通,为此,国内外学者提出了先扩容、再循环的快速预热(或快速启动)方法。扩容区的存在使得预热过程中井筒与地层之间的热质传递过程发生了一些变化。考虑到地质扩容的影响,可将地层按照距离井筒的远近分为扩容区和原状地层(即未扩容的地层)两部分。

扩容是循环预热之前,在 SAGD 注采水平井中同时注入高压水或者蒸汽,利用弱固结油藏中独特的压裂行为产生地质力学扩容,在两井间及井周围形成扩容区。由于该区域孔隙度、渗透率明显高于原状地层的孔隙度和渗透率,因此两井可在短时间内迅速达到水力和热力连通,有效缩短预热持续时间。从文献报道的情况来看,通过向井中注入高压水或蒸汽对井周围地层所产生的扩容有别于压裂,岩石样品并未出现裂缝,因此可以将扩容区简化为孔隙度和渗透率都有所增加的区域。地层中的扩容区可以由井筒到地层深部依次划分为显著扩容区、较显著扩容区,为了简化分析考虑扩容区存在时的地层传热传质问题,一般可对扩容区进行必要简化处理,如图 6-3-1 所示。将扩容区简化为均质等厚圆筒状区域,与水泥环(如果为筛管完井,则是筛管)紧密接触,扩容区的孔隙度、渗透率均大于原状地层,同时由于注热水或者蒸汽扩容,可认为扩容区孔隙中为油水两相占据,其中含油饱和度为残余油饱和度,残余油不参与流动,且不考虑扩容区温度上升以后残余油饱和度的变化。

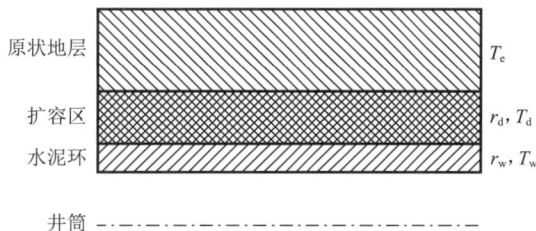

图 6-3-1　扩容区示意图

T_e—油藏温度；r_d—扩容区半径；T_d—扩容区温度；
r_w—水泥环半径；T_w—水泥环温度

图 6-3-2 所示为考虑有扩容区和无扩容区时的预热时间对比。可以看出,有扩容区与无扩容区时,达到转 SAGD 生产条件所需要的预热时间不同,二者之间存在明显的差异。当井间温度达到 398.15 K 时,有扩容区条件下所需的预热时间为 212.96 d,而无扩容区条件下所需的预热时间为 305.34 d。这说明地层扩容后能明显缩短达到转 SAGD 生产所需要的时间,即加快了预热过程。有扩容区和无扩容区两种情况下井间温度都是在循环早期快速升高,但是有扩容区时的温度升高幅度和速度要大于无扩容区时的情况。

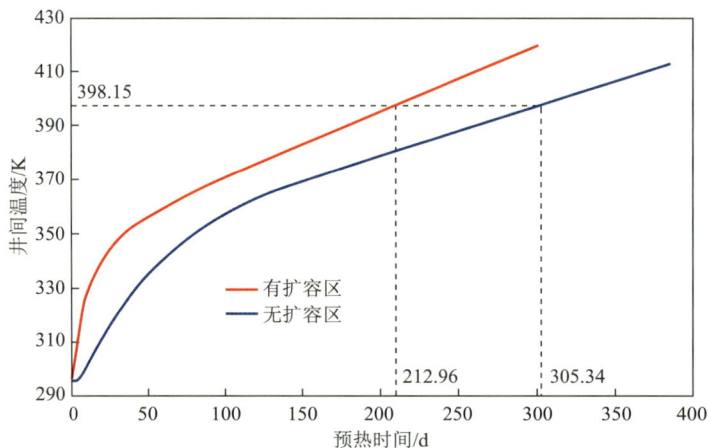

图 6-3-2　有扩容区和无扩容区时预热时间对比

6.3.2　微压裂扩容影响因素

基于上述结果可以发现,在其他因素不变的情况下,达到转 SAGD 生产条件所需要的时间越短,扩容区越有效,有效程度越高。扩容区自身参数对于预热时间长短有影响的因素主要有:扩容区半径、扩容区孔渗参数、扩容区初始温度。扩容区半径影响扩容区的有效性这一点很容易理解,即扩容区越大,初始时刻温度高的区域越大,井间温度上升更快。扩容区孔渗参数实际上是地层扩容程度的一种表现,扩容区孔渗参数发生变化时,其导热系数也会相应发生一些变化,而这些变化的程度由孔渗参数变化的程度决定。扩容区温度可认为是地层压力对应的饱和蒸汽温度(即饱和水),这种情况主要针对注入高压蒸汽使地层扩容的情况,若是注入热水使地层扩容,则扩容区的初始温度要低一些,且预热时间上将会受到影响。通过理论计算和正交试验分析,影响程度从大到小依次为:扩容区半径、扩容区温度、扩容区渗透率(扩容程度),其中扩容区半径和扩容区温度对循环时间有显著影响,即对扩容的有效性有显著影响。同时,扩容区渗透率并非越高越好,对于具体的油藏物性及注采参数,一般存在最优值,因此在实际应用中应合理选取施工工艺和参数,从而控制扩容区的扩容程度,使扩容区的有效性提高,进而尽可能降低预热时间。

此外,在 SAGD 启动过程中,具体的预热时间还受到其他多方面因素的综合影响,包括井筒自身因素和注汽条件。其中,井筒自身因素包括油管、套管的导热系数及两井间的垂直距离,注汽条件包括注汽压力、蒸汽温度、蒸汽干度及注汽速度。

通过理论模拟,上述几个因素中,除井距、扩容区半径、扩容区温度 3 个因素在变化范围内对预热时间的影响具有单调性(井距越小,预热时间越短;扩容区半径越大,预热时间越短;扩容区温度越高,预热时间越短)外,其他各参数对于具体地层和流体条件均存在最优值,在实际应用中应该尽量预先设计,合理选取施工工艺和参数,从而控制这些参数达到或者靠近最优值,降低预热时间。

6.3.3　SAGD 微压裂扩容技术的矿场实施

新疆风城油田超稠油油藏原油黏度高、物性差、油藏非均质性强,在 SAGD 预热过程表现出周期长、连通程度低两大问题,直接影响开发效果。重 32 井区、重 1 井区的 SAGD 井对平均预热时间分别为 193 d,151 d;重 18 常规 SAGD 产能区 11 井组预热时间长达300 d,单井组日注汽量 60~100 t/d,阶段能耗大,影响累积油汽比及开发效益。预热周期过长会引起 SAGD 产能滞后,将长期影响各年度 SAGD 产量目标的实现,进而影响整体产量目标,提高操作成本。

2012 年起,相继在重 1、重 18、油砂矿等 5 个区块开展 SAGD 快速启动现场试验 43 井组,与采用常规预热方式的井对相比,快速启动井对平均减少了 SAGD 预热时间 169 d(减少 73%),节约蒸汽 2.06×10⁴ t(节约 66%)。风城油田 SAGD 快速启动现场试验效果显著,大大缩短 SAGD 预热周期,且转 SAGD 生产后效果良好,累积产油量普遍高于同区块常规预热井的平均水平。

第 7 章
蒸汽辅助重力泄油后期提高采收率技术

对于超稠油油藏的 SAGD 开发,当蒸汽腔前缘到达油藏顶界时,由于油藏顶部热损失,注入蒸汽的热效率降低,影响开发效果。此外,SAGD 蒸汽腔前缘到达油藏边界后即进入衰竭阶段,产量逐渐降低,油汽比降低,开发效果变差。因此,对于 SAGD 开发后期的超稠油油藏,采用一定措施提高热效率,改善开发效果,势在必行。结合目前 SAGD 后期的提高采收率技术,本章重点介绍蒸汽吞吐辅助蒸汽重力泄油技术、多元热流体辅助重力泄油技术、化学剂辅助蒸汽重力泄油技术。

7.1 蒸汽吞吐辅助蒸汽重力泄油技术

7.1.1 蒸汽吞吐辅助蒸汽重力泄油技术简介

超稠油油藏 SAGD 开发过程中,受泄油前缘扩展角影响,在开发后期,剩余油往往富集于两相邻井对的中间位置。为有效启动这部分 SAGD 阶段难以动用的储量,人们提出了蒸汽吞吐辅助 SAGD,即在 SAGD 井对中间位置布置一口吞吐补偿井协助开发,如图 7-1-1 所示。在 SAGD 开发过程中,待两个相邻的 SAGD 蒸汽腔到达油层顶界后,该吞吐补偿井开始吞吐作业,辅助蒸汽腔横向扩展,当两个相邻 SAGD 井对的蒸汽腔相互接触后,该吞吐补偿井转变为生产井,该技术也称为 Hybrid SAGD(HSAGD)或 Fast-SAGD。

2000 年,Policar 与 Cyr 率先提出了 Fast-SAGD,并指出与传统双水平井 SAGD 相比,Fast-SAGD 可以显著提高油汽比和采收率。他们利用二维均质模型,以加拿大 Asabaska,Peace River 以及 Cold Lake 三大油区的油藏性质为基础,验证了 Fast-SAGD 具有高采收率与高油汽比的优势,并分析了油层厚度、井距以及注汽速度等因素的影响。Nguyen 等采用油藏数值模拟,对比分析了超稠油油藏 Fast-SAGD 与 SAGD 过程的差异特征,并分析了生产参数对 Fast-SAGD 开发效果的影响。Shin 与 Policar 通过建立高温高压相似比例物理模型,表征了 Fast-SAGD 的采收率与热效率问题。在常规 SAGD 开发过程中,当蒸汽腔处于横向扩展的中前期阶段时,相邻两个 SAGD 井对的蒸汽腔完全连通还需要较长的时间；而对于 Fast-SAGD 方式，在吞吐补偿井的牵引作用下，相邻蒸汽腔可以快速实现全部连通，并通过后期转变为生产井，使油藏的整体采收率有效提高。与常规 SAGD 相比，Fast-SAGD 的日产油量峰值更高，生产时间缩短，累产油量增加，可以在较短的时间内利用较少的蒸汽开采出更多的原油。

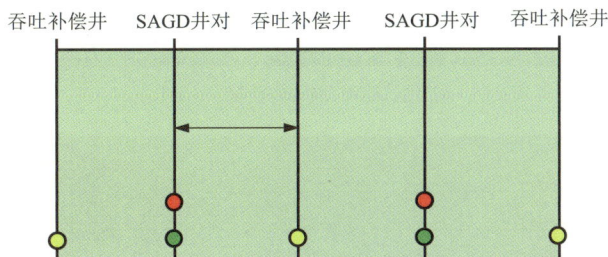

图 7-1-1　蒸汽吞吐辅助 SAGD 井位部署示意图

7.1.2　蒸汽吞吐辅助蒸汽重力泄油技术开发特征

采用与 5.2 节相同的油藏物性参数及操作参数，建立 Fast-SAGD 方式的油藏数值模拟模型，如图 7-1-2 所示。模拟过程中采用电加热启动方式，预热时间 90 d，之后两个具有相同参数设置的井对进行正常 SAGD 开发，直至 SAGD 蒸汽腔扩展至油藏顶界后，井对中间的吞吐补偿井开始转入蒸汽吞吐开发。为了不对两侧的 SAGD 蒸汽腔扩展产生影响，该吞吐补偿井采用定压注入条件。当两侧的蒸汽腔接触后，该吞吐补偿井从蒸汽吞吐过程直接转为生产井，辅助相邻井对中间位置剩余油的动用。

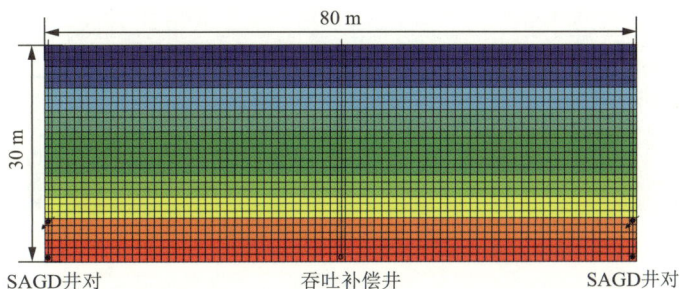

图 7-1-2　Fast-SAGD 油藏数值模拟模型网格划分

图 7-1-3 所示为不同时刻下双井对 SAGD 开发模拟温度场图。可以看出，对于正常的 SAGD 开发阶段，蒸汽腔到达油藏顶界后仍需要较长时间才能实现与相邻 SAGD 井对蒸汽腔的接触，连续生产约 11 a 后，相邻的两 SAGD 蒸汽腔仍未完全连通，最终导致两相邻的 SAGD 井对中间位置存在大量剩余油难以有效动用。

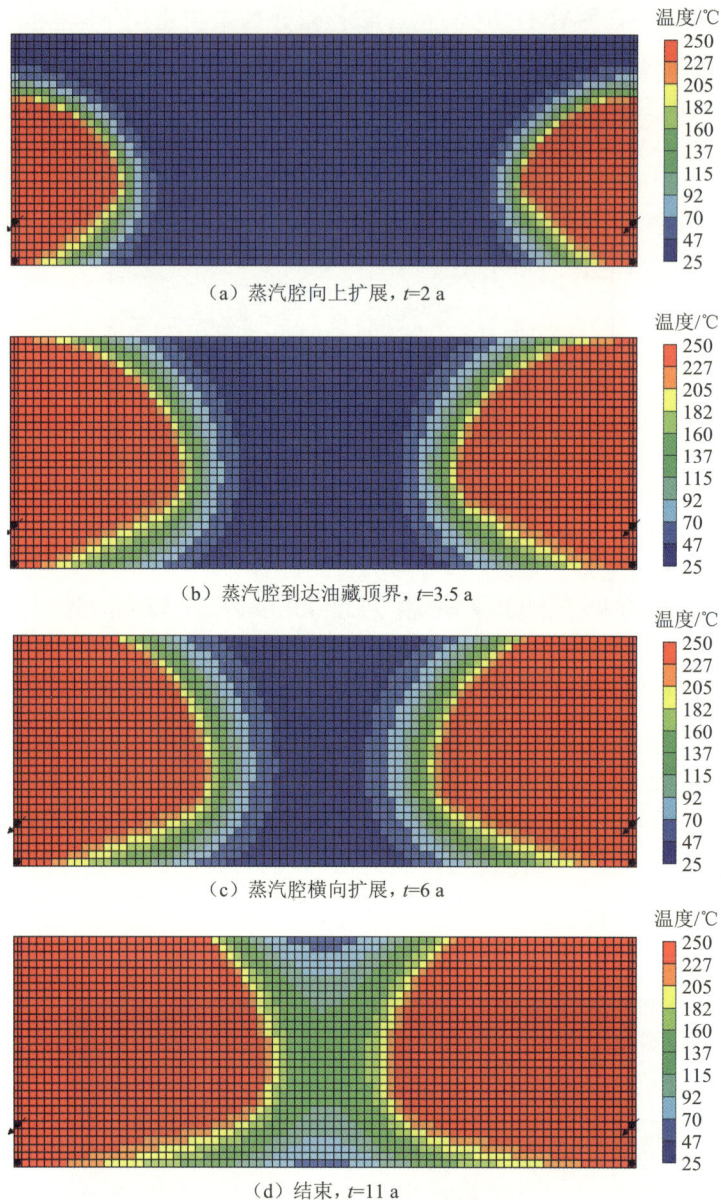

（a）蒸汽腔向上扩展，t=2 a

（b）蒸汽腔到达油藏顶界，t=3.5 a

（c）蒸汽腔横向扩展，t=6 a

（d）结束，t=11 a

图 7-1-3　不同时刻下双井对 SAGD 开发模拟温度场图

图 7-1-4 所示为不同时刻下吞吐补偿井 Fast-SAGD 开发模拟温度场图。在 SAGD 蒸汽腔未到达油藏顶界之前，两种方式的设置相同，没有区别；待蒸汽腔扩展至顶界后，中间吞吐补偿井开始发挥作用。与图 7-1-3 正常的 SAGD 开发过程相比，井对中间位置吞吐补偿井的存在可以显著加快相邻蒸汽腔的接触速度，累积生产 8.5 a 即可实现相邻蒸汽腔的完全连通。这主要是由于中间吞吐补偿井前期的蒸汽吞吐开发过程实现了对油藏中间位置的有效预热，从而在后期吞吐补偿井转生产井后，可以快速实现吞吐补偿井与两侧 SAGD 蒸汽腔的高效连通，显著提高蒸汽腔的侧向扩展速度，达到动用中部剩余油的目的。

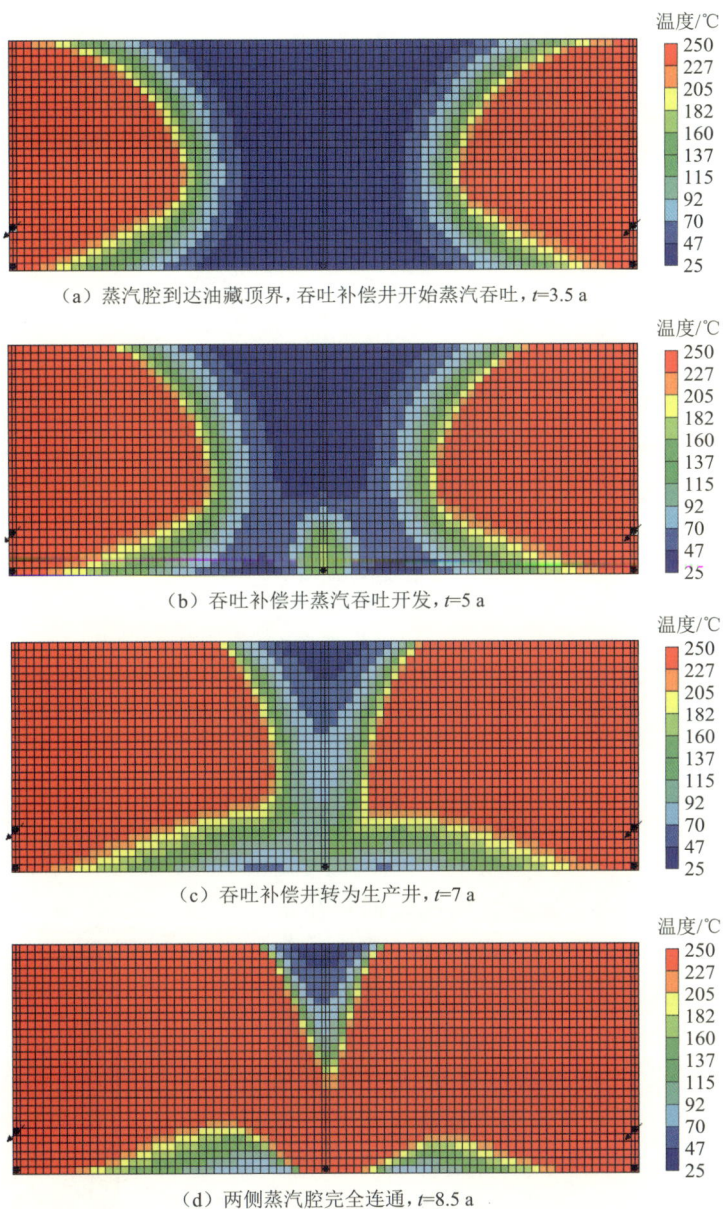

（a）蒸汽腔到达油藏顶界，吞吐补偿井开始蒸汽吞吐，t=3.5 a

（b）吞吐补偿井蒸汽吞吐开发，t=5 a

（c）吞吐补偿井转为生产井，t=7 a

（d）两侧蒸汽腔完全连通，t=8.5 a

图 7-1-4　不同时刻下吞吐补偿井 Fast-SAGD 开发模拟温度场图

图 7-1-5 所示为 SAGD 与 Fast-SAGD 方式开发效果对比。与 SAGD 方式相比，Fast-SAGD 方式可以显著提高 SAGD 开发后期的产油速率，采收率累积提高约 15%。另外，对于 Fast-SAGD 方式，待两侧 SAGD 蒸汽腔与吞吐补偿井完全连通（图 7-1-4d）后，由于发生井间气窜，产油速率会快速降为零，达到关井条件。

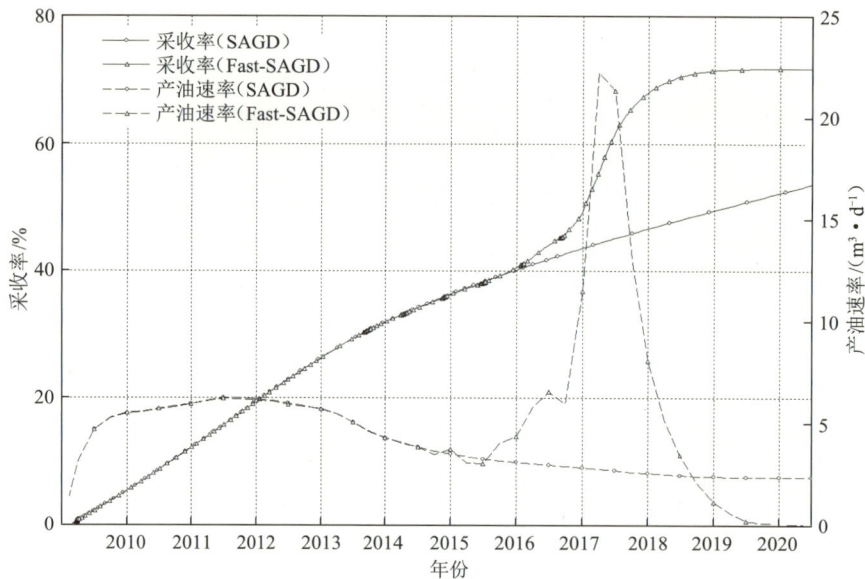

图 7-1-5　SAGD 与 Fast-SAGD 开发效果对比

7.2　多元热流体辅助重力泄油技术

7.2.1　多元热流体辅助重力泄油技术简介

多元热流体是利用火箭发动机的原理而产生的高温高压混合气体,其产生原理如图 7-2-1 所示。与以往的燃气-蒸汽混合气体相比,多元热流体具有更高的温度,其携热量更高。多元热流体的主要成分为水蒸气、N_2 和 CO_2 等,因此单从流体组成特征上来说,多元热流体本质上就是蒸汽与非凝析气的混合气体。基于该新型携热流体的特点,并结合稠油热采开发,人们提出基于多元热流体的吞吐、驱替和辅助重力泄油技术。其中,稠油油藏的多元热流体辅助重力泄油技术(MFAGD, multi-thermal fluids assisted gravity drainage)与传统的 SAGP (steam and gas push)有相同之处,但也存在显著差别,主要体现在以下几个方面:

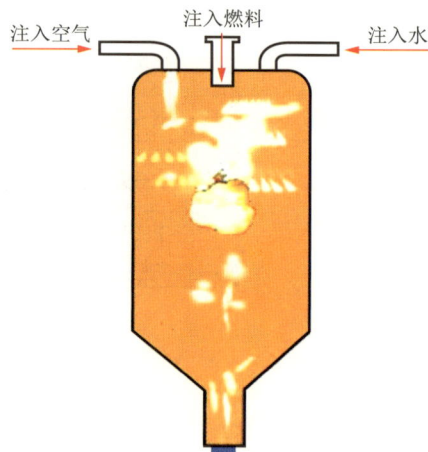

图 7-2-1　多元热流体的产生原理图

(1) SAGP 对于非凝析气的注入量有严格控制,一般不能超过 2%(摩尔分数);多元热流体中的非凝析气主要通过高温燃烧产生,受燃烧程度影响,实现精确的组成控制较困难,一般是多种非凝析气体的混合物,包括 N_2,CO_2,CH_4 以及 CO 等。

（2）在矿场实施中，SAGP 主要通过蒸汽伴注非凝析气（包括 N_2，CH_4，CO_2等）实现，而多元热流体辅助重力泄油技术则是将多元热流体发生器中生成的混合气体直接注入油层。

（3）与 SAGD 相比，SAGP 的提出主要是为了发挥非凝析气的隔热机理，由于注入体积控制严格，因此对蒸汽腔压力影响不大；而多元热流体辅助重力泄油技术下非凝析气的注入量较大，因此除了可以发挥隔热机理外，结合室内实验研究结果，还具有一定的增能、溶解与助排机理，采油速度更高。

7.2.2　多元热流体辅助重力泄油技术开发特征

对于高黏度、厚层超稠油油藏，SAGD 方式优势明显，是一种将注入蒸汽潜热作为能量来源，通过发挥蒸汽超覆作用，以流体重力为主要驱动力的开发方式，开发过程中蒸汽腔内油藏压力变化平缓，两水平井间的压差较小。与具有高驱替压差的蒸汽驱方式相比，重力泄油方式的开发过程较为缓和。因此，对于一些带底水的厚层超稠油油藏，通过合理控制蒸汽腔发育，SAGD 方式会得到较好的开发效果。

1）重力泄油方式数值模拟模型的建立

以国内某超稠油油藏的平均地质参数为依据，分别建立 SAGD 和 MFAGD 方式的油藏数值模拟模型，如图 7-2-2 所示，对比分析不同泄油方式下的开发特点。该油藏埋深 950 m，厚 30 m，孔隙度 0.35，渗透率 $3\,000\times10^{-3}\,\mu m^2$，水平井长度 300 m。注采参数中蒸汽干度、注汽速度及排液能力是对 SAGD 开发效果有较大影响的 3 个重要参数，其中注汽速度主要对井底蒸汽干度有较大影响，而排液能力即采注比则对蒸汽腔扩展有较大影响。为了控制注采井间的气窜问题，SAGD 生产过程中生产井温度控制十分重要，汽阻温度（注汽井与生产井井底温度差值）过高会导致生产井附近原油不能有效通过生产井产出，降低了泄油效率，最终使生产井出现脉冲状的产油特征。本模型中汽阻温度控制在

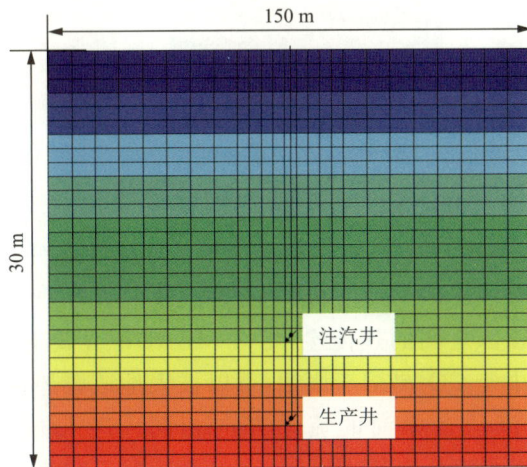

图 7-2-2　SAGD 与 MFAGD 方式的油藏数值模拟模型示意图

15 ℃,注汽速度为 250 t/d,井底蒸汽干度为 0.7,采注比为 1.3。对于 MFAGD 方式,多元热流体的汽气比设为 1:1,井底蒸汽干度为 0.7,采注比为 1.3。

2)模拟结果

图 7-2-3 和图 7-2-4 所示分别为 SAGD 与 MFAGD 开发不同阶段的油藏温度分布。可以看出,在泄油初期,2 种方式下的蒸汽腔发育形态差别较小,之后随着流体的持续注入,蒸汽腔体积逐渐扩大,SAGD 方式下的蒸汽腔垂向扩展速度大于 MFAGD 方式下的垂向扩展速度,这主要是受多元热流体中非凝析气的影响。达到泄油高峰期之后,SAGD 方式下的蒸汽腔大致呈倒三角形,而 MFAGD 方式下的蒸汽腔则呈液滴状,较为"矮胖"。

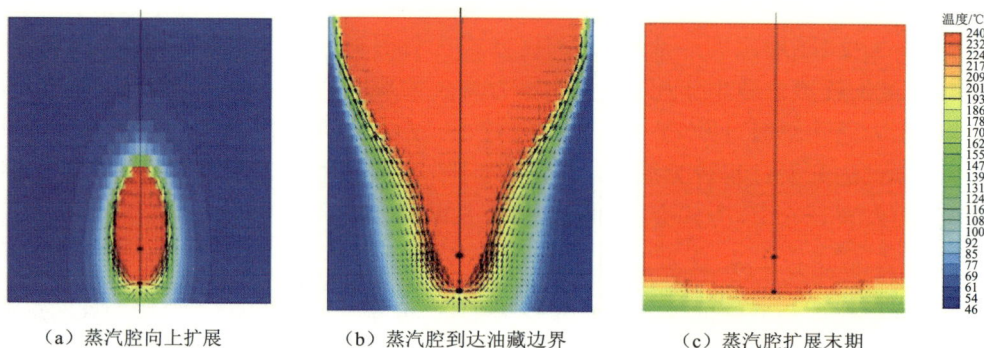

（a）蒸汽腔向上扩展　　（b）蒸汽腔到达油藏边界　　（c）蒸汽腔扩展末期

图 7-2-3　SAGD 开发不同阶段的油藏温度分布

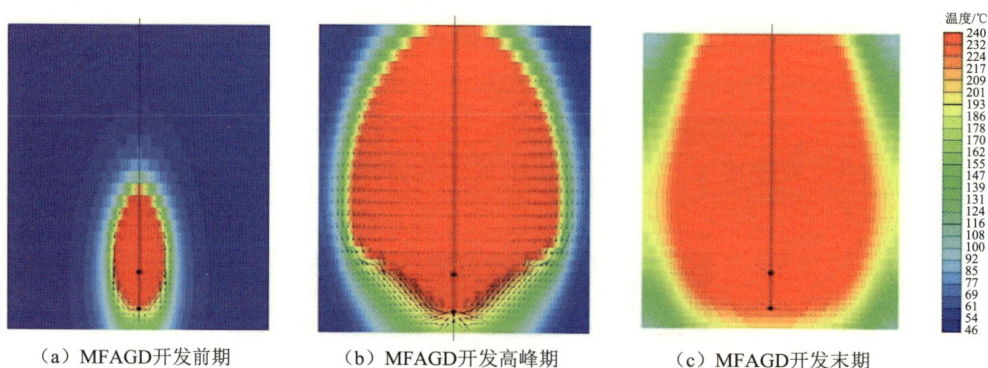

（a）MFAGD开发前期　　（b）MFAGD开发高峰期　　（c）MFAGD开发末期

图 7-2-4　MFAGD 开发不同阶段的油藏温度分布

图 7-2-5 所示为 MFAGD 开发高峰期油藏内部的气体浓度分布。可以看出,非凝析气注入油层之后很快上升至油层顶部,特别是多元热流体中的 N_2 组分在油层顶部聚集,进一步阻碍了蒸汽腔与油层顶部之间的热传递,使得 MFAGD 方式下的蒸汽腔横向扩展速度加快;而对于 CO_2 组分,由于 CO_2 易溶于原油,可以极大地改善原油物性特征,因此其主要聚集于蒸汽腔前缘,与流动态原油的流动方向相同。进入开发末期之后,SAGD 和 MFAGD 方式下的蒸汽腔形态仍有较大区别,这主要是由于在非凝析气的作用下,蒸汽腔与油藏接触的边界位置温度都较低,而 SAGD 方式的加热效果更好。

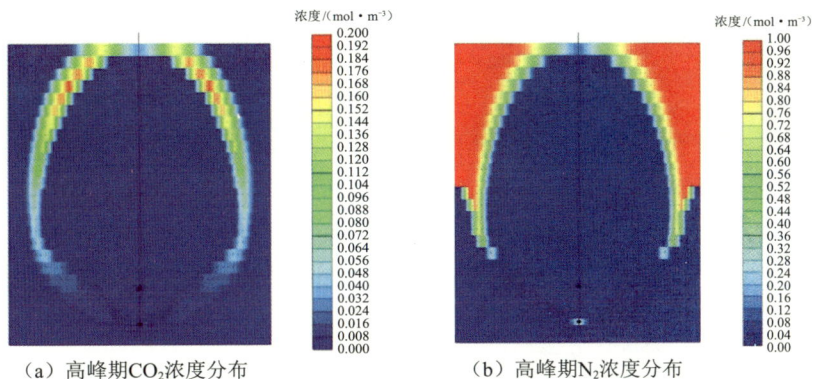

（a）高峰期CO₂浓度分布　　　　　　　（b）高峰期N₂浓度分布

图 7-2-5　MFAGD 开发高峰期油藏内部的气体浓度分布

图 7-2-6 所示分别为 SAGD 与 MFAGD 开发末期油藏含油饱和度分布。可以看出，两种方式开发末期油藏含油饱和度场有较大差别，其中，SAGD 方式下蒸汽腔内的油藏区域基本均已达到残余油状态，而对于 MFAGD 方式，油藏边界位置和注采井间仍有一部分储量。

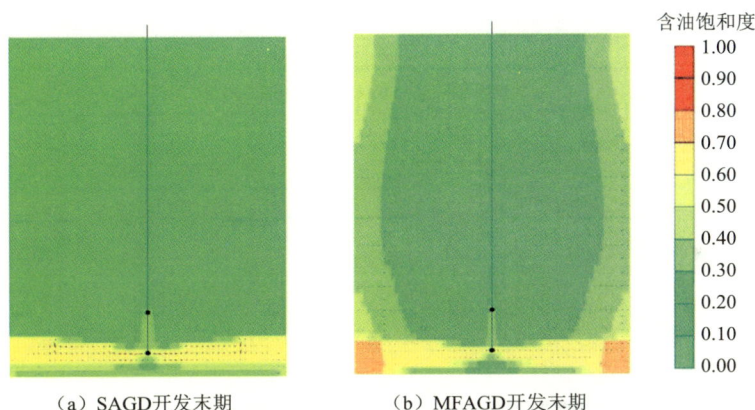

（a）SAGD开发末期　　　　　　　　（b）MFAGD开发末期

图 7-2-6　SAGD 与 MFAGD 开发末期油藏含油饱和度分布

图 7-2-7 所示分别为超稠油油藏 SAGD 与 MFAGD 方式开发效果对比。可以看出，两种方式中 SAGD 方式的采收率高，采油速度高，但累积油汽比低，累积注汽量大。

3）渗流屏障对 SAGD 和 MFAGD 开发效果的影响

在厚层超稠油油藏内部常发育一些小范围的低渗透或泥质薄夹层等渗流屏障，这些小夹层的存在会对重力泄油过程产生一定的影响。当这些夹层较薄且在平面上延伸较短时，它们并不会严重阻碍蒸汽腔的正常扩展，相反还会对原油起到分散作用，增加蒸汽与油层的接触面积，有利于热交换过程。为此，采用上述油藏数值模拟模型，通过正交数值试验手段，表征这类渗流屏障对 SAGD 和 MFAGD 方式开发效果的影响。渗流屏障的物性特征主要包括隔夹层的垂向位置（图 7-2-8a）、水平位置（图 7-2-8b）、分布范围、夹层渗透

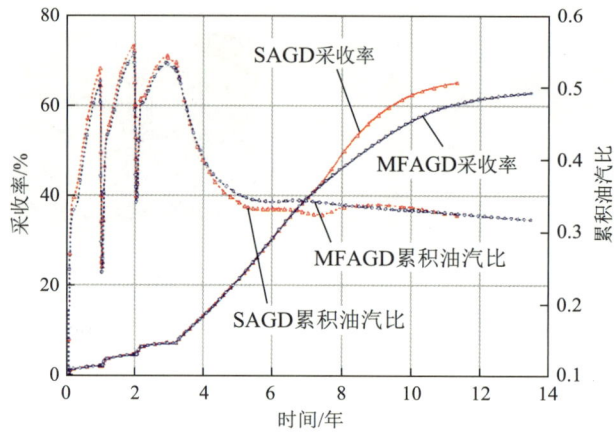

（a）采收率与累积油汽比

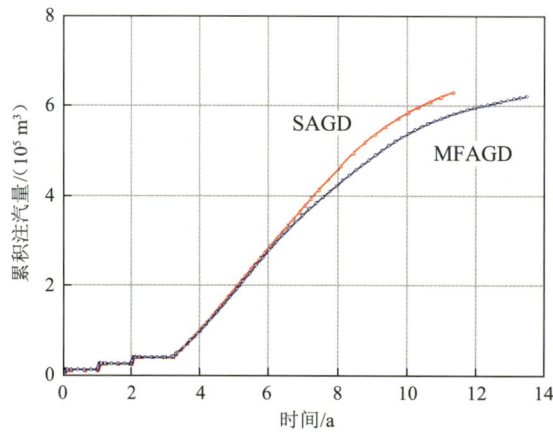

（b）累积注汽量

图 7-2-7　超稠油油藏 SAGD 与 MFAGD 方式开发效果对比

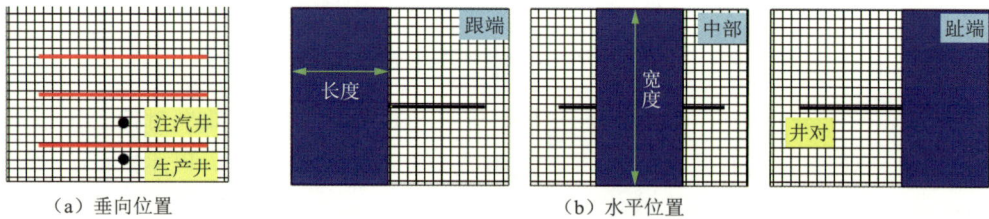

（a）垂向位置　　　　　　　　　　（b）水平位置

图 7-2-8　隔夹层与 SAGD 井对间相对位置示意图

率以及油层宏观垂向渗透率等 5 个参数。

　　对于油层宏观垂向渗透率，这里主要考虑油层内一些分布范围很小的夹层对其的影响，目前有以下两种获取方法：

　　（1）采用实际岩芯的实测垂向渗透率，统计分析垂向与水平渗透率比值；

　　（2）在考虑储层存在不稳定的非渗透泥质或其他性质夹层时，采用式（7-2-1）计算宏观垂向渗透率的大小。

$$\overline{K}_{v} = \frac{1 - F_{s}}{(1 + fd)\left[1/K_{v} + f/(K_{h}d)\right]} \qquad (7\text{-}2\text{-}1)$$

式中　F_{s}——夹层密度；

　　　f——夹层频率；

　　　d——平均夹层长度之半；

　　　K_{v}——岩芯垂向渗透率；

　　　K_{h}——岩芯水平渗透率。

据此,采用 5 因素 3 水平共 27 个方案的 $L_{27}(3^{13})$ 正交表,分别从以上 5 方面开展研究。隔夹层分布范围通过隔夹层长度与宽度两个参数控制,共 6 个因素,具体参数与水平见表 7-2-1。

表 7-2-1　带夹层正交数值试验水平因素取值

| 因　素 | 垂向位置 | 水平位置 | 分布范围 | | K_{h}^{*} | K_{v}/K_{h} |
			宽　度	长　度		
水平 1(L1)	注采井间	跟端上方	1/3	1/3	0.001	0.1
水平 2(L2)	注汽井上方 10 m	中部上方	2/3	2/3	0.300	0.3
水平 3(L3)	注汽井上方 20 m	趾端上方	1.0	1.0	0.600	0.5

注:(1) 分布范围取值指夹层的长度/宽度与模型长度/宽度的比值;

(2) K_{h}^{*} 为夹层与油层水平渗透率比值。

分别模拟隔夹层型渗流屏障对厚层超稠油油藏 SAGD 和 MFAGD 两种重力泄油方式开发效果的影响,各正交数值试验结果见表 7-2-2 和表 7-2-3。结果显示,隔夹层的存在对不同开发方式下原油采收率影响不大,但对采油速度影响较大。与不存在隔夹层的情况相比,存在隔夹层时的采油速度平均降低约 1.40%。比较两种开发方式下的泄油效果,SAGD 方式下的原油采收率与采油速度均略高于 MFAGD 方式,但后者的累积油汽比较前者稍高,具有更高的经济效益。

表 7-2-2　超稠油油藏 SAGD 方式正交数值试验模拟结果

方 案	垂向位置	水平位置	宽　度	长　度	K_{h}^{*}	K_{v}/K_{h}	误差列	采收率/%	平均采油速度/%	累积油汽比/(m³·m⁻³)
1	L1	L1	L1	L1	L1	L1	L1	56.17	2.79	0.269
2	L1	L1	L1	L1	L2	L2	L2	64.62	4.90	0.303
3	L1	L1	L1	L1	L3	L3	L3	65.28	5.67	0.321
4	L1	L2	L2	L2	L1	L1	L1	5.00	0.26	0.255
5	L1	L2	L2	L2	L2	L2	L2	64.62	4.86	0.303
6	L1	L2	L2	L2	L3	L3	L3	65.12	5.65	0.321
7	L1	L3	L3	L3	L1	L1	L1	—	—	—

续表 7-2-2

方 案	垂向位置	水平位置	宽 度	长 度	K_h^*	K_v/K_h	误差列	采收率/%	平均采油速度/%	累积油汽比/(m³·m⁻³)
8	L1	L3	L3	L3	L2	L2	L2	64.23	4.96	0.301
9	L1	L3	L3	L3	L3	L3	L3	65.19	4.31	0.320
10	L2	L1	L1	L3	L1	L2	L3	49.74	3.88	0.200
11	L2	L1	L1	L3	L2	L3	L1	65.36	5.58	0.321
12	L2	L1	L1	L3	L3	L1	L2	59.58	3.11	0.268
13	L2	L2	L2	L1	L1	L2	L3	63.92	4.43	0.287
14	L2	L2	L2	L1	L2	L3	L1	64.98	5.69	0.322
15	L2	L2	L2	L1	L3	L1	L2	59.42	3.13	0.269
16	L2	L3	L3	L2	L1	L2	L3	64.63	4.54	0.287
17	L2	L3	L3	L2	L2	L3	L1	65.31	5.67	0.320
18	L2	L3	L3	L2	L3	L1	L2	59.79	3.11	0.268
19	L3	L1	L1	L2	L1	L3	L2	64.37	5.15	0.295
20	L3	L1	L1	L2	L2	L1	L3	56.91	2.99	0.259
21	L3	L1	L1	L2	L3	L2	L1	64.33	4.90	0.302
22	L3	L2	L2	L3	L1	L3	L2	64.55	4.80	0.294
23	L3	L2	L2	L3	L2	L1	L3	58.52	3.13	0.267
24	L3	L2	L2	L3	L3	L2	L1	64.52	4.90	0.302
25	L3	L3	L3	L1	L1	L3	L2	65.16	5.60	0.317
26	L3	L3	L3	L1	L2	L1	L3	59.73	3.11	0.268
27	L3	L3	L3	L1	L3	L2	L1	64.38	4.90	0.302

表 7-2-3　超稠油油藏 MFAGD 方式正交数值试验模拟结果

方 案	垂向位置	水平位置	宽 度	长 度	K_h^*	K_v/K_h	误差列	采收率/%	平均采油速度/%	累积油汽比/(m³·m⁻³)
1	L1	L1	L1	L1	L1	L1	L1	17.80	1.68	0.347
2	L1	L1	L1	L1	L2	L2	L2	60.79	4.31	0.328
3	L1	L1	L1	L1	L3	L3	L3	61.66	5.04	0.321
4	L1	L2	L2	L2	L1	L1	L1	7.00	2.08	0.479
5	L1	L2	L2	L2	L2	L2	L2	60.61	4.28	0.330
6	L1	L2	L2	L2	L3	L3	L3	61.63	5.02	0.321
7	L1	L3	L3	L3	L1	L1	L1	—	—	—
8	L1	L3	L3	L3	L2	L2	L2	60.58	4.29	0.326
9	L1	L3	L3	L3	L3	L3	L3	61.60	5.01	0.320

方 案	垂向位置	水平位置	宽 度	长 度	K_h^*	K_v/K_h	误差列	采收率/%	平均采油速度/%	累积油汽比/(m³·m⁻³)
10	L2	L1	L1	L3	L1	L2	L3	55.48	2.78	0.262
11	L2	L1	L1	L3	L2	L3	L1	61.59	4.97	0.317
12	L2	L1	L1	L3	L3	L1	L2	52.65	2.51	0.306
13	L2	L2	L2	L1	L1	L2	L3	60.50	3.92	0.326
14	L2	L2	L2	L1	L2	L3	L1	61.78	5.07	0.322
15	L2	L2	L2	L1	L3	L1	L2	52.92	2.54	0.306
16	L2	L3	L3	L2	L1	L2	L3	60.63	4.25	0.319
17	L2	L3	L3	L2	L2	L3	L1	61.63	5.03	0.320
18	L2	L3	L3	L2	L3	L1	L2	52.84	2.55	0.306
19	L3	L1	L1	L2	L1	L3	L2	61.08	4.15	0.325
20	L3	L1	L1	L2	L2	L1	L3	52.17	2.49	0.303
21	L3	L1	L1	L2	L3	L2	L1	60.80	4.33	0.328
22	L3	L2	L2	L3	L1	L3	L2	62.40	4.86	0.323
23	L3	L2	L2	L3	L2	L1	L3	52.53	2.54	0.305
24	L3	L2	L2	L3	L3	L2	L1	60.82	4.33	0.327
25	L3	L3	L3	L1	L1	L3	L2	61.40	5.02	0.317
26	L3	L3	L3	L1	L2	L1	L3	52.85	2.53	0.305
27	L3	L3	L3	L1	L3	L2	L1	60.80	4.33	0.326

对表 7-2-2、表 7-2-3 中厚层超稠油油藏 SAGD 与 MFAGD 开发方式的正交数值试验结果进行级差分析与方差分析,结果见表 7-2-4 和表 7-2-5。可以看出,无论是 SAGD 方式还是 MFAGD 方式,宏观垂向渗透率(K_v/K_h)对泄油效果的影响都是最显著的。这主要是由于重力泄油方式是一种通过发挥蒸汽超覆作用,依靠注入蒸汽潜热加热油层的方式,油层的宏观垂向渗透率越高,蒸汽腔的垂向扩展速度越大,采油速度越高。

表 7-2-4　厚层超稠油油藏 SAGD 方式隔夹层正交数值试验级差、方差分析

评价指标		参 数					
		垂向位置	水平位置	长 度	宽 度	K_h^*	K_v/K_h
采油速度	影响排序	6	3	4	5	2	1
	显著性	不显著	较显著	较显著	较显著	显 著	显 著
采收率	影响排序	5	4	3	6	2	1
	显著性	不显著	不显著	较显著	不显著	较显著	显 著
累积油汽比	影响排序	3	4	6	5	2	1
	显著性	不显著	不显著	不显著	不显著	较显著	显 著

表 7-2-5　厚层超稠油油藏 MFAGD 方式隔夹层正交数值试验级差、方差分析

评价指标		参　数					
		垂向位置	水平位置	长　度	宽　度	K_h^*	K_v/K_h
采油速度	影响排序	5	2	4	6	3	1
	显著性	不显著	显　著	较显著	不显著	较显著	显　著
采收率	影响排序	3	5	4	6	2	1
	显著性	较显著	不显著	不显著	不显著	较显著	显　著
累积油汽比	影响排序	1	3	6	2	4	5
	显著性	较显著	不显著	不显著	不显著	不显著	不显著

综上所述,可得到以下结论:

(1)油层内隔夹层的存在对重力泄油开发方式的采油速度影响较大,对最终的原油采收率和累积油汽比影响不大,隔夹层与双水平井井对的垂向距离越远,隔夹层对重力泄油开发效果的影响越小。

(2)对于隔夹层分布范围对重力泄油开发效果的影响,隔夹层的长度较宽度影响更为显著,因此在进行重力泄油方式双水平井井对布井时,应尽可能使隔夹层的长度方向(隔夹层主方向)与水平井井轴方向垂直。

(3)与泥质非渗透性夹层相比,物性夹层对重力泄油开发效果的影响较弱。泥质非渗透性夹层仅可以进行热量的传导,物性夹层虽然渗透率比油层有所降低,但仍具有一定的流体渗流能力。

(4)比较隔夹层对两种方式下重力泄油开发效果的影响发现,从重力泄油开发效果上来看,SAGD 方式较 MFAGD 方式对隔夹层的敏感性更强。

7.3　化学剂辅助蒸汽重力泄油技术

近年来,随着稠油热采耐高温化学剂的研发,化学剂逐渐被用于改善超稠油油藏的SAGD 热采开发效果中。目前常用的两种化学剂辅助蒸汽重力泄油技术为泡沫辅助蒸汽重力泄油技术和表面活性剂辅助蒸汽重力泄油技术。

7.3.1　泡沫辅助蒸汽重力泄油技术

泡沫辅助蒸汽重力泄油技术(FA-SAGD,foam assisted-SAGD)主要利用了泡沫改善注入蒸汽吸汽剖面的原理,改善了 SAGD 注汽井中注入蒸汽在水平井沿程的吸汽剖面,提高了水平井对沿程的动用程度。

与常规注蒸汽方式的非凝析气泡沫体系类似,泡沫是不溶性或微溶性气体分散于液

体中所形成的分散体系。由液体薄膜包围着的气体形成单个的气泡,而泡沫是气泡的聚集体系,其中气体是分散相(不连续相),液体是分散介质(连续相)。多孔介质中的泡沫是分散在含有薄膜的连续液体中的体系。该体系中液体为连续相,至少有部分气相为由液膜分隔的非连续相。泡沫是气体在液体中的分散体系,产生泡沫的首要条件是气液接触。纯液体不能形成稳定的泡沫,若要形成稳定的泡沫,溶液中必须存在稳定液膜所需的表面活性剂。表面活性剂的作用机理与其化学结构有密切关系,其分子结构分为两个部分:一个是亲油的非极性基团,如烷基、芳香基;另一个是亲水的极性基团,如磺酸基等。表面活性剂的发泡机理主要是依靠非对称分子的渗入作用,改变体系分子之间的作用能,因而降低其表面张力。表面活性剂分子中非极性基团朝向空气,极性基团朝向水层,从而形成泡沫。多孔介质内注入泡沫提高采收率的机理主要包括:

(1)形成泡沫所必需的表面活性剂一部分与气体接触,以泡沫液膜的形式存在,另一部分以表面活性剂溶液的形式随驱替液流动,大幅度降低油水界面张力,改善地层的润湿特性,对蒸汽驱的残余油具有一定的启动作用。

(2)泡沫的存在可以有效降低气相的流动能力,控制气相流度,从而有效抑制气窜,改善地层的吸汽剖面,提高蒸汽的驱替效率。

(3)泡沫可以有效抑止蒸汽从上部油层的热连通通道直接流向生产井,使部分蒸汽转入中、底部油层,令驱替介质在地层内均匀推进,抑制蒸汽超覆,调整各油层吸汽剖面,使蒸汽沿垂向均匀分配。泡沫在平面上可以调整不同渗透率区域的驱替剖面,使驱替前缘以大致相当的速度均匀推进,降低驱替介质沿高渗地层的窜流。

(4)泡沫的存在可以引起注入井附近压力升高,蒸汽温度升高,从而使平均油层温度进一步升高,减小额外的热损失,注入蒸汽滞留在油藏中提高了注入蒸汽的利用率。

对于超稠油油藏的重力泄油过程,特别是对于储层非均质性较强的超稠油油藏,在SAGD 开发过程中,水平井沿程的动用程度较差,如图 7-3-1 所示。非均质储层 SAGD 开发过程中蒸汽沿高渗透层窜流严重,蒸汽腔沿水平井筒方向不均匀扩展,从而造成蒸汽能量利用效率降低,沿程方向上仅渗透率较高的井段可以得到有效加热,形成有效动用。对于这种情况,可以有效利用泡沫的调剖机理,这也是 FA-SAGD 的初衷。

对于 FA-SAGD,非均质超稠油油藏开发是该技术的主要优势体现。相比于 SAGD 方式,FA-SAGD 方式的蒸汽腔沿水平井剖面方向扩展比较均匀,说明注入的泡沫可以发挥调剖作用,改善非均质储层蒸汽腔扩展不均匀问题,从而提高注入蒸汽能量利用效率。

如图 7-3-2 所示,与 SAGD 相比,FA-SAGD 具有如下技术优势:

(1)注入蒸汽能量更有效地作用于油层内部。泡沫流体可以增大气相表观黏度,降低气相流度,从而降低 SAGD 开发过程中蒸汽沿垂向扩展速度,增大蒸汽沿横向扩展速度,使蒸汽能量更多地作用于油层内部。

(2)改善非均质地层蒸汽不均匀扩展问题。在非均质油藏 SAGD 开发过程中,蒸汽腔易沿高渗透层窜流,造成蒸汽在水平井筒方向的不均匀扩展。FA-SAGD 开发过程中,由于泡沫对蒸汽腔沿高渗层窜流具有调控作用,开发效果得到改善。

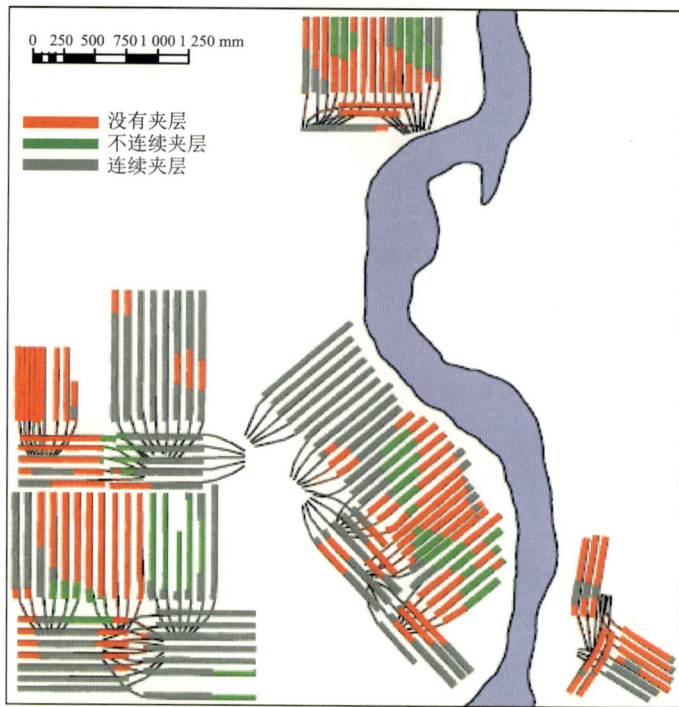

图 7-3-1 某超稠油油藏双水平井 SAGD 开发井对沿程的蒸汽腔分布规律

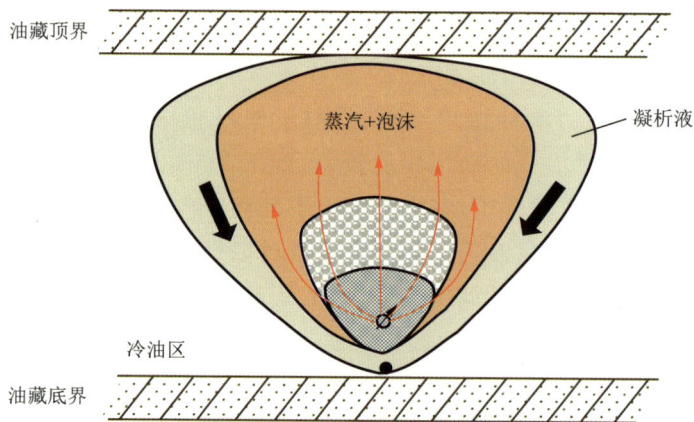

图 7-3-2 FA-SAGD 示意图

（3）提高注入蒸汽能量的利用效率。由于 FA-SAGD 开发过程中蒸汽能量更好地作用于油层内部，且令蒸汽腔在地层内的扩展更为均匀，因此相比于 SAGD，FA-SAGD 注入蒸汽能量利用效率更高。

7.3.2　表面活性剂辅助蒸汽重力泄油技术

表面活性剂辅助蒸汽重力泄油技术（SA-SAGD, surfactant assisted-SAGD）即在 SAGD 开发过程中，通过添加降黏剂（VR）等表面活性剂来改善 SAGD 开发效果，是一种典型的稠油油藏热复合 SAGD，如图 7-3-3 所示。与 MFAGD 类似，该技术主要用于 SAGD 开发后期的超稠油油藏，当蒸汽腔扩展至油藏顶界后，通过实施 SA-SAGD 可以有效改善蒸汽腔的扩展动态，提高开发效果。降黏剂是超稠油油藏 SA-SAGD 方式中常用的表面活性剂之一，也称降黏型驱油剂，同时这种化学剂可用于超稠油油藏的辅助蒸汽驱过程，目前已在胜利、河南、新疆等油田的超稠油油藏进行了大量应用。

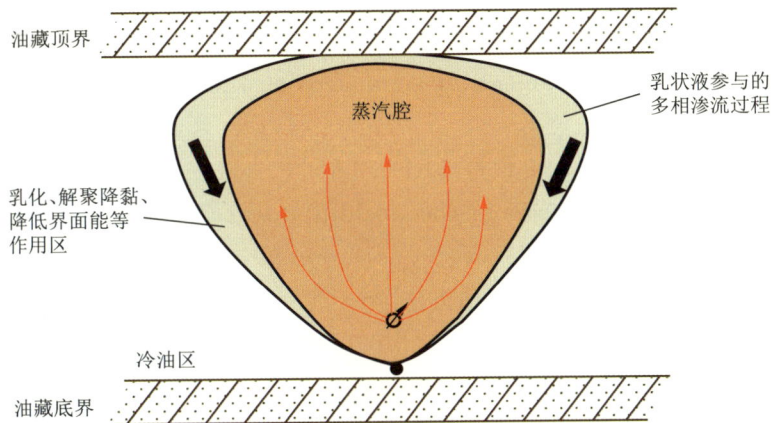

图 7-3-3　SA-SAGD 示意图

对于热采开发的超稠油油藏，耐高温表面活性剂可以在高温条件下通过化学解聚、乳化等方式改变油水界面接触关系，从油水界面转变为油-化学剂-水界面，降低油水界面张力和界面能，辅助油滴从岩石壁面脱附。同时，对于降黏型表面活性剂，其具有进一步降低原油黏度的作用机理。对于具体的超稠油油藏，结合所采用的表面活性剂类型，如阴离子型或阳离子型表面活性剂，其作用机理略有差异。对于超稠油油藏，当其从 SAGD 方式转入 SA-SAGD 方式后，耐高温的表面活性剂（即降黏剂）和蒸汽一同注入油藏，从而使蒸汽腔前缘形成蒸汽凝析液（水）、乳状液、原油等的多相渗流，这与以往 SAGD 过程中的单油相渗流或部分研究所采用的油水两相渗流有所不同。结合室内三维物理模拟实验测试结果发现，SA-SAGD 可以在常规 SAGD 的基础上提高采收率约 17%。

参考文献

[1]   LIU Z, WANG H, BLACKBOURN G, et al. Heavy oils and oil sands: Global distribution and resource assessment[J]. Acta Geologica Sinica (English Edition), 2019, 93(1): 199-212.

[2]   MEYER R F, ATTANASI E D, FREEMAN P A. Heavy oil and natural bitumen resources in geological basins of the world[R]. Open File-Report: U. S. Geological Survey, 2007.

[3]   贾承造. 油砂资源状况与储量评估方法[M]. 北京: 石油工业出版社, 2007.

[4]   刘文章. 热采稠油油藏开发模式[M]. 北京: 石油工业出版社, 1998.

[5]   刘慧卿. 热力采油原理与设计[M]. 北京: 石油工业出版社, 2013.

[6]   张锐. 稠油热采技术[M]. 北京: 石油工业出版社, 1999.

[7]   Butler R M. Thermal recovery of oil and bitumen[M]. New Jersey: Prentice Hall, Englewood Cliffs, 1991.

[8]   DONG X, LIU H, CHEN Z. Hybrid enhanced oil recovery processes for heavy oil reservoirs[M]. Amsterdam: Elsevier, 2021.

[9]   东晓虎, 王剑, 刘慧卿, 等. 高含水层油砂 SAGD 相似物理模拟实验研究[J]. 石油学报, 2022, 45(5): 658-667.

[10]   SPEIGHT JAMES G. Enhanced recovery methods for heavy oil and tar sands[M]. Houston: Gulf Publishing Company, 2009.

[11]   BULTER R M, STEPHENS D J. The gravity drainage of steam-heated heavy oil to parallel horizontal wells[J]. Journal of Canadian Petroleum Technology, 1981, 20(2): 90-97.

[12]   DONG X, LIU H, CHEN Z, et al. Enhanced oil recovery techniques for heavy oil and oil-sands reservoirs after steam injection[J]. Applied Energy, 2019, 239: 1190-1211.

[13]   吕晓聪. 不同地层水分布模式下油砂 SAGD 开发效果研究[D]. 北京: 中国石油大学(北京), 2017.

[14]   张兆祥. 底水稠油油藏 SAGD 机理及应用研究[D]. 北京: 中国石油大学(北京), 2017.

［15］ 王剑. 分支水平井 SAGD 布井方式优化研究［D］. 北京：中国石油大学（北京），2021.

［16］ 刘思邑. 多渗流屏障超稠油 SAGD 组合井网模式研究［D］. 北京：中国石油大学（北京），2021.

［17］ 张琪琛. 多渗流屏障下蒸汽辅助重力泄油机理研究［D］. 北京：中国石油大学（北京），2020.

［18］ ZHANG Q, LIU H, DONG X, et al. A new comprehensive model to estimate the steam chamber expansion and recovery performance of entire SAGD process［J］. Journal of Petroleum Science and Engineering, 2020, 185: 106629.

［19］ ZHANG Z, LIU H, DONG X, et al. A new mathematical model to understand the convective heat transfer mechanism in steam Assisted gravity drainage process［J］. Journal of Thermal Science and Engineering Applications, 2018, 10(1): 011006.

［20］ ZHANG Z, LIU H, DONG X, et al. Unified model of heat transfer in the multiphase flow in Steam Assisted Gravity Drainage process［J］. Journal of Petroleum Science and Engineering, 2017, 157: 857-883.

［21］ DONG X, LIU H, WANG C, et al. Experimental investigation on the steam injection profile along horizontal wellbore［J］. Energy Reports, 2020, 6: 264-271.

［22］ DONG X, LIU H, LU N, et al. Steam conformance along horizontal well with different well configurations of single tubing: An experimental and numerical investigation［J］. SPE Production & Operations, 2020, 35(3): 549-563.

［23］ 田杰. SAGD 快速启动过程井筒-地层耦合传热传质模型及应用［D］. 北京：中国石油大学（北京），2017.

［24］ TIAN J, LIU H, PANG Z. A study of scaling 3D experiment and analysis on feasibility of SAGD process in high pressure environment［J］. Journal of Petroleum Science and Engineering. 2017, 150: 238-249.

［25］ 王琪琪, 林伯韬, 陈森, 等. 泥质夹层空间分布对 SAGD 效果的影响研究［J］. 地下空间与工程学报, 2018, 14(S2): 632-638.

［26］ 东晓虎. 海上稠油油藏多元热流体开发机理及方式筛选研究［D］. 北京：中国石油大学（北京），2014.

［27］ 舒展, 裴海华, 张贵才, 等. 改善蒸汽辅助重力泄油技术研究进展［J］. 油田化学, 2020, 37(1): 185-190.

［28］ AL BAHLANI A M, BABADAGLI T. A critical review of the status of SAGD: Where are we and what is next? ［C］. SPE 11328, 2008.

［29］ AL BAHLANI A M, BABADAGLI T. SAGD laboratory experimental and numerical simulation studies: A review of current status and future issues［J］. Journal of Petroleum Science and Engineering, 2009, 68: 135-150.

［30］ LI R. Chemical additives and foam to enhance SAGD performance［D］. Calgary: University of Calgary, 2016.

[31] COSKUNER G. A new process combining cyclic steam stimulation and steam-assisted gravity drainage:Hybrid SAGD[J]. Journal of Canadian Petroleum Technology,2009,48(1):8-13.

[32] POLIKAR M,CYR T J,COATES R M. Fast-SAGD:Half the wells and 30% less steam[C]. SPE 65509,2000.

[33] NGUYEN H X,WISUP B,TRAN X,et al. Experimental design to optimize operating conditions for SAGD process,Peace River oilsands,Alberta[C]. SPE 145917,2011.

[34] SHIN H,POLIKAR M. Experimental investigation of the Fast-SAGD process[C]. PETSOC-2006-097,2006.

[35] DONG X,LIU H,HOU J,et al. An empirical correlation to predict the SAGD recovery performance[C]. SPE 176410,2015.

[36] JIA X,DONG X,XU J,et al. Multiphase fluid flow and reaction in heterogeneous porous media for enhanced heavy oil production[M]. New York:John Wiley & Sons Ltd. ,2018.

[37] 席长丰,马德胜,李秀峦. 双水平井超稠油多元热流体驱循环预热启动优化研究[J]. 西南石油大学学报(自然科学版),2010(4):103-108.

[38] 李冉,陈掌星,吴克柳,等. 特超稠油 SAGD 高效开发技术研究综述[J]. 中国科学:技术科学,2020,50(6):729-742.

[39] MASIH S,MA K,SANCHEZ J,et al. The effect of bottom water coning and its monitoring for optimization in SAGD[C]. SPE 157797,2012.

[40] SHIN H,CHOE J. Shale barrier effects on the SAGD performance[C]. SPE 125211,2009.

[41] DONG X,LIU H,ZHANG Z,et al. Feasibility of the steam-assisted-gravity-drainage process in offshore heavy oil reservoirs with bottom water[C]. OTC 24763,2014.

[42] 刘名,邓琴,杨文学,等. 双水平井 SAGD 循环预热阶段调控及认识[J]. 新疆石油天然气,2011,7(3):38-41.

[43] 刘昊. 超稠油 SAGD 夹层性能评价及其突破方式研究[D]. 大庆:东北石油大学,2014.

[44] MENDOZA H A,FINOL J J,BULTER R M. SAGD,pilot test in venezuela[C]. SPE 53687,1999.

[45] XIA Y,HUANG S,CHEN X,et al. Study on the characteristics of production performance and steam chamber of SAGD considering interlayer[C]. SPE 193759,2018.

[46] WU Z,LIU H,WANG X. 3D experimental investigation on enhanced oil recovery by flue gas coupled with steam in thick oil reservoirs[J]. Energy & Fuels,2018,32:279-286.

［47］ 卢川. 泥砾岩层对加拿大长湖油砂区蒸汽辅助重力泄油井位部署影响［J］. 科学技术与工程,2019,19(29):103-108.

［48］ BIRRELL G. Heat transfer ahead of a SAGD steam chamber: A study of thermo-couple data from phase B of the underground test facility (dover project)［C］. Calgary:CIM's Canadian International Petroleum Conference,2001.

［49］ DONG X,LIU H,CHEN Z. Mathematical modeling of heat transfer and pressure drops in single- and dual-pipe horizontal well［J］. Journal of Thermal Science and Engineering Applications,2017,9(1):011016-10.

［50］ CHEN Q,GEERTRUI M,KOVSCEK A R. Improving steam-assisted gravity drainage using mobility control foams:Foam assisted-SAGD (FA-SAGD)［C］. SPE 129847, 2010.

［51］ GEERTSMA J,CROES G A,SCHWARZ N. Theory of dimensionally scaled models of petroleum reservoir［C］. SPE 539-G,1955.

［52］ 张洪源,李婷,解阳波,等. 夹层对蒸汽辅助重力泄油的影响［J］. 特种油气藏,2017, 24(5):120-125.

［53］ WANG Y,LIU H,ZHOU Y. Development of a deep learning-based model for the entire production process of steam-assisted gravity drainage (SAGD)［J］. Fuel, 2021,287:119565.

［54］ 孔祥言,陈峰磊. 水驱油物理模拟理论和相似准则［J］. 石油勘探与开发,1997,24 (6):56-60.

［55］ 祁鹏,刘慧卿,庞占喜,等. SAGD循环预热储层温度分析模型［J］. 计算物理,2018, 35(1):64-70.

［56］ 王成,钟立国,刘建斌,等. 中深层特稠油重力泄油模拟实验［J］. 石油科学通报, 2019,4(4):378-389.

［57］ 郑强,田冀,谭先红,等. 油砂SAGD合理开发界限与主控因素研究［J］. 中国科学: 技术科学,2017,47(2):204-209.

［58］ DONG X,LIU H,ZHANG Z,et al. Performance of multiple thermal fluids assisted gravity drainage process in post SAGD reservoirs［J］. Journal of Petroleum Science and Engineering,2017,154:528-536.

［59］ BANERJEE S,HASCAKIR B. Flow control devices in SAGD completion design enhanced heavy oil bitumen recovery through improved thermal efficiencies［C］. SPE 185703,2017.

［60］ HASCAKIR B. How to select the right solvent for solvent-aided steam injection processes［J］. Journal of Petroleum Science and Engineering,2016,146:746-751.